高等职业教育“十四五”规划教材
广西职业教育中职畜牧兽医专业群发展研究基地
建设系列教材

猪 生 产

陶佑强 主编

中国农业大学出版社
· 北京 ·

内容简介

本教材介绍了猪的主要品种、选种选育、杂交改良及繁殖技术，养猪饲料筹划，种猪、仔猪及育肥猪等各类别猪的饲养管理。突出现代养猪猪场建设特点、工艺流程、生物安全及智能化养猪特点等内容。教材在对养猪生产过程的岗位工作任务进行调研的基础上，将养猪生产技术的典型工作任务进行教学分析，全书内容按"项目-任务"框架编写，将相关的理论与实践任务有机融合，体现了较强的实用性。

图书在版编目(CIP)数据

猪生产/陶佑强主编.--北京:中国农业大学出版社,2020.12
ISBN 978-7-5655-2515-5

Ⅰ.①猪…　Ⅱ.①陶…　Ⅲ.①养猪学-高等职业教育-教材　Ⅳ.①S828

中国版本图书馆 CIP 数据核字(2020)第 272184 号

书　　名　猪生产
作　　者　陶佑强　主编

策划编辑　康昊婷　　**责任编辑**　刘耀华
封面设计　郑　川　李尘工作室
出版发行　中国农业大学出版社
社　　址　北京市海淀区圆明园西路 2 号　　**邮政编码**　100193
电　　话　发行部 010-62733489,1190　　读者服务部 010-62732336
编辑部 010-62732617,2618　　出　版　部 010-62733440
网　　址　http://www.caupress.cn　　**E-mail** cbsszs @ cau.edu.cn
经　　销　新华书店
印　　刷　北京溢漾印刷有限公司
版　　次　2021 年 11 月第 1 版　　2021 年 11 月第 1 次印刷
规　　格　185 mm×260 mm　　16 开本　　15.75 印张　　385 千字
定　　价　47.00 元

图书如有质量问题本社发行部负责调换

编审人员

主　编　陶佑强（广西农牧工程学校）

副主编　黄雪泉（广西农牧工程学校）

参　编　李华慧（广西农牧工程学校）
罗龙兴（广西农牧工程学校）
甘庆宾（广西农牧工程学校）
咸燕燕（广西农牧工程学校）
欧肇林（广西百色农业学校）
刘玲玲（广西玉林农业学校）
黄永汉（广西钦州农业学校）
卢文钦（广西农垦永新畜牧集团）
龙厚勇（湖南鑫广安农牧有限公司）

前言 PREFACE

本教材应广西壮族自治区教育厅“广西职业院校畜牧兽医专业群建设研究基地”项目资助。可供中职畜牧兽医专业及畜禽生产与疾病防治专业使用。本书在对养猪生产过程的岗位工作任务进行调研的基础上，将养猪生产技术的典型工作任务进行教学分析，教材针对养猪就业岗位须完成的工作任务设计项目内容，以行业企业生产过程为依据确定学习任务，将相关的理论与实践任务有机融合。编者在进行企业岗位工作任务及岗位能力的调研时，得到许多企业的大力支持，并提出了许多宝贵意见，在此表示由衷的感谢。编写时还邀请企业相关人员参加了编写工作，使教材内容更加贴近企业生产需求，具有较强实用性。

本教材共含 12 个项目，35 个任务。书中的项目一，项目二，项目四任务一、任务二，项目六任务五，项目八，项目十一任务一、任务三，项目十二由陶佑强编写；项目三，项目六任务一、任务二、任务七，项目九，项目十，项目十一任务二、任务四、任务五由黄雪泉、欧肇林编写；项目五由李华慧、刘玲玲编写；项目四任务三、任务四，项目六任务三、任务四由罗龙兴、黄永汉、卢文钦编写；项目六任务六、任务八、任务九，项目七由甘庆宾、咸燕燕、龙厚勇编写；附录由李华慧提供。

由于时间仓促，编者水平有限，书中难免有错漏之处，恳请广大师生批评指正。

编　者

2020 年 4 月

目录 CONTENTS

项目一

养猪业概况及作用

>>> 任务　国内外养猪业概况

任务 国内外养猪业概况

【学习目标】

1. 清楚地说出国内外养猪技术生产指标。
2. 正确理解与先进国家相比，我国养猪业还存在较大的差距。
3. 了解养猪业在国民经济中的地位与作用。

【学习任务】

了解全球养猪业发展概况，欧盟、美国、巴西、加拿大的生猪存栏量与出栏量等生产指标，丹麦、美国等国家的养猪业高度发达，是资金和技术高度密集的产业，在管理上具有法制化、法规化，养猪业的管理法规比较健全。认识我国养猪业现状、养猪生产的主要成就、养猪生产存在的问题与差距。认识养猪业在国民经济中的地位与作用，养猪能为人们提供营养丰富的肉食，实现致富，促进经济发展。

【必备知识】

一、全球养猪业发展概况

(一)近几年欧美主要国家养猪水平发展

根据联合国粮食及农业组织统计数据库提供的数据，2000 年世界肉类的消费比例分别如下：猪肉 39%，鸡肉 31%，牛肉 25%，羊肉 5%。猪肉的人均消费量以欧盟为最高，达到 46.2 kg，中国为 36.6 kg。美国是全世界猪肉生产大国之一，也是全世界第二大猪肉出口国，每年出口的猪肉占世界出口总量的 10%以上。

2000 年全美国存栏生猪 5 934 万头，屠宰生猪 9 793 万头，并以爱奥瓦州最多，年生产肉猪 1 450 万头。20 多年来，美国养猪业的显著变化之一就是养猪规模不断扩大，养猪生产者不断减少，从而保证在养猪经营者数量减少的同时，仍能维持一定的猪肉生产量。有数据显示，2004 年，欧盟 15 国的猪屠宰量为 20 228 万头，其中约 70%来自德国、西班牙、荷兰、法国、丹麦这 5 个主要养猪生产国。

从世界养猪生产的发展趋势看，今后的猪肉主要产地仍是西欧、北美洲和中美洲，亚洲主要是中国、日本等。大多数发达国家猪的生产力已相当高，猪肉生产趋于稳定，而发展中国家猪肉生产和消费正在快速增加。

(二)发达国家生猪生产的发展特点

1. 养猪业趋向工业化

近些年，发达国家的养猪场数量逐年减少，养猪规模不断扩大，工业化水平不断提高。如美国 1980—1986 年猪场总数从 67.04 万个减少到 34.7 万个(减少近 48%)，每个养猪场平均存栏数从 96 头增加到 147 头。在美国，最大的养猪公司圈存母猪 28 万头，年出栏肉猪达500多万头。在追求生产效率和规模经济效益的同时，养猪的现代化水平也得到了巨大的发展，从而实现了高效、低成本的养猪生产(图1-1)。

图1-1　现代化猪舍及猪场

2.猪品种和类型的转变

脂肪型猪种数量趋于减少，而兼肉型和瘦肉型猪种数量在不断增加，这也是国外养猪生产水平高的表现。世界上第一个瘦肉型猪种——丹麦长白猪的育成和推广是在1961年，至今世界上已有7个品种，且发达国家饲养和出栏的生猪85%～95%都为瘦肉型品种，如德国长白猪占90%左右；法国约克夏占63%、长白猪占14%以上；丹麦、荷兰等长白猪占85%以上。丹麦、荷兰、英国、德国、美国、加拿大、比利时等，将脂肪型猪改良培育成瘦肉型猪的成绩显著。

3.饲料工业发达

美国的饲料工业发展已有100多年的历史，已形成了一个成熟的工业体系，成为美国十大工业产业之一，年产值220亿美元以上，在动物营养、饲料添加剂的开发运用、全价配合饲料的生产等方面都居于世界领先水平。

4.高效益的饲养管理新技术

随着养猪业的不断成熟和发展，种猪的繁育体系、杂交优势的利用、猪的人工授精、肥猪的全进全出饲养、仔猪的早期隔离断乳和理想蛋白质理论等新的技术理论都被迅速推广运用，并产生了巨大的经济效益。

二、我国养猪业发展概况

(一)养猪数量多

改革开放后，我国养猪业取得重大成就。猪的存栏数和猪肉产量持续快速增长，1980年，我国生猪存栏数和年肉猪出栏数分别为3亿头和2亿头，到了2009年，分别增加到5亿头和6.5亿头，人均猪肉占有量大幅度提高，规模养猪迅速发展。2005—2017年，养猪数量几乎处于饱和状态，存栏数在4.3亿～5亿范围内波动。我国养猪数量占全世界猪出栏量的50%左右。2018年8月，我国确诊了国内首例非洲猪瘟，自此以后，全国各省都有突发情况，导致生猪存栏量迅速下降。据国家统计局公布的数据，2021年全国生猪出栏量超过6.7亿头，比2020年增长27.4%，基本与2018年非洲猪瘟暴发前持平。

(二)养猪业发展特点

1.规模化进程加快

近年来,我国养猪规模越来越大,出现了为数不少的饲养上万头母猪的猪场,特别是养猪成功的企业都扩大规模,不少饲料企业、食品加工企业也延伸产业链,投入养猪业。大规模的养殖集团越来越多。散养户、小规模猪场在逐步退出市场。

2.现代化水平提高

近几年,新发展起来的猪场现代化水平越来越高,特别是随着人员工资的提高,廉价用工时代一去不复返。很多企业开始向机械化方向发展,自动给料、机械清粪,包括自动化环境控制系统等都开始出现,最先进的已出现全封闭、全空调的猪舍,采用了养猪智能化控制系统。这些先进的技术和设备加快了养猪的现代化进程。

3.环保意识不断增强

在我国,对于新建猪场,环境因素有一票否决权;对于已建成猪场,环保执法力度也在加强。随着生活水平的提高,人们对环保的认识越来越高,使临近居民区污染严重的小型猪场难以生存。

与此同时,在国家资金及政策的大力扶持下,养猪生产社会服务体系日趋完善,养猪高新技术研究与应用取得较大进展,饲料工业发展迅速,养猪产业管理日趋规范。

(三)我国养猪生产存在的主要问题

与先进国家相比,我国养猪业还存在较大的差距。我国是公认的生猪生产大国,但不是生猪生产强国,和美国等技术先进的养猪强国还有一定的差距。

1.存栏数多而出栏率低

一头母猪一年生产的商品猪,我国平均低于16.9头,发达国家高于20头;100 kg猪的出栏日龄,我国超过160 d,发达国家不到150 d。肉猪出栏率,世界先进水平为190%,我国平均仅为130%左右。

2.准入门槛低,环保压力大

中国的传统养猪是庭院式养猪,以散养为主,虽然目前工厂化养猪比比皆是,但中小规模猪场仍占一定比例,且仍存在准入门槛低,对散养户、小型猪场审批与监管制度的执行不到位,缺乏科学、合理的规划,不考虑猪场间的隔离以及与居民区、交通主干道的距离,随意兴建。环保措施执行不力,污水肆意排放,粪便随意堆放,污染环境等现象。

3.基础设施不足

猪场选址不合理,猪场环境差,猪舍设计不合理,设备缺乏,隔热设施、保温设施、通风换气设施等缺乏或不达标,造成猪舍内环境无法控制,冬季阴冷,夏季闷热,湿度过大,通风不良,氨气、二氧化碳、一氧化碳、硫化氢等有害气体浓度长期超标。猪长期处于这种环境中,不但生长缓慢,而且免疫力下降,易引发各种疾病。

4.营养问题不容忽视

我国的饲料工业发展迅速,技术上、配方上与国际先进水平差距不大,但原料质量,特别是黄曲霉毒素等问题仍比较突出,大量使用脱霉产品,也导致了维生素等营养素的缺乏与不平衡。

5. 过度使用疫苗与化学药物

频繁注射疫苗，应激反应大，严重的还会导致免疫麻痹，造成免疫失败。过度使用化学药物，特别是多品种、大剂量、长期、反复使用抗生素，降低了猪的免疫力，产生了耐药性，严重的还会导致二重感染。

三、养猪业在国民经济中的地位与作用

1. 提供肉食、肥料、工业原料与实验动物

猪肉营养丰富，肉质细嫩(图 1-2)，易于消化吸收，是重要的蛋白质来源，在我国，猪肉消费占肉类消费量的 70%左右；猪粪尿含有丰富的氮、磷、钾及有机质，是制作有机肥的优质原料；猪的副产品(如皮、毛、骨)是纺织、制革、医药等的主要原料；猪的生理特点与人类较相似，是药物实验及器官移植的理想动物。

图 1-2　优质猪肉

2. 发展经济，养猪致富

长期以来，养猪业都是我国国民经济的重要组成部分。养猪规模灵活，既可发展工厂化养猪，增加国民经济收入，又能发展私营企业和庭院经济养猪，丰富“菜篮子”，也增加了个人收入。同时，养猪业还为社会提供就业岗位。

【知识拓展】

一、国际猪肉贸易概况

从世界生猪屠宰情况来看，2016—2018 年，世界生猪屠宰量稳步上升，2018 年为 12.51 亿头，2019—2020 年，受非洲猪瘟和新冠疫情的影响，全球生猪产业受到重创，使生猪屠宰量大幅下降。2021 年由于全球疫情有所缓解，中国等生猪主要养殖国家的产能有所恢复，世界生猪屠宰量开始回升，到 2021 年，世界生猪屠宰量为 10.98 亿头。猪肉贸易量约 1 270 万 t。猪肉净出口地区主要为欧盟和北美，净进口地区主要集中在日本、韩国、新加坡、菲律宾以及俄罗斯等国家，进口量约 300 万 t。

二、我国生猪产销区域明显

据预测，未来世界肉类消费增量的80%在亚洲，我国具有明显的地缘优势，出口潜力较大。随着生猪优势产业带建设的不断推进，动物疫病防控水平不断提高，生猪屠宰加工业不断发展，我国的生猪生产与发达国家的差距将逐渐缩短，逐渐与国际标准接轨，猪肉及生猪产品出口前景看好。

我国是养猪大国，有十大生猪主产区，这些地区的生猪出栏总数占全国出栏总数的一半以上。这十大生猪主产区为四川、湖南、河南、山东、河北、广东、湖北、广西、江苏及安徽，是我国主要的生猪、猪肉生产区和调出区。在这些区域中，2007 年出栏生猪 4 000 万头以上的有四川、湖南和河南三省，年出栏在 2 000 万～4 000 万头以上的有河北、山东、湖北、广东、广西、江苏等省(区)。

三、广西生猪优势区域

博白县、兴宾区、武鸣区、桂平市、八步区、全州县、钟山县、陆川县、北流市、平南县等，以"农户＋经纪人＋合作社＋市场"的经营模式，实现了产、供、销一体化的养猪产业化发展。博白县全县有规模养猪场 5 000 家，全年生猪饲养量达 800 万头，出栏生猪 200 多万头。

【职业能力测试】

一、判断题

(　　)1. 猪的生理特性与人类较相似，因此可用作实验动物。

(　　)2. 我国是世界上养猪数量最多的国家。

(　　)3. 我国养猪业在世界上处于领先水平。

(　　)4. 广西养猪数量在全国排在前 10 位。

(　　)5. 广西生猪优势区域和优势县、市包括博白县、陆川县等。

(　　)6. 任何时候养猪都能盈利。

二、选择题

1. 我国养猪数量占全世界养猪总量的________左右。

A. 1/4　　B. 1/3　　C. 1/2　　D. 2/3

2. 在我国，育肥猪料肉比大致在________。

A. (1.0～1.2)∶1　　B. (4～5)∶1　　C. (2.5～3)∶1　　D. (7～8)∶1

3. 广西养猪优势地区在________。

A. 桂东北　　B. 桂南　　C. 桂西　　D. 桂中

4. 猪生产是一门________。

A. 基础课　　B. 专业基础课　　C. 专业核心课

三、问答

我国养猪生产存在的主要问题有哪些？

项目二

猪的生物学特性与饲养管理原则

任务　猪的生物学特性、猪群类别划分与饲养管理一般原则

【学习目标】

1. 掌握猪的生物学特性，并为猪群的饲养管理提供依据。
2. 掌握猪群的分类。
3. 了解猪的一般饲养管理原则。

【学习任务】

1. 掌握猪的生物学特性，并利用其特性指导猪的饲养管理。
2. 掌握猪群的划分，为猪场的管理工艺流程设计打下坚实基础。
3. 掌握猪的一般饲养管理原则，科学配料、合理饲喂、精心管理。

【必备知识】

一、猪的生物学特性

猪的生物学特性是指猪在长期自然选择与人工选择的过程中，所形成的某些本能和特性。不同的猪种或不同的类型，既有其种属的共性，又有它们各自的特性。在生产实践中，要不断地认识和掌握猪的生物学特性，并按适当的条件加以利用和改造，实行科学养猪，达到高产、高效、优质的目的。猪的生物学特性如下。

1. 性成熟早、多胎高产

猪的性成熟早，一般 4～5 月龄达到性成熟，6～8 月龄就可初次配种。我国地方猪种性成熟早于国外猪种。猪是常年发情的多胎高产动物，妊娠期短，平均 114 d，1 岁时或更短的时间可以第 1 次产仔。母猪 1 年可分娩 2～2.5 胎，平均每胎产仔 10～12 头，比其他家畜要高产（图 2-1）。我国的太湖猪曾有 1 胎产仔 42 头的最高纪录。

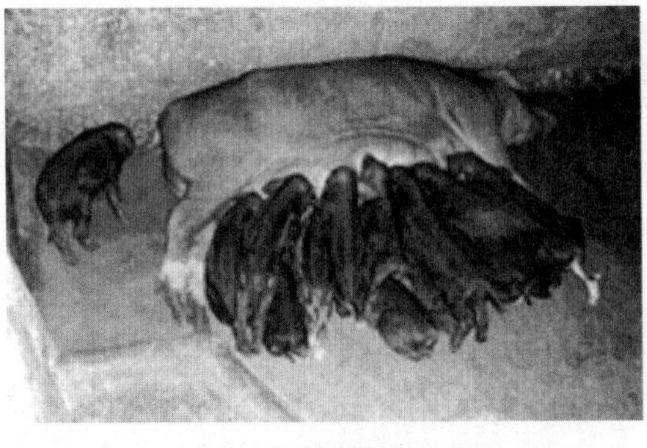

图 2-1　高产母猪

2. 杂食性强，饲料来源广

猪是杂食动物，有发达的臼齿、切齿和犬齿，采食的饲料种类多，能充分利用各种动植物和矿物质饲料。但是，猪对粗饲料中粗纤维的消化利用能力较差，仅为3%～25%。

3. 生长快，经济成熟早

猪在生后2个月内生长发育特别快，1月龄的体重为初生重的5～6倍，2月龄的体重又为1月龄的2～3倍，断奶后至8月龄前，生长仍很迅速。在满足其营养需要的条件下，一般160～170日龄体重可达到90～100 kg，相当于初生重的90～100倍，即可出栏上市。

4. 嗅觉和听觉灵敏，视觉不发达

猪的嗅觉非常灵敏，对各种气味的嗅辨能力强。猪的听觉相当发达，即使很微弱的声音，都能敏锐地觉察到。猪的视觉很弱，不靠近物体就看不见东西。对光刺激的反应比声刺激的反应慢，对光的强弱和物体形态的分辨能力弱，辨色能力也差。猪对痛觉易形成条件反射。

5. 对环境温度敏感

猪对环境温度很敏感，天气的冷热变化会影响猪的健康和生长。仔猪因个体小、皮薄、毛稀、皮下脂肪少，体温调节能力差而怕冷；成年猪因汗腺不发达，皮下脂肪层厚，妨碍大量体热的散发而怕热。成年猪适宜的温度为18～22℃，当超过适宜温度时，食欲减退，甚至中暑死亡。初生仔猪适宜的温度为32～34℃。

6. 群体位次关系明显，喜欢清洁

猪合群性较强，且有排位次的习性。当不同窝并群时，开始会激烈咬斗，直至排出各自的位次，之后才能正常有序地生活。猪喜欢清洁，不在吃、睡的地方排泄粪尿，喜欢在墙角、潮湿、阴暗、有粪便气味处排泄（图2-2）。对新入圈的猪在头3 d应进行三点定位调教，并不断强化，以后就会在规定的地点睡觉、采食和排便，有利于保持圈舍清洁和减少疾病。

图2-2 猪定点排泄

二、猪群类别划分

1. 哺乳仔猪

哺乳仔猪是指从出生到断乳的仔猪，一般为0～28日龄的仔猪。

2. 保育猪

保育猪是指从断奶至70日龄(体重25 kg左右)的小猪。

3. 育成猪

育成猪是指从保育结束到4月龄留作种用的猪。

4. 后备猪

后备猪是指从5月龄开始到配种前留作种用的猪。

5. 种公猪

种公猪是指凡已参加配种的公猪。

6. 种母猪

种母猪是指已正式参加配种的母猪。分为初产母猪和经产母猪,初产母猪是指生产第一胎仔猪的青年母猪,经产母猪是指生产2胎和2胎以上的母猪。

7. 生长育肥猪

生长育肥猪又称肉猪,指从保育结束到出栏专门用来育肥供肉食用的猪。一般将体重为20～35 kg的猪称为小猪,35～60 kg的猪称为中猪(生长猪),60 kg以上的猪称为大猪(育肥猪)。

【实践案例】

众所周知,掌握猪的生物学特性是养好猪的基本条件。怎样利用猪的生物学特性来指导猪的生产呢? 猪场饲养管理的一般原则是怎样的呢?

【制订方案】

表2-1为完成本任务的工作方案。

表2-1 完成本任务的工作方案

步骤	内容
1	根据猪的生物学特性逐个分析或分组讨论,得出相应方案,明确猪场常使用颗粒饲料、干粉料居多
2	参考课本及网络资料,得出猪一般饲养管理原则的利用对策

【实施过程】

一、合理利用猪的生物学特性来指导猪场生产

①认真做好母猪配种工作,确保其年产仔2胎以上(图2-3)。

②改进育肥方式,确保肉猪年出栏2批以上。

③搞好品种改良和饲料配制工作,提高猪饲料报酬。

④针对猪嗅觉、听觉灵敏,视觉差的特点,做好以下工作。

a. 训练公猪人工采精,以提高配种力。

b. 仔猪出生后3 d内应做好固定奶头吃奶的调教工作。

c. 在猪群调整及仔猪寄养过程中必须先扰乱猪的嗅觉，以免打架及母猪咬仔猪。

⑤对仔猪应做好防寒保温工作，对大猪做好防暑工作。猪舍适宜温湿度：1～3 日龄 32～34℃，4～7 日龄 30～28℃，大猪 15～23℃；相对湿度 65%～70%。

⑥调教好猪三点定位。

⑦每个猪群都有特定的群体位次关系，生产中应尽量少变动猪群，并保证足够的采食和休息位置，以确保和平共处、均匀生长，避免打斗和形成僵猪。

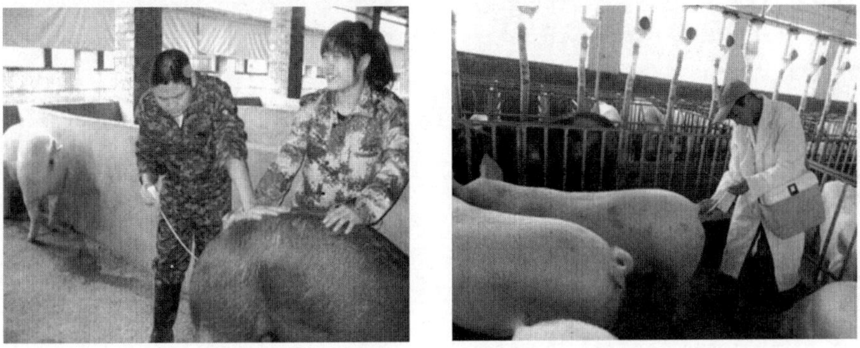

图 2-3　猪的配种

二、饲养管理一般原则

(一)科学配制饲粮

单一饲料营养不全，很难将猪养好。生产上应按照猪的饲养标准，选用几种或多种饲料配制成全价配合饲料，使它所含的养分充分满足猪的需要。

(二)合理加工调制饲料

经过加工调制可以改变饲料的物理形态、化学结构、营养组成等，提高饲料的饲喂效果，这也是养猪生产的一个重要环节，现代养猪生产主要进行饲料粉碎、膨化和混合工作。

1. 粉碎

粉碎是通过轧碎、切割、冲击等方式，降低饲料原料粒度的方法。猪饲料的粉碎粒度一般要求粒度直径为 1.0～2.0 mm，过粗会降低饲料转化率和猪的生产性能，过细使猪易患胃溃疡和呼吸道疾病。

2. 膨化

膨化是将饲料加温、加压和加蒸汽调制处理，并挤压出模孔或突然喷出容器，使之骤然降压而实现体积膨大的加工过程。经过膨化后，饲料更易消化吸收。

3. 混合

混合是饲料加工工艺中的关键环节之一，其目的是生产出营养物质均匀的混合饲料。

(三)选择适宜的饲料形态及饲喂方法

1. 饲料形态的选择

(1)干粉料　将粉碎好的各种饲料，按照饲粮配方要求混合后(体重 30 kg 以下的幼猪饲料粒度直径以 0.5～1.0 mm 为宜；体重 30 kg 以上的猪饲料粒度直径以 1.5～2.0 mm 为宜)投入食槽让猪采食。

这种方法喂猪省事、成本低，但易起粉尘、受潮或被空气氧化，不便长期保存。一般猪场利用自动饲槽饲喂，常常使用干粉料(图 2-4)，但要求常备饮水。

(2)湿拌料　在干粉料中按 1∶(0.9～1.0)的料水比例加水，混拌均匀后喂猪(图 2-5)，湿拌料提高了饲料的适口性，有利于增加采食量。但要注意防止饲料腐败变质。

图 2-4　干粉料

图 2-5　湿拌料

(3)颗粒料　饲料通过制粒机加工成不同的颗粒状(图 2-6)，投入食槽让猪采食。

颗粒料喂猪方法简单，便于投食，不起粉尘，损耗少，猪不能挑食，饲料转化率也高，特别是对于幼龄猪有助于消化。但制粒增加了饲料成本。

(4)液态料　按一定的水料比将基础日粮加水进行搅拌，通过输送管道输送到猪槽中直接喂猪。或采用专用液态料槽将颗粒料与水按比例混匀后让猪群采食(图 2-7)。液态饲料可提高猪群的采食量和平均日增重，减少仔猪断奶应激，特别适合饲喂保育猪。

图 2-6　颗粒料

图 2-7　液态料

2. 饲喂方法的选择

(1)限制饲喂　是指限定猪的采食量，即定量、定时饲喂。一般仔猪每天 4～6 次，泌乳母猪 3～4 次，其他猪 2～3 次。对于公猪、空怀母猪、妊娠母猪或后备猪，为了适当控制膘情，宜采用限制饲喂。对于生长育肥后期的肉猪，为了减少脂肪沉积，提高胴体瘦肉率，也常常采用限制饲喂的方法。

(2)非限制饲喂　指猪可采取自由采食或按顿不限量饲喂。自由采食是指饲料箱或饲料槽中经常保持有饲料，猪可以随时采食饲料的方法。它能保证猪所需营养物质的充足供应，并能充分发挥猪的最快生长速度，但饲料浪费较多，尤其是干粉料。按顿不限量饲喂是指对猪分餐饲喂，但每餐喂量不限制，让猪吃到不能吃为止。如果采用湿拌料，每天饲喂 3～6 次，可以让猪充分采食，每次的给料量以猪在 15 min 左右吃干净为宜，这样不仅能让猪吃饱饲料，而且不浪费饲料。对于保育猪、生长猪和瘦肉型育肥猪，常使用非限制饲喂的方法。

(四)创造适宜的环境

猪舍的主要功能是为猪提供适宜生长发育的环境，因此，猪舍应具有良好的保温隔热性能，应进行必要的通风换气，粪便污水要及时清除，以减少有害气体的产生。另外，在猪舍周围植树种草可大量减少进入猪舍的灰尘和微生物。为了防止噪声对猪的影响，在选择养猪场场址时应该远离飞机场、公路等噪声源，场内要使用噪声低的机械设备。

(五)精心管理猪群

养猪生产除了科学的饲养方法外，还必须要加强猪群的日常管理，才能真正把猪养好。

1. 供给充足的饮水

水是猪体的重要组成成分之一，对饲料的消化、吸收和体温调节等生理过程起着十分重要的作用，是体内代谢必不可少的。因此保证充足、清洁卫生和爽口的饮水是饲养管理的重要环节。猪的饮水量随饲料种类、饲喂方式、气温等的不同而有所不同。有条件的，可以使用自动饮水设施。

2. 合理组群、分圈

为充分有效地利用猪舍面积，便于猪群管理，应将猪群按品种、性别、年龄、体质强弱和采食习性等进行合理组群、分圈管理，保证猪正常生长发育。各类猪群的规模应根据圈舍条件、猪只大小和生产需要等因素确定。

3. 耐心调教，重视运动

充分利用猪的各种生物学和行为学特性，耐心调教猪群，使其形成各种条件反射，如定点、定时采食和饮水，定点、定时排泄和运动等，这样有利于管理和减少应激。猪群适当的运动，可促进食欲，增强体质，尤其是对种猪更为必要，其方法有驱赶运动、自由运动和放牧(图 2-8)。

图 2-8　猪的运动场

4. 全进全出，合理转群

现代集约化、规模化养猪通过各种合理的组织管理，保证了猪群的批量生产，整齐一致，这是保证连续生产的基础。所以，在养猪生产过程中要尽量做到母猪的同期发情、同期配种和同期产仔，只有这样，才能做到全进全出。转群时要注意空圈1周，并进行冲洗消毒，要掌握转出和转进的数量，做到合理过渡。

5. 稳定工作程序

稳定工作程序可有效地利用时间，提高工作效率，同时也能让工人掌握每周的工作内容，这会使猪场的日常管理更为秩序化、制度化。

（六）做好兽医保健工作

猪群的兽医保健是现代化养猪生产的重要工作，必须引起高度重视。

①每天清扫圈舍，保持舍内卫生和猪体清洁，防止疫病的发生和流行。

②建立严格的消毒制度，定期消毒舍内外及各种设备，设置防疫设施。

③定期接种疫苗，制订科学严格的免疫程序。

④对场外引进猪进行严格检疫，必须隔离饲养1个月左右，经确认无病，方可合群。

⑤定期驱虫，一般可每年春秋两季各驱虫1次。

⑥及时隔离、治疗病猪，对病死猪和废弃物进行无公害化处理。

【职业能力测试】

一、判断题

（　　）1. 猪的生物学特性是指猪与其他家畜共有的特性。

（　　）2. 仔猪主要依靠嗅觉关系寻找乳头。

（　　）3. 成年猪适宜温度为28～34℃。

（　　）4. 猪有爱好清洁的习惯，不在吃、睡的地方排泄粪尿，喜欢在墙角、潮湿、阴暗、有粪便气味处排泄。

（　　）5. 后备猪是指从5月龄开始到配种前留作种用的猪。

（　　）6. 一般猪在160～170日龄、体重达到90～100 kg可出栏。

二、选择题

1. 对于猪的生物学特性，下列说法不正确的是________。

A. 多胎高产　　B. 生长快

C. 嗅觉、听觉、视觉发达　　D. 群体位次关系明显

2. 下列饲料形态，不提倡采用的是________。

A. 颗粒料　　B. 干粉料　　C. 液态料　　D. 湿拌料

3. 限制饲喂不适合饲喂________。

A. 公猪　　B. 妊娠母猪　　C. 后备猪　　D. 保育猪

4. 母猪一年可产________胎。

A. 1　　B. 2～2.5　　C. 3　　D. 4

5. 三点定位调教中的三点不包括________。

A. 定点睡觉　　B. 定点采食　　C. 定点排泄　　D. 定点运动

三、问答题

1. 猪群类别可划分为哪几类?

2. 猪的生物学特性包括哪些?

项目三

常见猪品种识别技术

任务　猪的经济类型与品种识别

任务　猪的经济类型与品种识别

【学习目标】

1. 掌握猪的经济类型划分的技术要点。

2. 掌握生产中常见猪品种的外貌特征、产地、生产性能和品种特点，在生产中能明确识别猪的品种，能为不同猪场选择适宜的品种。重点猪品种为大白猪、长白猪、杜洛克猪、陆川猪、香猪。

【学习任务】

根据猪在相同饲养管理条件下胴体瘦肉和脂肪的多少，结合猪的外形特点，将猪种划分为瘦肉型、脂肪型和兼用型 3 种类型。

猪品种优劣是影响养猪经济效益的关键因素，我国猪种资源丰富，品种数量众多，畜牧从业者应了解不同类型猪品种的特点，掌握生产中常见品种的外貌特征、生产性能、品种特点及其应用，并能根据猪场的性质、规模和技术水平等条件选择适宜的品种。

【必备知识】

猪类型的划分方法有很多，其中最常用的是按照猪的经济用途进行分类，即根据猪在相同饲养管理条件下胴体瘦肉率和脂肪率，结合其外形特点，将猪种划分为瘦肉型、脂肪型和兼用型 3 种类型。

1. 瘦肉型

瘦肉型猪胴体瘦肉多，脂肪少，背膘厚度小于 3.5 cm，胴体瘦肉率达 55%以上。这类猪能有效地将饲料中的蛋白质转化为瘦肉，生长快，饲料转化率高，饲养效益好。猪体型表现为头小肩轻，体躯长，四肢较高，腿臀发达，肌肉丰满，一般体长大于胸围 15～20 cm(图 3-1 左图)。瘦肉型猪的代表品种有从国外引入的大约克夏猪、长白猪、杜洛克猪、汉普夏猪等。

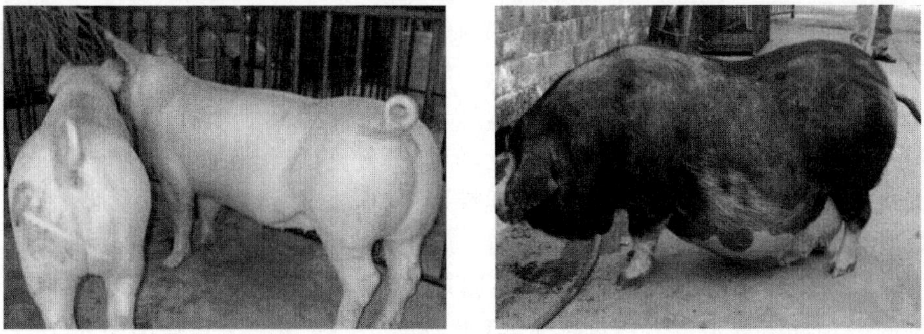

图 3-1　瘦肉型猪与脂肪型猪

2. 脂肪型

脂肪型猪胴体脂肪多，瘦肉少，背膘厚度 4 cm 以上，胴体瘦肉率低于 45%。这类猪利用饲料中碳水化合物转化为脂肪的能力较强，而利用饲料中蛋白质转化为瘦肉的能力较差。生长慢，饲料消耗高，饲养效益较差。猪体型表现为头较大，颈粗短，体躯宽、短，四肢短，全身肥胖，胸围大于或等于体长(图 3-1 右图)。脂肪型猪的代表品种有广东和广西的两广小花猪、甘肃的八眉猪、四川的内江猪等。

3. 兼用型

兼用型猪的体型、胴体瘦肉率、背膘厚度等都介于瘦肉型猪和脂肪型猪之间，其代表品种有我国培育的哈尔滨白猪、北京黑猪、上海白猪等。

【实践案例】

计划建一个养猪场，但不知饲养什么品种的猪较好，如果你是该猪场的技术人员，你该如何进行选择？

【制订方案】

表 3-1 为完成本任务的工作方案。

表 3-1　完成本任务的工作方案

步骤	内容
1	了解中国南方地区尤其是生产中常见 8 个猪品种的外貌特征、生产性能、品种特点及应用
2	根据该场的性质、规模、生产条件及技术水平合理选择猪品种，一般饲养大白猪、长白猪、杜洛克猪、陆川猪或者香猪

【实施过程】

一、我国南方优良地方猪品种

(一)太湖猪

太湖猪产在我国长江下游太湖流域的沿江沿海地带，分布较广，类型较多，包括上海嘉定的梅山猪，松江、金山的枫泾猪，浙江嘉兴、平湖的嘉兴黑猪，江苏武进的焦溪猪，靖江的礼士桥猪，崇明、启东、海门一带的沙湖头猪等，从 1973 年开始统称太湖猪。

外貌特征：体格中等，毛色全黑或青灰色，但梅山猪、枫泾猪和嘉兴黑猪具有“四白脚”的特点，头大额宽，面微凹，额部皱纹多而深，耳特别大，耳软下垂，背腰宽而微凹，腹大下垂，大腿不丰满，乳头数 8～9 对(图 3-2)。

生产性能：母猪 2～3 月龄达性成熟，头胎产仔数 12 头以上，经产母猪产仔数 14 头以上，肥育期间平均日增重 440 g，料重比 4.5∶1，体重 75 kg 屠宰胴体瘦肉率为 45.1%。

品种特点：太湖猪高产性能蜚声世界，是我国乃至全世界猪种中繁殖力较强、产仔数量较多的优良品种之一，尤以二花脸、梅山猪较高，而且性成熟早，护仔性强，泌乳力强，早熟易肥，肉质优良。

评价与利用：太湖猪遗传性能较稳定，与瘦肉型猪种杂交后杂种优势率高，适宜作为杂交母本，实践证明，杜长太或大长太等三元杂交组合保持了亲本产仔数多、瘦肉率高、生长速度快等特点。由于太湖猪具有高繁殖力，世界许多国家都引入太湖猪与本国猪种进行杂交，以提高本国猪种的繁殖力。

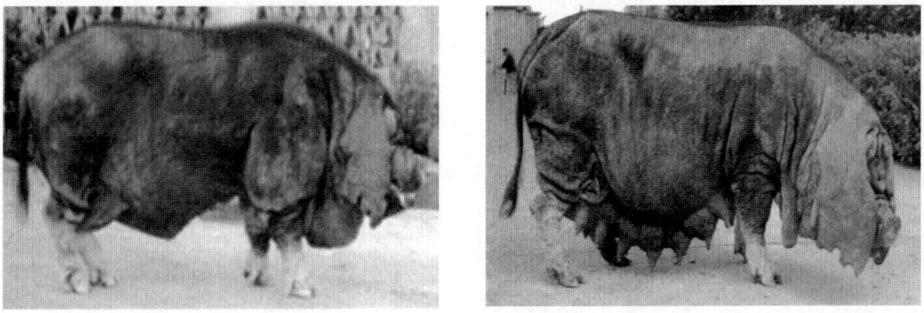

图 3-2　太湖猪

(二)陆川猪

陆川猪产于陆川县，主要分布于广西壮族自治区西江流域的南部，1982 年和广东小耳花猪归并，统称为两广小花猪。

外貌特征：体型较小，背腰宽而凹陷，腹大触地。被毛稀疏，毛色为黑白花，乳头 6～7 对(图 3-3)。

生产性能：成年公猪平均体重 130.96 kg，母猪平均体重 112.12 kg，经产母猪平均产仔数 10.36 头，仔猪初生重 0.62 kg。陆川猪在体重 15～90 kg 阶段平均日增重 307 g 左右。75 kg 体重屠宰率为 68%，胴体瘦肉率为 37.2%。

品种特点：具有早熟易肥、产仔较多、母性强、肉质好等优点。但存在凹背、腹大拖地、生长发育较慢等缺点。

评价与利用：以两广小花猪为母本与长白猪、大约克夏猪杂交，效果较好。

(三)东山猪

东山猪产于桂林全州县的东山乡，与湖北省监利猪、湖南省沙子岭猪、浙江省金华猪等相类似，统称为华中两头乌猪。

外貌特征：东山猪的毛色多为“两头乌”。体型大，头清秀。嘴筒略长而平直。乳头一般为 12～14 个，发育良好(图 3-4)。

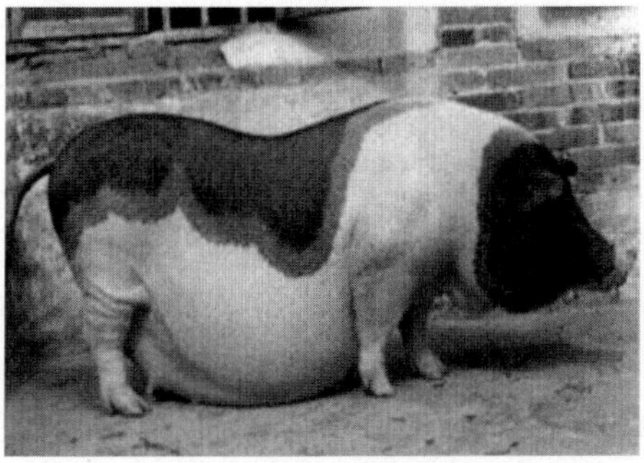

图 3-3　陆川猪

图 3-4　东山猪

生产性能：母猪利用年限长，饲养管理好的猪可利用9～10年；繁殖性能好，平均产仔猪11.4头。适应性好，抗寒性能好，耐粗饲。遗传性能稳定。瘦肉率为45%～48%。但背较窄，大腿欠丰满。

品种特点：毛色多为“两头乌”，体型长，利用年限长，耐寒耐粗饲。

评价与利用：与国外引入猪杂交，常作为杂交母本；而与陆川猪杂交，作为杂交父本效果较好。

(四)巴马香猪

巴马香猪为广西地方优良品种，国家级畜禽遗传资源保护品种之一。主产于巴马县，田东、田阳部分乡(镇)有分布。因体型独特、皮薄多肉、肉质细嫩、味鲜甘香，得名“香猪”。

外貌特征：两头黑、中间白；额有白斑或白线，鼻端、胸腹及四肢为白色，躯体黑白交界处有2～5 cm宽的黑底白毛灰色带；性野，公猪有獠牙，被毛粗长似野猪。成年公猪平均体重(34.80±8.63) kg，成年母猪(41.59±10.74) kg(图3-5)。

图3-5 巴马香猪

生产性能：胴体重(21.1±4.1) kg，屠宰率(66.8±2.7)%，瘦肉率(50.2±3.1)%。窝产仔数7～14头。

品种特点：个体矮、小、短、圆，性野早熟。小猪被毛稀疏、细，有光泽，皮肤红润细腻；成年猪被毛较长，尤其是公猪，被毛和嘴粗长似野猪。巴马香猪极耐粗饲，适应性和抗病能力强，性成熟早。

评价与利用：巴马香猪早熟易肥，一般双月龄体重8 kg左右屠宰食用，乳猪和双月龄断奶仔猪肉均无奶腥味或其他腥臊异味，皮薄而软、肉质脆、味甘而微香，是制作烤乳猪和腊全猪的上乘原料。

(五)环江香猪

环江香猪为广西地方优良品种，国家级畜禽遗传资源保护品种之一。主产于环江毛南族自治县东北部，宜州、罗城、融水、南丹等县(市)也有分布。

外貌特征：体小、全身被毛黑色，嘴短，额平，耳小，颈短粗，身短圆，脚矮(图3-6)；额有3～6条较深横纹。成年公猪平均体重(43.94±24.59) kg，成年母猪(72.90±22.63) kg。

生产性能：胴体重(20.91±6.03) kg，屠宰率64.81%±4.06%，瘦肉率47.49%±5.17%。窝产仔数7～12头。

品种特点：袖珍、稀有、皮薄肉脆、味道鲜美、营养丰富。

评价与利用：环江香猪性早熟，一般双月龄体重 8 kg 左右屠宰食用，瘦肉率较高，皮薄骨细，肉味芳香，无腥、异味，肉质细嫩，味鲜可口，不腻，加工成烤香猪和腊香猪别有风味。

图 3-6 环江香猪

二、我国南方主要培育猪种

苏太猪原产于江苏省苏州市，现已向全国十余个省、市、自治区推广。苏太猪是以繁殖性能突出的太湖猪为基础，于 1999 年培育成功的我国著名瘦肉型猪种。

外貌特征：全身被毛黑色，耳中等大向前下方下垂。面部有清晰皱纹，嘴中等长而直。四肢结实，背腰平直。腹部紧凑，后躯丰满。乳头 7 对，分布均匀(图 3-7)。

图 3-7 苏太猪

生产性能：6 月龄后备公猪体重 70～85 kg，母猪体重 72～88 kg。经产母猪平均产仔数 14.45 头，育肥猪 90 kg 屠宰，屠宰率 72.88%，胴体瘦肉率 56%。苏太猪具有繁殖力强、耐粗饲、适应性强、肉质优良等优点。

品种特点：苏太猪具有产仔多、生长速度快、瘦肉率高、耐粗饲、肉质鲜美等优良特点，可作为生产三元瘦肉型猪的母本。

评价与利用：苏太猪是理想的杂交母本，与长白猪和大约克夏猪杂交配合力较高。

三、国外优良引入品种

(一)大约克夏猪

约克夏猪原产于英国北部的约克郡及其临近地区，原来有大、中、小 3 个类型，其中大约克夏猪最受欢迎，因此它是目前世界上分布较广、经久不衰的一个优良猪种。因其体型大，全身被毛白色，故又称为大白猪。

外貌特征：大约克夏猪体格大，体型匀称，被毛全白，头长面宽而微凹，耳直立，胸深广，背腰平直或微弓，后躯宽大，四肢较高，肌肉发达，乳头 7～8 对，如图 3-8 所示。

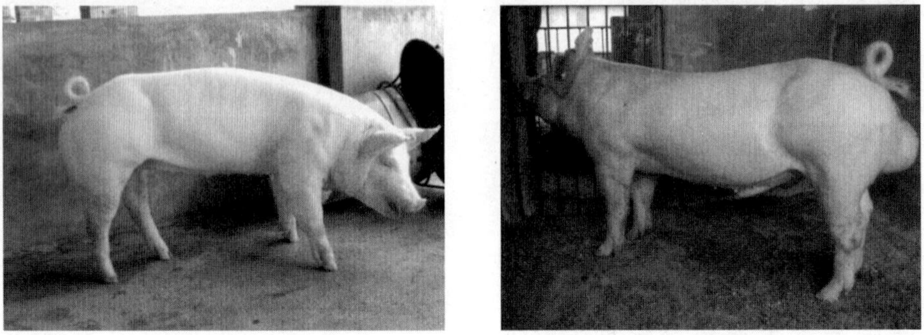

图 3-8　大约克夏猪

生产性能：母猪 5～6 月龄开始发情，8～10 月龄配种，头胎产仔数 9 头以上，经产母猪产仔数 12 头以上，肥育期间平均日增重可达 850 g，料重比 2.5∶1，100 kg 屠宰胴体瘦肉率为 62%以上。

品种特点：大约克夏猪种适应性强，繁殖力高，泌乳力好，生长快，瘦肉率高，但蹄质不太坚实。

评价与利用：大约克夏猪与国内地方品种、培育品种及其他引入品种杂交，效果都非常好，它既可以作为杂交母本，也可以作为三元杂交的第一父本和终端父本。

(二)长白猪

长白猪产于丹麦，原名兰德瑞斯，由于身体较长，全身被毛为白色，所以我国通称为长白猪，它也是目前世界上分布最广的瘦肉型猪种之一。

外貌特征：长白猪毛色全白，头小，耳长向前倾奁，肩部较细，体躯长而平直，四肢较高而纤细，臀部发育好，肌肉发达，全身呈流线型，乳头 7 对，如图 3-9 所示。

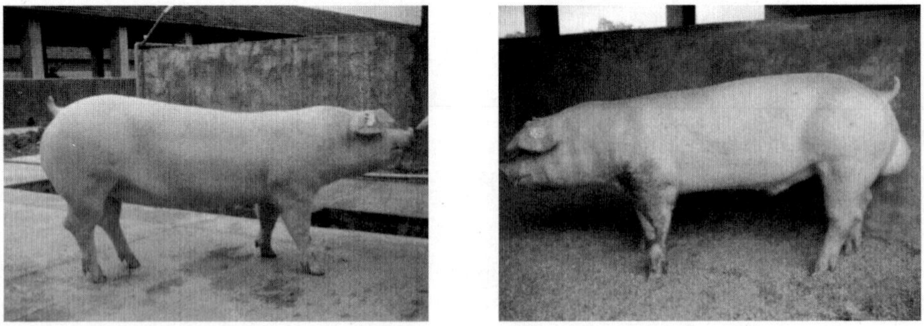

图 3-9　长白猪

生产性能：母猪 6 月龄开始发情，10 月龄配种较为适宜，头胎产仔数 10 头以上，经产母猪产仔数 12 头以上，肥育期间平均日增重可达 800 g，料重比 2.5∶1，100 kg 屠宰胴体瘦肉率为 62%以上。

品种特征：长白猪生长快，繁殖力强，瘦肉率高，由于其肢蹄较弱，适应性稍次于大约克夏猪。

评价与利用：长白猪与大约克夏猪一样，与国内地方品种、培育品种及其他引入品种杂交，效果都非常好，既可以作为杂交母本，也可以作为三元杂交的第一父本和终端父本。

(三)杜洛克猪

杜洛克猪原产于美国东部，由于其被毛为金黄色或红褐色，所以在我国有时称为红毛猪。

外貌特征：杜洛克猪体格较大，头小而清秀，耳中等大，略向前倾，面部微凹，背腰平直或微弓，四肢粗壮，后躯发育良好，腿部肌肉发达，全身被毛红色，但颜色从金黄到暗棕色深浅不一，樱桃红色最受欢迎，杜洛克猪外貌如图 3-10 所示。

生产性能：母猪 7 月龄开始发情，10 月龄配种较为适宜，头胎产仔数 9 头以上，经产母猪产仔数 10 头以上，肥育期间平均日增重 850 g 以上，料重比 2.4∶1，100 kg 屠宰胴体瘦肉率为 62%以上。

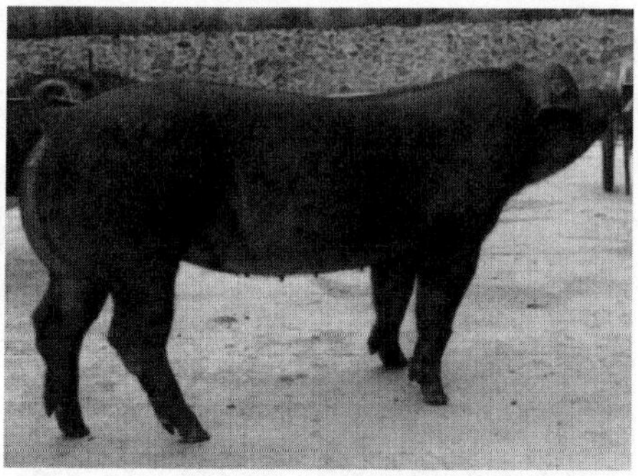
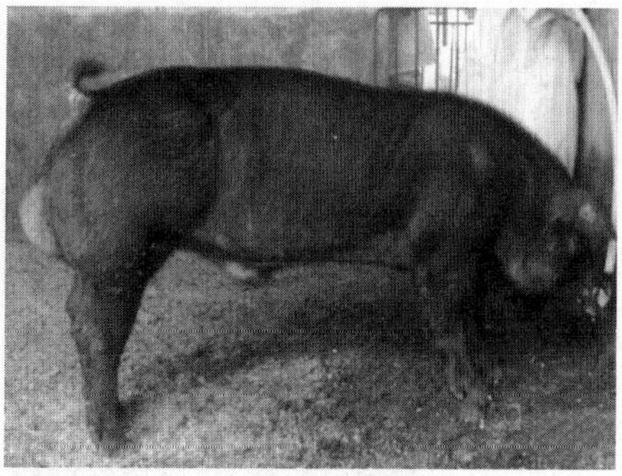

图 3-10　杜洛克猪

品种特点：杜洛克猪具有生长快，瘦肉率高，饲料转化率高，性情温顺等优点，与大约克夏猪、长白猪相比，杜洛克猪的繁殖力略低。

评价与利用：杜洛克猪能较好地适应我国的饲养管理条件，以杜洛克猪为父本与其他品种杂交，能提高后代的生长速度、饲料转化率和胴体瘦肉率，“八五”国家养猪攻关课题筛选出的最优杂交组合中大部分是以杜洛克猪作为终端父本的。

(四)汉普夏猪

汉普夏猪原产于美国，它也是世界上著名的瘦肉型品种之一。

外貌特征：汉普夏猪被毛大部分为黑色，但肩部和前腿是白毛的，故又称银带猪，嘴长而直，耳中等大小而直立，四肢粗壮，肌肉发达，如图 3-11 所示。

生产性能：母猪 6 月龄开始发情，10 月龄配种较为适宜，头胎产仔数 7～8 头，经产母猪产仔数 9 头左右，肥育期间平均日增重可达 750 g，料重比 3∶1，100 kg 屠宰胴体瘦肉率可达 64%。

品种特点：汉普夏猪具有背膘薄、眼肌面积大、胴体瘦肉率高的优点，但比其他的瘦肉型猪生长速度慢，饲料转化率稍差，繁殖力也较差。

评价与利用：由于汉普夏猪具有背腰薄、胴体瘦肉率高的特点，以汉普夏猪为父本与其他品种母猪杂交能明显提高生长肥育猪的瘦肉率，因此它一般作为杂交的终端父本。

图 3-11 汉普夏猪

(五)皮特兰猪

皮特兰猪原产于比利时的布拉特地区皮特兰村，1955 年才被欧洲各国公认，是目前瘦肉率最高和应激性最强的品种。

外貌特征：皮特兰猪体躯短而宽，呈方形，毛色灰白而夹有黑斑，有时还有少量红毛，嘴较大且直，耳中等大向前微倾，四肢短而骨细，肌肉特别发达，如图 3-12 所示。

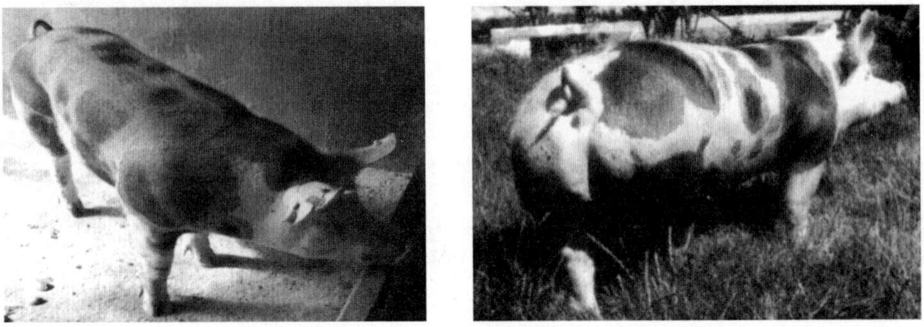

图 3-12 皮特兰猪

生产性能：母猪 6 月龄开始发情，8～10 月龄配种较为适宜，头胎产仔数 9 头以上，经产母猪产仔数 10 头以上，肥育期间平均日增重可达 750 g，料重比 3∶1，100 kg 屠宰胴体瘦肉率可达 67%。

品种特点：皮特兰猪背膘薄，后躯肌肉发达，胴体瘦肉率高，但 90 kg 以后生长速度减慢，应激性强，肉色灰白、质地松软、有渗出液的劣质肉(PSE 肉)发生率高。

评价与利用：皮特兰猪胴体瘦肉率很高，杂交时能明显提高后代的瘦肉率，但由于容易产生 PSE 肉，最好先将其与杜洛克或者汉普夏猪杂交，杂交一代公猪作为杂交系统的终端父本，这样既可以提高瘦肉率，又可以防止 PSE 肉的出现。

(六)巴克夏猪

巴克夏猪育成于英国巴克夏郡(Berkshire)的 Faringdon 和 Wantage 地区(现已划归牛津郡)，故以其郡名命名。现代巴克夏猪大致有 3 种类型：其一是美洲型，以美系巴克夏猪为代表；其二是欧洲型，以英国原产地的巴克夏猪为代表；其三是亚洲型的巴克夏猪，以日本鹿儿岛巴克夏猪为代表。

外貌特征：巴克夏猪的特征是“六端白”，即鼻端、尾帚、四肢下部为白色，其余通身为黑色。随着世代数的推移，毛色特征有的出现“五端白”“四端白”等。成年母猪被毛较长，成年公猪鬃毛粗壮。鼻短微凹，耳直立或稍倾，颈短而宽。体躯稍长而宽，胸深，背平直或稍弓，腹线平直，臀部丰满。四肢较短而直、结实，肢间距离开阔。乳头 7 对左右。巴克夏猪外形如图 3-13 所示。

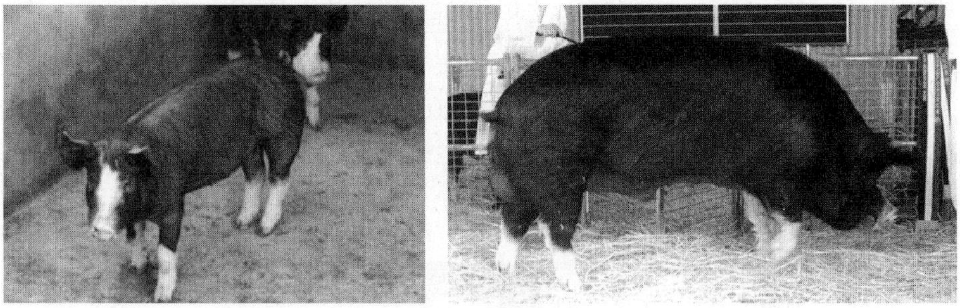

图 3-13　巴克夏猪

巴克夏猪气质高雅，神经类型平衡稳定，生性胆大活泼，愿意与人接近，其母猪护仔性极强，与中国地方品种类似。

生产性能：巴克夏猪性成熟较早，7～8 月龄体重 80 kg 适宜初配。母猪发情不明显。公猪性欲旺盛，公猪利用年限 3 年，母猪繁殖年限 5～8 年。平均乳头 13.5 个，每头母猪每年提供活仔 20 头以上。巴克夏猪适应能力强、耐粗饲，在以青饲料为主，适当搭配精料的条件下，生长速度较快，约 240 日龄达 90～100 kg 体重。在活重（112.00±3.47）kg 时，屠宰率为 72.2%±0.97%，瘦肉率为 55.62%±1.10%，巴克夏猪原属肉脂兼用型，现已向瘦肉型过渡。

评价与利用：巴克夏猪对生存环境的适应力很强，且生长快、易催肥。杂种优势明显，无论窝产仔数、初生个体重、断奶个体重，还是生长速度和抗病力都有明显提高，胴体品质好，肉质鲜嫩，是腌制腊肉的好原料。巴克夏猪是改良我国地方黑猪的优质猪种。

（七）优良配套系

1. PIC 配套系猪

PIC 配套系猪由英国 PIC 公司培育，父系猪具有生长速度快、饲料转化率高、体型好等特点，母系猪具有产仔率高、母性强等特点，用其父母系猪杂交生产五元杂交商品猪，如图 3-14 所示。

生产性能：每头父母代母猪年繁殖 2.2～2.4 胎，年产活仔数 22～23 头，肥育猪达 90 kg 体重的时间为 145～150 d，料重比为 2.6∶1，100 kg 屠宰胴体瘦肉率可达 65%以上。

2. 托佩克配套系猪

托佩克配套系猪是一个比较简单且完整的繁育体系，包括 3 个专门化品系：80 系、30 系、20 系，由荷兰托佩克国际种猪公司培育（图 3-15）。其特点是母猪发情明显、肢体结实、采食量高、泌乳力和母性强、产仔数多，肥育猪生活力强、采食量高、四肢肌体强壮、生长速度快。

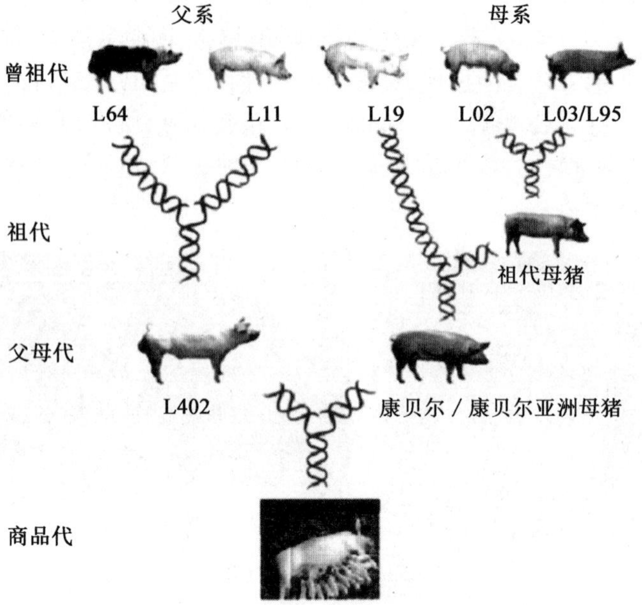

图 3-14　PIC 配套系统

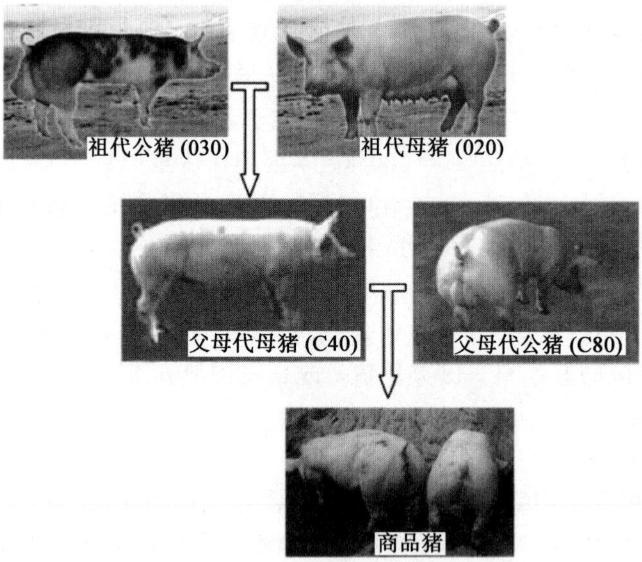

图 3-15　托佩克配套系统

生产性能：父母代母猪平均窝产仔数 12.3 头，窝产活仔数 11.3 头，平均每窝断奶成活 10.6 头。肥育猪 161 d(23 周龄)体重达 105 kg，肥育期平均日增重 860 g 以上，料重比为 2.5∶1。

四、依据猪场性质选择适宜的猪品种

以上介绍的各类品种(或配套系)都各有特点。引入品种(或配套系)生长速度快，饲料转化率高，屠宰率和胴体瘦肉率高，但繁殖力较低，肉质较差，适应性差，对饲养管理条件要求较高；我国地方品种则与之相反，虽然生长速度慢，饲料转化率低，屠宰率和胴体瘦肉率低，但繁殖力高，适应性强，肉质好；我国培育猪种则介于上述两类品种之间。

因此，在生产中多以引入品种作为经济杂交的父本，地方品种或培育品种作为母本进行二元、三元杂交；如果父本和母本全部用国外品种进行杂交，则应有较好的饲养管理条件；配套系是一个特定的繁育体系，有严密的代次结构，以确保较高的杂种优势，生产中不要打乱其结构体系。

地方品种多数存在不同的类群或地方品系，这些类群或地方品系中又存在着一定的差异，在利用时应注意加以选择。

在引入品种中，由于各地引入类群的差异、引入时间的差异、引入后选育工作的差异，使得同一品种在生产性能上差异较大，甚至有的已丧失原有品种的特点。因此，在杂交利用时应进行合理选择。

【知识拓展】

我国地方猪种类型

我国幅员辽阔，地形复杂，气候多变，各地区生产条件各异，人们的消费习惯千差万别，经过长期的自然选择和人工选育，形成了许多优良的地方猪种。根据我国猪种的起源、分布、外形特征和生产性能，以及品种所在地区的自然地理、社会经济、农业生产和饲养管理条件，将我国地方猪种划分为华北型、华南型、华中型、江海型、西南型和高原型共六大类型。

(一)华北型

华北型猪主要分布在淮河、秦岭以北，包括东北、华北、内蒙古、新疆、宁夏，以及陕西、湖北、安徽、江苏四省的北部地区和青海的西宁市、四川省广元市附近的小部分地区。

华北型猪毛色多为黑色，体躯较大，四肢粗壮。头较平直，嘴筒较长。耳大下垂，额间多纵行皱纹。皮厚多皱褶，毛粗密，鬃毛发达，可长达 10 cm，冬季密生绒毛，抗寒力强。乳头 8 对左右，产仔数一般在 12 头以上，母性强，泌乳性能好，耐粗饲，消化能力强。代表猪种有民猪、八眉猪、黄淮海黑猪、汉江黑猪和沂蒙黑猪等。

(二)华南型

华南型猪分布在云南省西南部和南部边缘，广西和广东偏南的大部分地区，以及福建的东南角和台湾各地。

华南型猪毛色多为黑白花，在头、臀部多为黑色，腹部多为白色，体躯偏小，体型丰满，背腰宽阔下陷，腹大下垂，皮薄毛稀，耳小直立或向两侧平伸。性成熟早，乳头多为 5～7 对，产仔数较少，每胎 6～10 头。脂肪偏多。代表猪种有两广小花猪、海南猪、滇南小耳猪、香猪等。

(三)华中型

华中型猪主要分布于长江南岸到北回归线之间的大巴山和武陵山以东地区，包括江西、湖南和浙江南部以及福建、广东和广西的北部，安徽和贵州也有局部分布。

华中型猪体躯较华南型猪大，体型与华南型猪相似。毛色以黑白花为主，头尾多为黑色，体躯中部有大小不等的黑斑，个别有全黑者，体质较疏松，骨骼细致，背腰较宽而多下凹。

乳头 6～7 对，每窝产仔 10～13 头。肉质细嫩。代表猪种有宁乡猪、金华猪、大花白猪、华中两头乌猪等。

（四）江海型

江海型猪主要分布于汉水和长江中下游沿岸以及东南沿海地区。

江海型猪种的毛色从地理分布上看，自北向南由全黑逐步向黑白花过渡，个别猪种全为白色。骨骼粗壮，皮厚而松，多皱褶，耳大下垂。繁殖力强，乳头多为 8～9 对，窝产仔 13 头以上，高者达 15 头以上。脂肪多，瘦肉少。代表猪种有太湖猪、姜曲海猪、虹桥猪等。

（五）西南型

西南型猪主要分布在云贵高原和四川盆地的大部分地区，以及湘鄂西部。

西南型猪种毛色多为全黑和相当数量的黑白花，“六白”或不完全“六白”等，但也有少量红毛猪。头大，腿较粗短，额部多有旋毛或纵行皱纹。乳头多为 6～7 对，产仔数一般为 8～10 头。屠宰率低，脂肪多。代表猪种有内江猪、荣昌猪、乌金猪等。

（六）高原型

高原型猪种主要分布在青藏高原。被毛多为全黑色，少数为黑白花和红毛。头狭长，嘴筒直尖，犬齿发达，耳小竖立，体型紧凑，四肢坚实，形似野猪。乳头多为 5 对，每窝产仔 5～6 头。生长慢，胴体瘦肉多。背毛粗长，绒毛密生，适应高寒气候。典型代表为藏猪。

【职业能力测试】

一、判断题

（　　）1. 瘦肉型猪的胴体瘦肉率在 58%以上，背膘厚在 3.5 cm 以下，体长往往大于胸围 15～20 cm。

（　　）2. 杜洛克、汉普夏、皮特兰猪均属于瘦肉型猪。

（　　）3. 杜洛克公猪在肉猪三元杂交中一般作为终端父本。

（　　）4. 广西较著名的香猪有巴马香猪和环江香猪。

（　　）5. 皮特兰公猪抗应激能力强，在三元杂交中一般作为第一父本。

（　　）6. 地方母猪在经济杂交中一般作为第一母本。

（　　）7. 东山猪属于瘦肉型猪。

（　　）8. 长白猪耳直立，而大约克夏猪耳向前倾耷。

二、选择题

1. 我国地方猪种的优良特性不包括________。

A. 繁殖力强　　B. 生长快　　C. 耐粗饲　　D. 性情温顺

2. 以下属于瘦肉型猪的是________。

A. 大约克夏猪　　B. 东山猪　　C. 陆川猪　　D. 香猪

3. 下列猪品种中，产仔数最多的是________。

A. 太湖猪　　B. 陆川猪　　C. 杜洛克猪　　D. 大白猪

4. 原产于英国的猪是________。

A. 长白猪　　B. 大约克夏猪　　C. 杜洛克猪　　D. 皮特兰猪

5. 以下猪，毛色为棕红色的是________。

A. 皮特兰猪　　B. 汉普夏猪　　C. 杜洛克猪　　D. 大白猪

6. 关于陆川猪，下列说法不正确的是________。

A. 背凹，腹大拖地　　B. 毛色“两头乌”

C. 耐粗饲　　D. 在杂交时通常作为第一母本

7. 以下猪，瘦肉率最高的是________。

A. 皮特兰猪　　B. 汉普夏猪　　C. 杜洛克猪　　D. 长白猪

三、问答题

1. 我国地方猪品种主要有哪些优缺点？

2. 写出南方饲养量较多的 8 个猪品种。

项目四

猪的选育与杂交利用

猪的育种目的是使猪群经济性状得到改良和使生产者获得更大经济效益。选种就是选择遗传特性优良的公、母猪留作种用,以生产出最优秀的个体。其实质是改变猪群固有的遗传平衡和选择最佳基因型。可根据猪的体型外貌、生长发育、生产性能以及系谱、同胞、后裔成绩对猪进行综合选择。

任务一 种猪的外貌评定

【学习目标】

1. 对猪的体型、四肢、生殖器发育、乳头数量、被毛等能正确评定,选择体型、性欲好的公猪、母猪。

2. 掌握猪的外貌评定方法,先整体选择,后局部选择。

【学习任务】

1. 识别猪的体表名称,熟悉各部位的评定要求。

2. 掌握猪的外貌评定方法。

【必备知识】

猪的体型外貌不仅能反映猪的经济类型和品种特征,而且还在一定程度上反映猪的生长发育、生产性能、健康状况和对外界环境的适应能力。通过对猪的体表部位评定,可以判断猪的优劣,这是生产实践中常用的选择种猪的方法之一。

【实践案例】

种猪是一个猪场可持续发展的核心,种猪质量将很大程度上影响猪场的生产效益,那么怎样对预留种猪的外貌进行评定呢?

【制订方案】

表 4-1 为完成本任务的工作方案。

表 4-1 完成本任务的工作方案

步骤	内容
1	熟悉猪的体表名称
2	对猪体表部位进行评定

【实施过程】

一、猪的体表名称

猪的体表名称如图 4-1 所示。

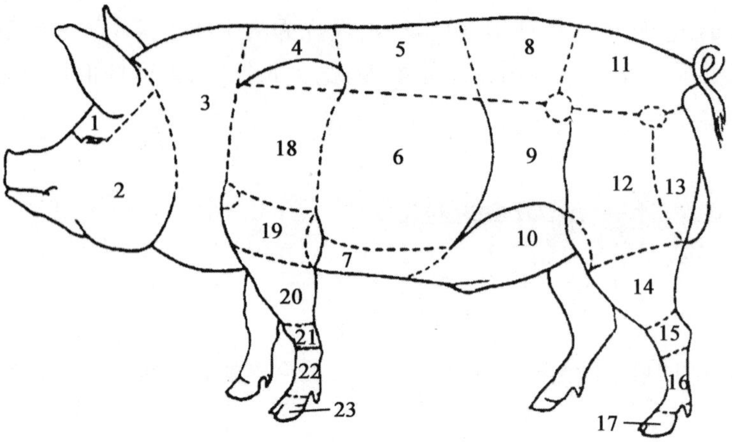

1.颅部　2.面部　3.颈部　4.鬐甲　5.背部　6.胸侧部(肋部)　7.胸骨部　8.腰部　9.腹侧部　10.腹底部　11.荐臀部　12.股部　13.股后部　14.小腿部　15.跗部　16.跖部　17.趾部　18.肩部　19.臂部　20.前臂部　21.腕部　22.掌部　23.指部

图 4-1　猪的体表名称

二、猪的体表部位评定

鉴定人距离猪要有适当的距离，先观察猪的整体外貌，看其体型各个部分结构是否协调匀称，体格是否健壮，然后有重点地观察鉴定各部位。

1. 整体结构

在察看猪的整体时，需将猪赶在一个平坦、干净和光线良好的场地上，与被选猪保持一定距离，对猪的整体结构、健康状态、生殖器官、品种特征等进行肉眼鉴定。要求体质结实，结构匀称，各部结合良好。头部清秀，毛色、耳形符合品种要求，眼明有神，反应灵敏，具有本品种的典型特征。被毛短、稀而富有光泽，皮薄而富有弹性(图 4-2)。

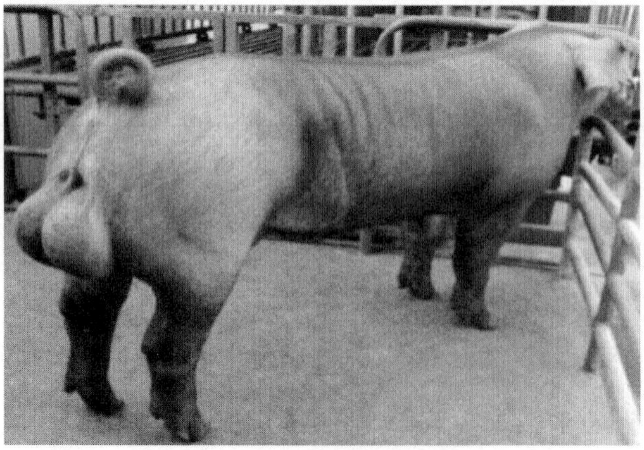

图 4-2　猪的整体结构

2. 头与颈

要求整体结构匀称，头部具备猪的品种特征，大小匀称；鼻嘴长短适中而微凹，上下颌吻合良好；耳也是品种特征之一，一般耳小皮薄表现早熟，耳大皮厚表现晚熟；颈部长短适中，肌肉丰满并与头和躯干结合良好，公猪较粗短以显示雄性。

3. 前躯

要求前躯发达，肩宽平，倾斜适中，宽广多肉；鬐甲平整，与背部结合良好(图 4-3)，没有凹陷；胸宽深，肋骨开张良好；四肢端正，行走有力，肌肉坚实；系长短适中，不卧系；蹄的大小、形状正常一致，无皱裂。

4. 中躯

背是载肉的部位，要求宽、平、长、直或稍呈弓形，凹背是脊椎形状不好或体质较弱的象征；腰宽平，与背臀衔接良好；母猪腹部大而不下垂，公猪腹部紧凑而不过大，腹线平直；乳房应发育匀称，排列整齐，母猪的有效乳头应不少于 6 对。

5. 后躯

臀要求长、宽、平或微斜，肌肉丰满；大腿要求厚、宽、长、圆，肌肉丰满，飞节上部无凹陷，尾根要粗；公猪睾丸大小一致，左右对称，单睾、隐睾不能留作种用。

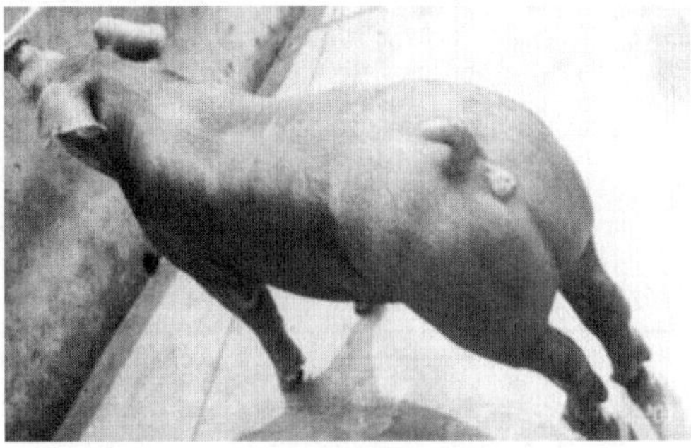

图 4-3　头颈及背部展示

6. 四肢

四肢高而端正，肢势正确，肢蹄结实，系部有力，无卧系(图 4-4)。

7. 乳房、生殖器官

种公、母猪都应有 6 对以上、发育良好的乳头，粗细、长短适中，无瞎乳头(图 4-5)；公猪睾丸发育良好，左右对称，包皮无积尿；母猪阴户充盈，发育良好。

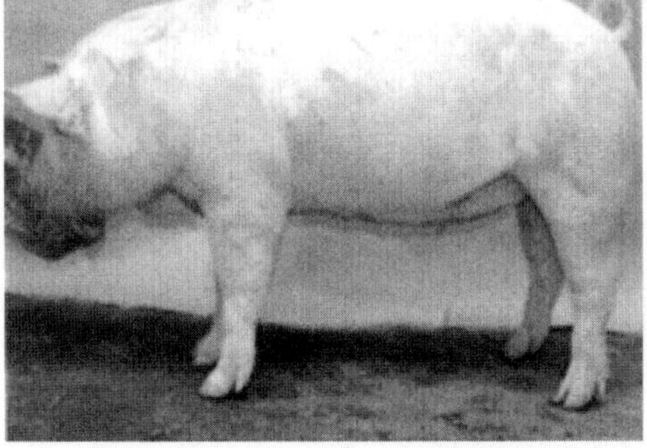

图 4-4　良好的肢蹄

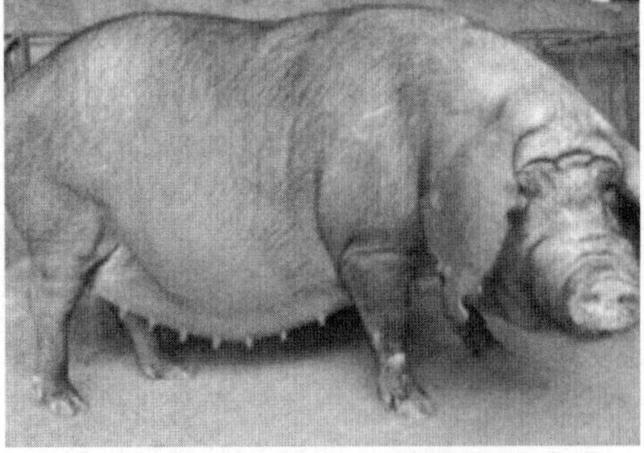

图 4-5　发育良好的乳头

【知识拓展】

1. 长白猪外貌鉴定标准(表 4-2)

表 4-2 长白猪外貌鉴定标准

项目	标准型的要求	公猪满分	母猪满分
一般特征	全身皮、毛白色。耳大而长,向前倾,头和颈较轻,嘴长较直,体躯长,背线平直稍呈弓形,臀部肌肉丰满,腹线平直,乳头数 6 对以上,排列整齐	20	20
头颈	头小颈轻,面部较直,耳稍大,向前倾,母猪颈略长,公猪颈略粗短,与头、肩结合良好	10	10
前躯	肩轻而紧凑,胸宽深,与背结合良好	16	10
中躯	背腰长平或微弓,腹线平,肷部充实	15	20
后躯	腿臀宽长、肌肉丰满,尾根高	10	15
四肢	四肢端正开张,步态好,蹄质好,无裂蹄,不卧系	14	10
乳房及生殖器	生殖器官发育正常,无单睾、隐睾、瞎乳头、脐疝等遗传缺陷,乳头数 6 对以上,排列整齐	15	15
总分		100	100

2. 大约克夏猪外貌鉴定标准(表 4-3)

表 4-3 大约克夏猪外貌鉴定标准

项目	标准型的要求	公猪满分	母猪满分
一般特征	皮毛白色,耳中等大,直立,嘴稍长,微弯,背腰平直或微弓,腹线平直,四肢较高,肢蹄健壮,腿臀发育良好,体质结实,乳头 6 对以上,排列整齐	20	20
头颈	头中等长,耳立,鼻直(或微凹),额宽,颊小。母猪颈略长,公猪颈粗短,与头肩结合良好	10	10
前躯	肩平,胸宽深,肌肉发达,与背结合良好	16	10
中躯	背腰平、长或微弓,腹线平	15	17
后躯	腿臀宽、长,肌肉丰满,尾根粗	13	15
四肢	四肢高、粗,端正张开,系短不卧,蹄质坚实	13	13
乳房及生殖器	乳头 7 对,排列均匀,无瞎乳头,公猪睾丸大小适中、一致,母猪阴户显露	13	15
总分		100	100

3. 杜洛克猪外貌鉴定标准(表 4-4)

表 4-4　杜洛克猪外貌鉴定标准

项目	标准型的要求	满分
一般外貌	全身皮毛棕红色,深浅不一,由金黄色到棕红色,甚至有灰黑色。耳中等大,略向前倾,从耳中部开始下垂,称为半垂耳。背呈弓形,腹线平直,腿臀肌肉丰满,四肢粗壮结实,蹄甲黑色,性情温顺,乳头数 6 对以上,排列整齐	20
头颈	头中等大,脸长度中等,面部微凹,鼻端不狭,面颊紧凑,目光温和有神,耳中等大,向前方弯	5
前躯	前躯很紧凑、肩附着良好、胸深而宽,与前肢和中躯结合良好	20
中躯	背腰长度中等,与后躯结合良好,背腰微弯曲,强壮,背宽,肋骨开张好,腹部要深,很紧凑,下肷部深而充实	15
后躯	腿臀宽、长,肌肉丰满,尾巴长度、粗细适中	20
肢蹄	四肢稍大,站立端正,肢间距宽,飞节健壮,蹄质好,左右一致,步态稳	10
乳房及生殖器	生殖器官发育正常,无单睾、隐睾、瞎乳头、脐疝等遗传缺陷,乳头 6 对以上,排列整齐	10
总分		100

【职业能力测试】

一、判断题

(　　)1. 在对猪进行外貌鉴定时,应先看整体再看局部。

(　　)2. 同一等级,公猪的外貌分数高于母猪。

(　　)3. 单睾的公猪可以留作种用。

(　　)4. 种公猪在选择时,不需要考虑乳头数。

(　　)5. 母猪腹部应大而不下垂,公猪腹部紧凑而不过大。

二、选择题

1. 种母猪的有效乳头数,最低不能低于________对才能留作种用。

A. 5　　B. 6　　C. 7　　D. 8

2. 有以下情况的猪不能留种________。

A. 背呈弓形　　B. 阴户显露　　C. 肢间距宽　　D. 有脐疝

任务二　猪的生长发育鉴定及生产力测定

【学习目标】

1. 学会测量猪的体尺和测定猪的体重。

2. 了解猪生产力的鉴定方法。

3. 重点掌握猪繁殖性能的统计及育肥力的计算。

【学习任务】

1. 测定猪的体尺和体重，学会鉴定猪的生长发育状况。

2. 掌握生产力性状主要包括繁殖性状、育肥力性状和胴体品质性状三方面。能对猪的生产力进行鉴定。

【必备知识】

一、猪的生长发育鉴定

生长发育鉴定即测量猪的体尺及称量猪的体重，是最常用的方法。

1. 称重

猪的体重衡量以直接称重最准确。

2. 体尺测量

体尺是畜体不同部位尺度的总称。

通常测量的体尺主要有：体长、体高、胸围、胸深、胸宽、背高。

体重的测定时间，最主要的几次是在初生、断奶、初配和成年时。体尺的测定时间主要在初配及成年阶段。

二、猪的生产力鉴定

选种所依据的生产力性状主要包括繁殖性状、育肥力性状和胴体品质性状 3 方面。

【实践案例】

种猪的生长发育好坏以及生产性能高低对猪群质量起决定性作用，对猪场内的种猪，怎样测定其生长发育状况及生产性能呢？

【制订方案】

表 4-5 为完成本任务的工作方案。

表 4-5　完成本任务的工作方案

步骤	内容	步骤	内容
1	测定猪的体尺	3	计算猪的平均日增重及料肉比
2	统计猪的繁殖性能	4	测定猪的膘厚

一、猪的体尺测量

1. 体长

用卷尺（以 cm 为单位）将零点固定在猪两耳根连线的中点，将卷尺紧贴皮肤，沿背线一直量到尾根为止。

2. 体高

由鬐甲到地面的垂直高度即体高，用测杖（或活动标尺）测量。

3. 胸围

在肩胛骨后缘用皮尺测量胸部的周径，松紧度以皮尺自然贴毛皮为宜。

二、猪的生产力测定

1. 统计猪的繁殖性能

（1）产仔数　有两项指标，即窝总产仔数和窝活产仔数。窝总产仔数是指在出生时同窝的仔猪总数，包括死胎、畸形胎和木乃伊胎等。窝活产仔数则指出在生时存活的仔猪数，包括衰弱即将死亡的仔猪在内。

（2）初生重和初生窝重　初生重是指仔猪在出生后 12 h 内所称得的体重。初生窝重是指仔猪出生后 12 h 内所称得全窝活仔猪的体重总和。初生重与仔猪哺育率、哺乳期增重以及仔猪断奶体重呈正相关，与产仔数呈负相关。

（3）泌乳力　母猪泌乳力的高低直接影响到哺乳仔猪的生长发育情况。一般用 20 日龄的全窝仔猪体重来表示，其中包括寄养进来的仔猪，而寄养出去的仔猪不计入。

（4）断奶个体重和断奶窝重　断奶个体重指断奶时仔猪的个体体重。断奶窝重是指断奶时全窝仔猪的总体重，包括寄养的仔猪。一般都在早晨空腹时称重，并注明断奶日龄。

现代养猪生产中，为了评定猪的繁殖效率，有时还需要测定情期受胎率、哺育率、每头母猪年产仔胎数和年产断奶仔猪数等指标。

$$\text{情期受胎率}=\frac{\text{受胎母猪总数}}{\text{配种母猪总数}}\times 100\%$$

$$\text{哺育率}=\frac{\text{育成仔猪数}}{\text{窝产活仔数}-\text{寄出仔猪数}+\text{寄入仔猪数}}\times 100\%$$

$$\text{年产仔胎数}=\frac{365}{\text{妊娠期}+\text{哺乳期}+\text{空怀期}}$$

$$\text{年产断奶仔猪数}=\text{年产仔胎数}\times\text{每胎产活仔数}\times\text{哺育率}$$

2. 计算猪的育肥性状

育肥性状也称为生长性状。

（1）平均日增重　是指在一定的生长育肥期内（种猪是从断奶到 180 日龄），平均每天的体重增长量，以“g/d”为单位。多用 20～90 kg 或 25～90 kg 期间平均每天的增重来表示，其计算公式如下。

$$\text{平均日增重}=\frac{\text{育肥期总增重（末重}-\text{始重）}}{\text{育肥时间}}$$

（2）饲料利用率　也称为饲料转化率或料重比，是指育肥期内或性能测验期内猪单位增重所需饲料消耗量。其计算公式如下。

$$\text{饲料利用率}=\frac{\text{饲料消耗量}}{\text{猪的增重}}\times 100\%$$

(3)采食量　是度量食欲的性状。在不限制饲喂的条件下，猪的平均日采食量称为饲料采食能力或随意采食量，是近年来育种方案中日益受到重视的性状。采食量与日增重呈正相关，与胴体瘦肉率呈负相关。

3. 测定猪的胴体性状

(1)屠宰率　是指胴体重占宰前空腹体重的比例。其计算公式如下。

$$屠宰率=\frac{胴体重}{宰前空腹体重}\times 100\%$$

宰前空腹体重：育肥猪达到适宜屠宰体重(60～100 kg 不等，视品种而异)后，经 24 h 的停食休息，称得的活重。

胴体重：育肥猪经放血，脱毛，切除头(寰枕关节处)、蹄(前肢腕关节以下、后肢飞节以下)和尾(尾根第一环褶以下)后，开膛除去内脏(保留肾脏和板油)，劈半，冷却后，分别称取左右两半片屠体的质量(包括肾脏和板油)，其总重为胴体重。

(2)背膘厚　一般是指背部皮下脂肪厚度。屠宰后，用游标卡尺测定，第 6 和第 7 胸椎间，垂直于背部皮下脂肪层的厚度。在国外是测连皮膘厚，主要原因是国外猪种皮肤普遍较薄。在活体测量时，测肩部最厚处、胸腰椎结合处和腰荐椎结合处三点皮下脂肪的平均厚度，用厘米(cm)表示(图 4-6)。近年来，随着活体测膘技术的进一步完善和普及，利用活体测膘仪进行背膘厚测定，为育种工作提供了极大的方便。

(3)眼肌面积　是指倒数第 1 和第 2 胸椎间垂直切下的背最长肌的横断面积(图 4-7)。测定时可用游标卡尺测量眼肌的宽度和厚度，然后用公式(眼肌面积＝宽×高×0.7)求眼肌面积。另外，也可用硫酸纸贴在眼肌断面描绘其轮廓，然后用求积仪测定或用坐标纸统计面积。眼肌面积与胴体瘦肉率呈强正相关。

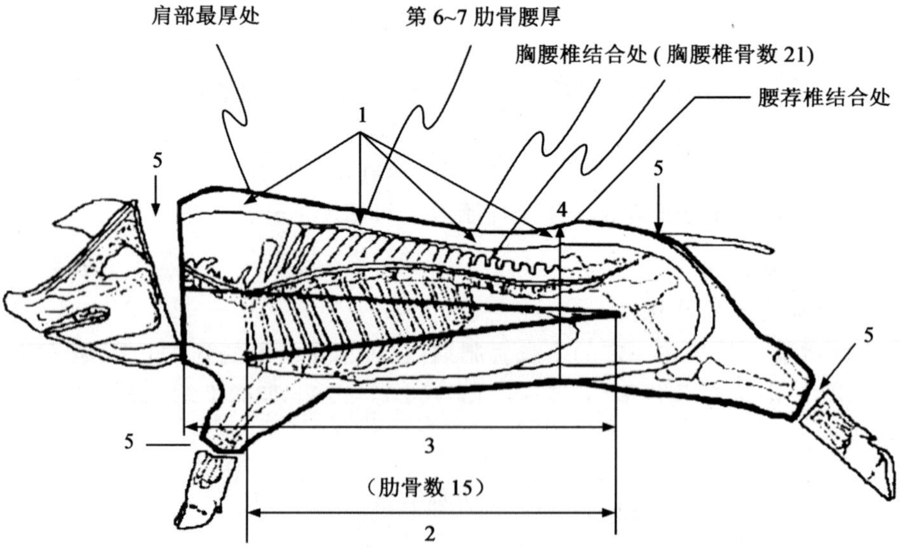

1. 膘厚测定位置　2. 胴体斜长　3. 胴体直长　4. 后腿切割处　5. 头、蹄、尾切割位置

图 4-6　三点膘厚

(4)胴体瘦肉率　是指瘦肉(肌肉组织)占所有胴体组成成分总重的百分率，是反映胴体

产肉量高低的关键性状。胴体瘦肉率的测定方法是左侧胴体摘除板油和肾脏后，剖析为瘦肉、脂肪、皮和骨4种成分。在剖析时，肌间脂肪不剔出，并尽量减少作业损耗，控制在2%以下。然后计算肌肉质量占4种成分总质量的百分率。其计算公式如下。

$$\text{胴体瘦肉率}=\frac{\text{瘦肉质量}}{\text{骨骼质量}+\text{皮肤质量}+\text{脂肪质量}+\text{瘦肉质量}}\times 100\%$$

或

$$\text{胴体瘦肉率}=\frac{\text{瘦肉质量}}{\text{胴体重}-\text{板油和肾脏重}-\text{作业损耗}}\times 100\%$$

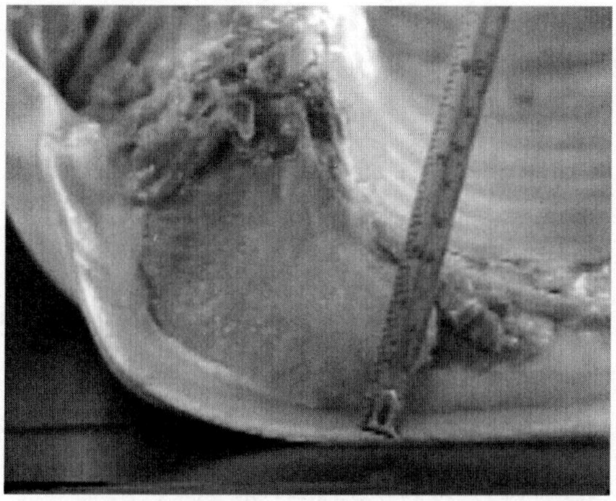

图 4-7 眼肌面积

【知识拓展】

陆川猪生长发育及生产性能标准

以下内容节选自中华人民共和国农业行业标准 NY/T 2993—2016。

1. 体重和体尺

后备公猪2月龄体重9 kg，6月龄体重30 kg，后备母猪2月龄体重8 kg，6月龄体重35 kg。成年公猪平均体重85 kg，体长113 cm，体高56 cm。成年母猪平均体重82 kg，体长111 cm，体高53 cm。

2. 繁殖性能

产仔数：初产母猪10头，经产母猪12头。

仔猪初生窝重：初产母猪5 kg，经产母猪7.5 kg。

40日龄仔猪断奶窝重：初产母猪51 kg，经产母猪69 kg。

3. 育肥性能

10～15 kg至75 ～100 kg阶段，平均日增重400～430 g。

4. 胴体性状

育肥猪60～65 kg屠宰时，屠宰率70%，瘦肉率38%左右，眼肌面积16 cm^2 以上，背膘厚3 cm以上；90 kg左右屠宰时，屠宰率70%左右，瘦肉率39%，眼肌面积20 cm^2 左右，背膘厚5.6 cm以上。

【职业能力测试】

一、判断题

(　　)1. 猪体重的测定以用公式估算为准。

(　　)2. 猪体尺测定最重要的是测体高。

(　　)3. 猪的生长发育好坏，最主要是看猪的体重。

(　　)4. 在选种时，总产仔数比活产数更重要。

(　　)5. 在统计猪的断奶重时，必须要注明断奶日龄。

二、选择题

1. 下列性状，属于繁殖力性状的是________。

A. 产仔数　　B. 日增重　　C. 料肉比　　D. 膘厚

2. 活体测膘时，通常要测 3 点取平均值，这 3 点不包括________。

A. 肩部脂肪最厚处　　B. 胸腰椎结合处　　C. 腰荐椎结合处　　D. 臀部脂肪最厚处

三、计算题

1. 母猪 4 周龄断奶，空怀期以 7 d 计，计算该母猪的年产仔胎数。

2. 某猪，4 月 10 日称重，体重为 28 kg；到了 8 月 10 日，体重为 118 kg。请计算该猪的平均日增重。

任务三　种猪各阶段的选择与引种

【学习目标】

1. 对不同生长阶段的种猪进行正确选择。

2. 利用系谱选择和外形选择法对后备猪进行选择，选择体型、性欲好的公猪、母猪。

3. 能正确引进种猪。

【学习任务】

1. 对不同生长阶段的种猪进行选择。

2. 引种注意事项。

【必备知识】

选种就是选择优良的公、母猪留作种用，以获得最优秀的后代。其实质是改变猪群固有的遗传平衡和选择最佳基因型。

留作种用的猪，通常要经过 3 个阶段的选择。

【实践案例】

在猪场内，怎样选择留作种用的猪，引种应做好哪些工作？

【制订方案】

表 4-6 为完成本任务的工作方案。

表 4-6　完成本任务的工作方案

步骤	内容
1	通过系谱、外形、生长发育、生产性能等对各生长阶段种猪进行选择
2	参与引种过程

【实施过程】

一、各阶段种猪的选择

(一)断奶仔猪的选择

由于此阶段猪本身的生产性能还未表现出来,这时系谱的成绩应该是选种的主要依据,此外还要结合生长发育和体型外貌选择。

1. 根据亲代资料选择

将不同窝仔猪的系谱资料进行比较,从祖先到双亲(尤其是双亲)性能优异的窝中,进行选留。同时要求同窝仔猪都表现突出,即在产仔数多、哺乳期成活率高、断奶窝重大、发育整齐、无遗传疾病或畸形的窝中进行选择。

2. 根据本身表型选择

在仔猪断奶时,根据本身的生长发育和外貌进行选择。具体要求:达到品种规定月龄时的体重和体长指标要求,头型、耳型、毛色和体躯结构符合品种特征。在同窝仔猪中,将断奶重大、身腰较长、体格健壮、发育良好、生殖器官正常、有效乳头 7 对以上且排列均匀的仔猪选留下来。这时的选留数要大,小母猪最好按"选一留二"、小公猪按"选一留四"的比例选留。

(二)后备猪的选择

选择好后备猪,是养猪场保持较高生产水平的关键,后备猪在 6～8 月龄配种前进行选择,主要根据本身的生长发育,兼顾体型外貌和父母成绩进行选择。后备猪的选留要达到以下标准。

①后备公猪和母猪都要符合本品种特征,即毛色、体型、头型、耳型要一致。

②生长发育正常,精神活泼,健康无病,膘情适中。

③不能有遗传疾病,如疝气、隐睾、偏睾、乳头排列不整齐、瞎乳头等。遗传疾病首先影响猪群生产性能的发挥,其次是给生产管理带来许多不便,严重的可造成猪只死亡。

④挑选后备公猪的条件:同窝猪的产仔数在 10 头以上,乳头在 6 对以上,且排列均匀,四肢和蹄部良好,行走自如,体长,臀部丰满,睾丸大小适中,左右对称。

⑤挑选后备母猪的条件:要有健壮的体质和四肢。四肢有问题的母猪会影响以后的正常配种、分娩和哺育功能。要具有正常的发情周期,发情征兆明显,外生殖器官发育正常,阴门小的母猪不能选留。乳头至少在 6 对以上,两排乳头左右对称,间距适中(图 4-8)。

⑥后备母猪选留的数量要根据公猪的配种能力来确定，不能一次选留太多，造成配种困难，每月要均衡选留。

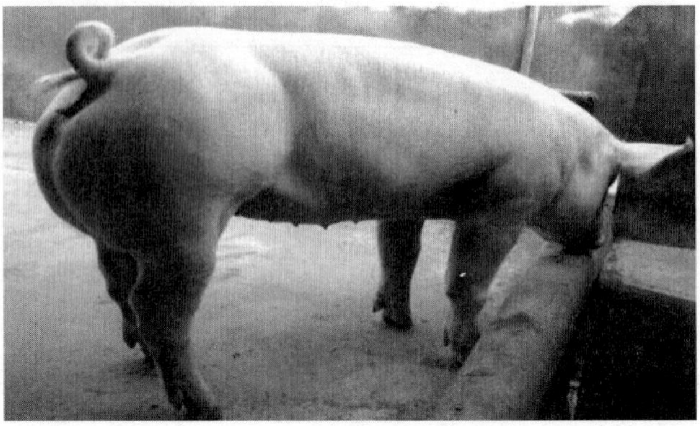

图 4-8　外形良好的后备母猪

(三)成年种公猪、母猪的选择

母猪在 3 胎以上，公猪在 2～3 岁时进行选择。此时应以本身表现为主，主要以育肥性能、繁殖性能为依据，兼顾胴体品质性状进行选择。

1. 初产母猪的选择

初产母猪为 14～16 月龄的母猪，这时的母猪经过前 2 次的选择，对其系谱、生长发育和外形等各方面，已有了比较全面的评定。此时选择淘汰的对象是产仔数少，成活率低，所产仔猪中有畸形、隐睾及毛色和耳型等不符合育种要求的个体。

2. 初配公猪的选择

这时公猪与初产母猪一样，经过前 2 次的选择，已有了比较全面的评价。此时对公猪选择的依据是同胞姐妹的繁殖成绩和自身的性能及配种成绩。在选择时，要将其同胞姐妹繁殖成绩突出，自身性机能旺盛、配种成绩优良的公猪留作种用。

3. 种公猪和种母猪的选择

对于 2 胎以上的母猪和正式参加配种的公猪，不仅本身有了 2 胎以上的成绩表现，而且也有用作育肥或种用的后裔。此时信息多，资料全，应根据本身生产力表现和后裔成绩进行选择。

二、引种

(一)定义

引种是指将猪种从一个地区引入另一个地区饲养以作种用。

(二)注意事项

1. 正确选择引入品种

应根据社会经济发展和需求，有目的地引种，因此应选择具有良好经济价值和种用价值高的品种。

2.慎重选择个体

选择个体的要求：一是健康，生长发育良好；二是无遗传缺陷；三是个体间亲缘关系远；四是个体年龄，一般情况下，幼年健壮个体的引种成功率较大。

3.合理选择引种区域

一般首选从气候条件相同、相似的同纬度区域引种。

4.合理选择调运季节

合理的调运季节选择，也是成功引种的重要环节之一。如从温暖地区引入寒冷地区，宜于夏季抵达；从寒冷地区引入温暖地区，则宜于冬季抵达。

5.严格检疫

切实加强种畜检疫，严格实行隔离观察制度，防止疫病传入。

【知识拓展】

引入后备猪的隔离与驯化

1.隔离与驯化的目的

目的是为了使后备母猪尽快地适应本场猪群的饲料、饮水和环境条件，尤其是使其适应本场病原微生物，建立免疫应答。同时避免后备种猪将其携带的病原传播给本场猪群，保护本场猪群的健康，降低暴发疾病的风险。

2.隔离方案

(1)隔离时间　至少2周，此时间主要确保猪群健康，对其进行必要调整。

(2)隔离舍的准备　清洗消毒，干燥1周以上。要求独立的空间、独立的工具和专门的隔离猪群饲养管理人员。

(3)防止猪群应激　后备猪进场后1周之内，应激反应较强烈，因此，从进场的第1～5天起可在饲料或饮水中添加抗生素及多种维生素，以减轻应激反应。

(4)驱虫及免疫　隔离第2周，应全面驱虫1次，按照场内的种群驱虫方案执行。驱虫后即可进行免疫。

(5)加强日常管理，搞好生物安全　猪舍要保持干燥，通风良好，保证清洁干净充足的饮水。坚持正常的消毒、灭鼠、灭蚊蝇制度，搞好环境生物安全。

(6)注意观察猪群　要注意观察后备猪的精神状态，临床反应，并做好记录，对不适宜种用和有生理缺陷的猪要及时淘汰。

3.驯化方案

(1)免疫驯化　猪引进第2周，做好猪瘟、伪狂犬病、乙型脑炎、细小病毒病、猪繁殖与呼吸综合征、圆环病毒病、口蹄疫、传染性胃肠炎等疾病的疫苗接种工作，做好免疫驯化(图4-9)。

(2)消化道驯化　完成一轮基础疫苗的免疫之后即可进行消化道驯化。

唾液驯化：使用棉绳系在本场保育舍的栏杆上，让保育猪啃咬1 h，饲养员取出后交给隔离舍的饲养员。隔离舍的饲养员把保育猪咬过的棉绳系在隔离舍的猪栏里，让后备母猪啃咬1 h，2次/d连续1周(图4-10)。

完成唾液驯化后即可进行粪便驯化，即收集产后1～3 d的头胎猪粪使用水稀释拌料饲养隔离舍的后备母猪，1 次/d，连续 1 周。

完成粪便驯化后的第 3 周即可进行混群驯化，即将要淘汰的健康母猪按 1∶5 的比例与后备母猪关在一起饲养 1 周。

完成所有的驯化工作，并且在猪瘟、猪繁殖与呼吸综合征、圆环病毒病、伪狂犬病、口蹄疫等所有疫苗都做过基础免疫和强化免疫之后，对全部引入的后备母猪采血做抗体检测，合格的后备母猪进入生产母猪群开始配种。

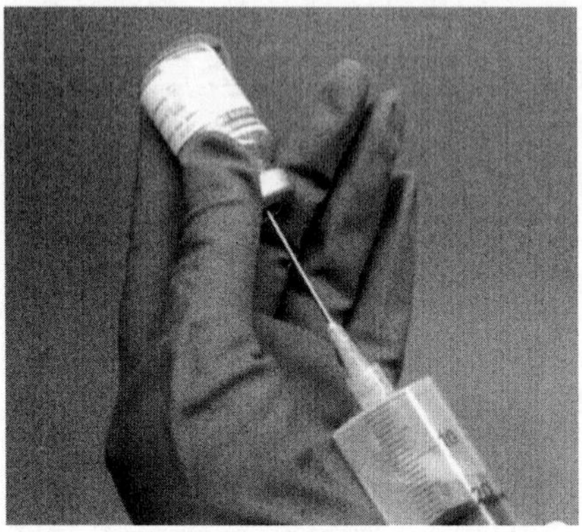

图 4-9 疫苗驯化

图 4-10 唾液驯化

【职业能力测试】

一、判断题

(　　)1. 断奶小母猪的留种数，一般是选一留四。

(　　)2. 2 胎以上的母猪在选留时，主要依据该个体的生产成绩和后裔表现来评定。

(　　)3. 用来留种的母猪，乳头数应至少为 5 对。

(　　)4. 断奶仔猪的选留主要依据自身的生产性能来评定。

(　　)5. 后备猪的选择，要求该个体生长发育正常，精神活泼，健康无病，膘情适中。

二、选择题

1. 如从温暖地区将种猪引入寒冷地区，宜于________抵达。

A. 春季　　B. 夏季　　C. 秋季　　D. 冬季

2. 对种猪的选择不正确的是________。

A. 头部清秀　　B. 毛色、耳型符合品种要求

C. 眼明有神　　D. 反应迟钝

3. 挑选后备公猪的条件是：同窝猪的产仔数在________以上。

A. 10 头　　B. 9 头　　C. 8 头　　D. 7 头

4. 断奶仔猪的选择中，要求为________。

A. 哺乳期成活率高　　B. 断奶窝重大

C. 发育整齐　　D. 在无遗传疾病或畸形的窝中进行选择

5. 成年种猪的选择中，要求对________有比较全面的评定。

A. 系谱　　B. 生长发育　　C. 体型外貌等各方面　　D. 生产性能

三、问答题

1. 如何选择后备猪?

2. 引种的注意事项有哪些?

任务四 猪的选配与杂种优势利用技术

【学习目标】

1. 知道种猪选配的概念和方法，只有优秀的猪种才能选育出优良后代。

2. 能够掌握猪杂种优势的利用方法，尤其是引进猪种"三元杂交""二元杂交"，懂得"杜大长"等杂交组合在猪场的普遍使用。

【学习任务】

1. 学习种猪选配方法，尤其是引进猪种"三元杂交""二元杂交"。

2. 掌握猪杂种优势的利用方法，利用猪杂种优势指导生产。

【必备知识】

选配的定义：选配是指有目的、有计划、有组织地选择公、母猪交配，以获得优良的后代。

【实践案例】

选好种固然重要，但如果没有做好之后的选配工作，也不能达到较高的经济效益，那怎样做好种猪的选配，有什么原则？怎样才能得到更好的杂种优势？通常用哪些杂交方法？

【制订方案】

表 4-7 为完成本任务的工作方案。

表 4-7 完成本任务的工作方案

步骤	内容
1	查阅课本或网络资料了解种猪选配原则
2	讨论并计算种猪的种猪优势与获取杂种优势的杂交方法

【实施过程】

一、猪的选配原则

1. 有明确的目的

根据预期目标，确定选配的方法和配偶，可稳定和巩固猪群优点，克服缺点。

2. 尽量选择亲和力好的公、母猪交配

亲和力是指交配双方的交配效果，即能否产生优良的后代。在制订选配计划时，应对猪群过去的选配结果进行具体分析,在此基础上找出那些产生优良后代的选配组合。

3.公猪的等级(品质)要优于母猪

因公猪数量少,与配母猪数量众多,故对后代影响远大于母猪。在选配组合中,种公猪的等级和品质应高于或等于种母猪,绝不能低于种母猪。对猪群中鉴定出的特、一级种公猪应充分使用,对二、三级种公猪应控制使用。

4.具有相同缺点或相反缺点的公、母猪不能选配

例如,凹背公猪和凸背母猪交配,不但改变不了彼此的缺点,反而会使缺点加深。因此,应用理想型配理想型,或理想型配非理想型,使非理想型得以改进和提高。

5.正确使用近交

近交虽然具有纯化遗传结构(基因型),稳定优良性状的作用。但如果随意使用近交,就会导致近交衰退现象的出现,使后代生活力和生产性能下降。因此,近交应根据选育的要求慎重使用。对于一般的繁殖猪场,则不宜采用近交。

6.合适的年龄选配

一般来讲,壮年公猪配壮年母猪最好,其他配偶组合,效果较差,应尽量避免。在交配双方中,应至少有一方是壮年。

二、猪的杂种优势利用

(一)概念

杂种优势是指不同品种、品系或品群间杂交,其后代性能水平超过亲本均值的现象。如:生活力强,产仔多而均匀,初生体重大,成活率高,生长发育快,断奶窝重大,育肥快,饲料转化率高等。据报道,二元杂种猪的日增重比纯种可提高10%~15%,饲料利用率提高8%~10%。

(二)杂种优势的度量

在生产中,为了估算杂种优势程度的大小,常用杂种优势率作为衡量指标。估算杂种优势率(H)的公式如下。

$$H=\frac{\overline{F_1}-\overline{P}}{\overline{P}}\times 100\%$$

式中:$\overline{F_1}$ 为杂种一代(正反交后代)性状平均表型值,$\overline{P}$ 为双亲性状的平均表型值。

(三)获得杂种优势的一般规律

1.性状的遗传力不同,杂种优势表现不同

遗传力低的性状,如猪的繁殖性状,主要受环境的影响较大,杂交时杂种优势表现明显;遗传力高的性状,如猪的外形结构、胴体性状等,受加性基因的控制,杂交时杂种优势表现不明显。

2.杂交亲本遗传纯度越高,越容易获得杂种优势

杂种优势的出现取决于动物个体的杂合度,杂合度越高,则出现杂种优势效应的可能性

越大。利用纯系、近交系配套杂交，可提高杂种后代群杂合子基因型的频率，增加基因的杂合效应，产生的杂种优势也越大。

3. 亲本间的遗传差异越大，越容易获得杂种优势

一般来说，杂种优势表现的程度取决于杂交亲本的差异程度。遗传差异相对较大的两个亲本群体，杂交后有利于提高后代基因型的杂合性，从而提高杂种优势。例如，用国内的两个地方品种杂交，其杂种优势表现的程度，就不如用国外引入品种与国内地方品种杂交。

4. 容易退化和生命早期表现的性状，杂交时容易显现杂种优势

如生活力、产仔数、仔猪初生重、仔猪成活率和断奶窝重等性状，容易显现杂种优势。

(四)杂种优势的利用

1. 杂交亲本的选择

(1)母本的选择　用作母本的品种主要强调繁殖性能、哺育力和适应性。应选择本地区数量多，繁殖力高(产仔数多、断奶窝重大、仔猪成活率高、母性和泌乳能力强)的品种或品系作为母本。

(2)父本的选择　用作父本的品种主要强调生长育肥性状和胴体性状。一般应选用生长速度快、饲料利用率高、胴体品质好的品种或品系作为父本。为了保证种公猪的种用价值，应强调性欲、精液品质、性成熟和适应性等方面的选择。

根据上述要求，我国大多数地方猪种和培育猪种，都具备作为母本品种的条件。国外引入的猪种，如长白猪、杜洛克猪、大约克夏猪、汉普夏猪等，都具备作为父本品种的条件。

2. 常用的杂种优势利用方法

(1)两品种简单杂交　又称二元杂交，用两个品种的公、母猪杂交一次，一代杂种无论公、母猪，全部用作商品育肥猪(图4-11)。

A♂×B♀

↓

AB(♂♀全部作为商品育肥猪)

图 4-11　二元杂交示意图

二元杂交的优点在于杂交方式简单，仅需进行一次配合力测定。不足在于杂种一代全部用作商品育肥猪，繁殖性能的杂种优势得不到充分利用。在实际生产中，选用我国地方良种或我国培育品种作为母本，外来瘦肉型品种作为父本较为适宜。例如长陆、杜湖杂交组合等。

(2)三品种杂交　又称三元杂交，即从两品种简单杂交所得到的杂种一代母猪中选留优良个体，与另一品种的公猪进行杂交，产生的后代作为商品育肥猪(图 4-12)。

三元杂交的优点在于充分利用了杂种一代母猪繁殖性能方面的杂种优势，也充分发挥了第二父本(终端父本)生长速度快、饲料利用率高、肉质好的特性。其不足在于组织工作比较复杂，需要三个种群的纯种资源，又要保留杂种一代猪，杂交繁育体系较为复杂。

实际生产中，三元杂交所使用的猪种，第一母本猪往往选用地方良种或培育品种，两个父本品种往往选用引入的优良瘦肉型猪种。目前在国内外普遍使用的杜长大或杜大长三元杂交组合，后代具有良好的生产性能，尤其后代整齐度高，产肉性能突出，很受市场欢迎。

A♂×B♀

↓

C♂×AB♀

↓

CAB(全部作为商品育肥猪)

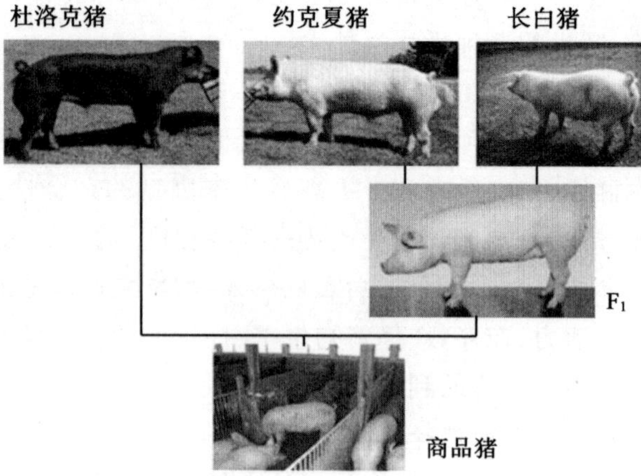

图 4-12　三元杂交示意图

【知识拓展】

一、猪的双杂交

它是以两个二元杂交为基础,以其中一个二元杂交后代中的公猪作为父本,另一个二元杂交后代中的母猪作为母本,再进行一次简单杂交,所得的四元杂种全部作为商品育肥猪。

二、猪的轮回杂交

猪的轮回杂交是指 2～3 个品种(系)猪轮流参加杂交,每代杂种中部分母猪留作种用,轮流与亲本品种的公猪交配(与亲本公猪同品种不同个体),其余杂种均作为商品育肥猪。

【职业能力测试】

一、判断题

(　　)1.选配最好选择亲和力好的公猪和母猪交配。

(　　)2.种公猪在 10～12 月龄、体重 120～150 kg 时初配较好。

(　　)3.在选配时,选择凹背公猪和凸背母猪交配可以达到比较好的生产效果。

(　　)4.在选配时,应选择性欲强、精液品质好、适应性强的公猪作为父本。

(　　)5.杂种优势是指不同品种、品系或品群间杂交,其后代性能水平超过亲本均值的现象。

二、选择题

1.经鉴定为一级的繁殖母猪,最好选择________的公猪配种。

A.特级　　B.一级　　C.二级　　D.三级

2.2～3 岁的繁殖母猪,最好选择________公猪来配种。

A.壮龄　　B.老龄　　C.幼龄

3. 具有体长、膘薄优点的繁殖母猪，同质选配时应选择________的公猪来配种。

A. 体长且膘厚　　B. 体大且瘦肉率高　　C. 体长且膘薄　　D. 体长且肉质好

4. 母猪配种时间受________影响较大，有“老配早、少配晚、不老不少配中间”的俗语。

A. 季节　　B. 年龄　　C. 品种　　D. 温度

三、简答题

1. 猪的选配应遵循哪些原则？

2. 图示猪的二元、三元经济杂交方法，并举例说明。

四、计算题

假如大白猪为杂交父本，上海白猪为杂交母本，已测得大白猪的平均日增重为 720 g，上海白猪的平均日增重为 600 g，同时也测得杂种一代猪的平均日增重为 706 g，试估算其杂种优势率。

项目五

猪的饲料筹划

任务一　猪场常用饲料原料选择技术
任务二　猪场饲料计划编制方法
任务三　猪场饲料配方检验方法

任务一　猪场常用饲料原料选择技术

【学习目标】

1. 了解猪常用饲料原料及特点，引进品种猪使用玉米-豆粕型饲料为主。
2. 掌握猪常用饲料原料的质量鉴定及选择，玉米、豆粕、麦麸等的选择技术。
3. 因地制宜，正确地使用当地饲料原料，地方品种猪可以适当使用米糠等饲料。

【学习任务】

1. 了解猪常用饲料原料(能量饲料、蛋白质饲料)的分类及各自特点。
2. 学习猪常用饲料原料的质量外观鉴定方法。
3. 因地制宜使用饲料原料，区分植物性饲料和动物性饲料。

【必备知识】

猪常用饲料原料的分类

1. 能量饲料

按照国际分类法标准，凡是粗纤维含量小于18%，蛋白质含量小于20%的饲料称为能量饲料。主要包括四大类：谷实类、糠麸类、块根块茎及瓜果饲料、其他类。

(1)谷实类饲料　常见玉米、糙米、小麦。

(2)糠麸类饲料　常见麦麸、米糠。

(3)块根块茎及瓜果类饲料　常见马铃薯、胡萝卜、木薯。

(4)其他类　常见糖蜜、乳清粉。

2. 蛋白质饲料

按照国际分类法标准，凡是粗纤维含量小于18%，蛋白质含量大于20%的饲料称为蛋白质饲料。主要包括两大类：植物性蛋白质饲料、动物性蛋白质饲料。

(1)植物性蛋白质饲料　常见豆类籽实、饼粕类(豆粕、花生饼、菜籽粕、棉籽粕)。

(2)动物性蛋白质饲料　常见鱼粉、肉骨粉等。

3. 矿物质饲料

常见的矿物质饲料有食盐、石粉、贝壳粉、磷酸氢钙等。

4. 添加剂饲料

常见微量元素添加剂、维生素添加剂、氨基酸添加剂、酶制剂、有机酸、中草药饲料添加剂等。

【实践案例】

假如你是个自配饲料猪场的技术人员，你怎样因地制宜地选择原料以降低成本？怎样鉴定所用原料的质量？

【制订方案】

表 5-1 为完成本任务的工作方案。

表 5-1　完成本任务的工作方案

步骤	内容
1	引导学生查阅课本，并利用网络查看猪饲料的原料，根据查到的结果，分组讨论其优缺点
2	引导学生讨论和学习各种原料质量的鉴定方法，现场考核学生对鉴定方法的掌握情况

【实践案例】

引导学生查阅课本与利用网络查看猪饲料所用原料，了解各种饲料优点、缺点

(一)能量饲料

1. 玉米

玉米(图 5-1)是养猪的主要能量饲料，能量高，适口性好，但饲用过多使肉猪、种猪背膘增加，降低肉猪瘦肉率；玉米蛋白质含量很低(7%～9%)，缺乏赖氨酸和色氨酸，故在配制猪饲料时应注意添加赖氨酸、蛋氨酸等合成氨基酸；玉米中钙、磷的含量低；玉米中不饱和脂肪酸含量高，不适合粉碎后保存，否则易酸败发霉。

2. 糙米

糙米(图 5-2)是畜禽优质的能量饲料，能量高，粗蛋白质含量 7.8%，钙磷比为 1∶22，钙少磷多，不饱和性脂肪约占 2%，饲喂育肥猪，可改善肉的品质，增加脂肪硬度。

图 5-1　玉米

图 5-2　糙米

3. 小麦

小麦能量价值基本同玉米，蛋白质的品质和含量比玉米高，含量为 10%～12%，赖氨酸含量为 0.67%。非植酸磷含量高，可以节省磷酸氢钙的使用量。粗脂肪含量低。

4. 麦麸

麦麸是小麦加工副产品，能量较低，粗蛋白质含量 15%左右，氨基酸组成不平衡；粗纤维

含量较高，质地松散，容积大，对育肥猪和仔猪应控制饲喂量；B族维生素和维生素E含量高，维生素A和维生素D含量低，钙少磷多，磷主要以植酸的形式存在；不饱和脂肪酸居多，易结块变质；含有轻泻性的盐类，有助于胃肠蠕动和通便润肠，是妊娠后期母猪的良好饲料。

5. 木薯干

木薯干（图5-3）干物质淀粉含量高，消化能达13.10 MJ/kg；粗蛋白质含量为1.5%～4%，品质差；钙的含量少，在配合饲料时要注意补钙；含有有毒物质氢氰酸，加热、干燥、水煮和精制淀粉均可除去氢氰酸；木薯具有生长抑制因子，畜禽应避免高量（50%及以上）使用，仔猪、雏鸡应避免使用。

图5-3 木薯干

6. 糖蜜

糖蜜是制糖工业的副产品，为糖中不能结晶的残余部分，主要成分为糖类，对猪的适口性甚好，可掩盖其他不良原料风味，适宜添加量为1%～3%。

7. 乳清粉

乳清粉是乳清经浓缩、干燥而成的粉末，其主要成分为乳糖和灰分，乳糖能够提高钙、磷的吸收率，故多作为代乳品或仔猪的饲料组分。仔猪饲料中乳清粉的用量一般为5%～15%。

（二）蛋白质饲料

1. 植物性蛋白质饲料

膨化大豆（图5-4）：是将整粒大豆或粉碎后的大豆经过热处理加工，在加工的过程中不添加或提取任何物质而加工的产品。本品具有高能高蛋白的特性，粗蛋白质含量为36%～39%，利用率高，在乳猪料中可取代豆粕、鱼粉等，防止仔猪腹泻。粗脂肪含量为17%～19%，多属于不饱和脂肪酸，应注意脂肪变质问题。

豆粕（图5-5）：蛋白质含量高，粗蛋白质含量为40%～50%，氨基酸平衡，赖氨酸含量高；粗纤维含量低于0.7%；含钙较少，磷含量适宜；维生素A、维生素B_2、维生素D含量低，其他B族维生素含量高，是猪的优良蛋白质饲料。

图5-4 膨化大豆

图5-5 豆粕

花生仁饼(粕):粗蛋白质含量高达47%,适口性佳;赖氨酸和蛋氨酸等含量都很低,精氨酸含量较高。饲喂动物时,可与豆饼(粕)、菜籽饼(粕)搭配使用;花生仁饼(粕)很易感染黄曲霉菌,产生黄曲霉毒素,如猪中毒后,表现为食欲减退、口渴、便血、生长缓慢或停滞、皮肤充血和出血,幼猪死亡率高于成年猪。因此花生仁饼(粕)应特别注意检测黄曲霉毒素含量,我国饲料卫生标准中规定其黄曲霉毒素 B_1,含量不得高于0.05 mg/kg。

菜籽饼(粕)(图5-6):蛋白质含量为35%～37%;氨基酸较平衡,蛋氨酸含量较高;粗纤维含量高达13%;钙、磷含量高,磷多以植酸磷的形式存在;菜籽粕含有芥酸、芥子醇素等有毒物质,可导致猪甲状腺、肾及肝肿大,生长速度下降;适口性差,苦味明显,因此在猪饲料配比中一般不超过3%～5%。

棉籽饼(粕)(图5-7):粗蛋白质含量为44%;赖氨酸不足,精氨酸过高;钙少磷多,磷多为植酸磷的形式存在;粗纤维含量为11%;含有有毒成分棉酚。棉籽饼(粕)在饲喂前应脱毒或控制喂量,种猪应避免食用。

图5-6　菜籽粕

图5-7　棉籽粕

2.动物性蛋白质饲料

鱼粉分进口和国产鱼粉,进口鱼粉粗蛋白质含量为60%以上,国产鱼粉粗蛋白质含量为45%～55%,氨基酸平衡,富含赖氨酸,钙、磷、铁、锰含量丰富,是一种优质蛋白质饲料。鱼粉价格较高,在饲料中的配比要加以控制,一般为3%～6%。若饲料中鱼粉用量过高,会使肉质产生异味,影响胴体品质。

(三)矿物质饲料

食盐:在植物性饲料中含钠、氯数量较少,而含钾丰富。为了保持生理上的平衡,对以植物性饲料为主的动物,应补饲食盐,猪一般以0.3%～0.5%为宜。

石粉:是天然的碳酸钙,一般含纯钙35%以上,是补充钙的最廉价、最方便的矿物质原料。石粉用量仔猪为1%～1.5%,育肥猪、种猪为2%。

贝壳粉(图5-8):是各种贝类外壳(蚌壳、牡蛎壳、蛤蜊壳、螺蛳壳等)经加工粉碎而成的白色粉状或粒状产品,主要成分为碳酸钙。一般含钙量不低于33%。

磷酸氢钙(图5-9):品质稳定,猪对其利用率高,含钙23%左右,含磷18%左右。

(四)添加剂饲料

微量元素添加剂:常用的有硫酸亚铁、硫酸锌、硫酸铜、硫酸锰、碘化钾、亚硒酸钠、氯化钴等。这些化合物大都含有一定的水分，在配制添加剂时，应烘干，以便粉碎，防止结块。

维生素添加剂：常用的有维生素 A、维生素 D、维生素 E、维生素 K、维生素 B_1、核黄素、烟酸、泛酸、叶酸和胆碱等。在配制添加剂时应考虑适当提高易氧化的维生素的配比。同时在添加剂中还要加入抗氧化剂。

氨基酸添加剂：常用的有 *L*-赖氨酸、*DL*-蛋氨酸、*DL*-色氨酸和甘氨酸等。根据饲料所含必需氨基酸的多少，适当考虑添加少量必需氨基酸。一般玉米-豆粕型日粮最易缺乏赖氨酸，其次为蛋氨酸和色氨酸。为了节省蛋白质饲料，可添加赖氨酸来代替部分饲料中的蛋白质。

图 5-8　贝壳粉

图 5-9　磷酸氢钙

酶制剂：是一种生物催化剂，它可以通过生化反应促进蛋白质、脂肪、淀粉和纤维素的分解代谢，来提高饲料利用率，促进猪的生长。在仔猪饲料中添加酶制剂有利于营养物质的消化吸收。

有机酸：可以调整胃液 pH，有利于提高胃内蛋白酶活性，同时抑制胃肠内大肠杆菌和其他细菌的生长繁殖。因此，加入饲料中可提高猪的生产性能。

中草药：具有消食除积、健脾开胃、益肝助肾、理气活血、安神定心、养血补气、驱虫抗病等作用。将中草药添加于饲料对动物有保健、增进食欲、帮助消化、促进生长、提高生产性能、降低饲料消耗的作用。

【职业能力测试】

一、判断题

(　　)1. 糙米能量高，适口性好，不饱和脂肪酸含量高，不适合粉碎后保存，否则易酸败发霉。

(　　)2. 小麦用作粉料时不能粉碎太细，过细的小麦因为太黏而影响采食量，在母猪阶段还容易造成胃溃疡等不良影响。

(　　)3. 玉米粗纤维含量较高，质地松散，容积大，对育肥猪和仔猪饲喂量应控制。

(　　)4. 木薯干含有有毒物质氢氰酸，加热、干燥、水煮和精制淀粉均可除去氢氰酸。

(　　)5. 乳清粉多作为代乳品或仔猪的饲料组分，仔猪用量一般为5%～15%，效果较佳。

二、选择题

1. ________易感染黄曲霉菌，产生黄曲霉毒素，如猪中毒后，表现为食欲减退、口渴、便血、生长缓慢或停滞、皮肤充血和出血，幼猪死亡率高于成年猪。

A. 豆粕　　B. 棉籽粕　　C. 菜籽粕　　D. 花生饼(粕)

2. ________是动物既可以补钙又可以补磷的矿物质饲料。

A. 石粉　　B. 贝壳粉　　C. 磷酸氢钙　　D. 食盐

3. ________可以调整胃液pH，有利于提高胃内蛋白酶活性，同时抑制胃肠内大肠杆菌和其他细菌的生长繁殖。

A. 有机酸　　B. 酶制剂　　C. 中草药添加剂　　D. 微量元素添加剂

任务二　猪场饲料计划编制方法

【学习目标】

1. 了解仔猪、保育猪、育成猪、育肥猪、后备猪、种公猪、种母猪等正常饲料的需求标准，限制饲养与自由采食的关系。

2. 掌握计算各种猪日粮定额，一般按体重的1%～3%投料。

【学习任务】

1. 了解猪正常饲料的需求标准，以一个100头母猪猪场为例进行计算。

2. 掌握计算各种猪日粮定额的方法。

【必备知识】

1. 猪群的分类

猪群分仔猪、保育猪、育成猪、育肥猪、后备猪、种公猪、种母猪等。

2. 各种类群的猪日采食量

猪日采食量即猪每天吃的饲料量。

猪采食量的大小与品种、饲料蛋白质的含量有关。一般按全价饲料确定日喂量：小猪(30 kg以下)按体重的5%给料；中猪(30～60 kg)按4%给料；大猪(60 kg以上)按3%给料。如体重25 kg的小猪，1 d的喂量是(25 kg×5%)1.25 kg左右，体重50 kg的中猪1 d的喂量是(50 kg×4%)2 kg左右。

【实践案例】

某猪场有100头母猪，饲养1个月，需要准备多少饲料？

【制订方案】

表 5-2 为完成本任务的工作方案。

表 5-2　完成本任务的工作方案

步骤	内容
1	引导学生对该猪场猪群进行分类
2	引导学生讨论并计算该猪场各类群猪的存栏数
3	根据各种猪的日粮标准及所有猪存栏数计算所需饲料量

【实施过程】

饲料筹划主要包括饲料生产与供应计划。它是养猪生产的保证,是养猪企业年度计划中最重要的内容之一。

一、确定猪场各类猪群的存栏头数

确定猪场各类猪群的存栏头数(表 5-3)。

表 5-3　存栏 100 头母猪猪场各类猪存栏数量　头

猪群	存栏数量	猪群	存栏数量
后备母猪	15	哺乳母猪	18
成年公猪	4	哺乳仔猪	180
空怀母猪	5	35～70 日龄保育仔猪	250
妊娠母猪	78	71～180 日龄育肥猪	530

二、确定各类猪群的日粮定额

1.瘦肉型种猪的日采食量定额

(1)90 kg 至配种前的后备猪　日采食风干料量定额为 2.3～2.5 kg。

(2)空怀母猪　日采食风干料量定额为 3.0～3.5 kg。

(3)妊娠母猪　日采食风干料量定额为 1.8～3.5 kg。

(4)哺乳母猪　日采食风干料量定额为 5.0～8.0 kg。具体喂料量还应该根据母猪的膘情和哺乳仔猪头数而定。

(5)配种公猪　日采食风干料量定额为 2.5～3.0 kg。

2.生长育肥猪日采食量定额

生长育肥猪日采食量见表 5-4。

表 5-4　生长育肥猪日采食量

指标	体重/kg				
	20～40	40～60	60～80	80～100	100～120
饲料利用率	1.9	2.2	2.6	2.9	3.5
日采食量/(kg/d)	1.3	1.85	2.4	2.9	3.3

三、计算各类猪群的饲料需要量

各类猪群的饲料需要量计算公式如下。

饲料需要量＝猪群头数×日粮定额×饲养天数

在生产中应根据各类猪群的实际情况进行计算。

1.妊娠母猪

78 头妊娠母猪，则 1 周饲料需要量至少为：78×2.8×7＝1 528.8(kg)。

2.哺乳期母猪

18 头哺乳母猪其 1 周饲料需要量至少为：18×5.0×7＝630(kg)。

3.配种公猪

4 头配种公猪其 1 周的饲料需要量至少为：4×2.5×7＝70(kg)。

4.哺乳仔猪

每头哺乳仔猪平均每天喂乳猪料为 0.18 kg，若哺乳期为 35 d，则每头哺乳仔猪需乳猪料 6.3 kg。

5.保育猪

250 头保育猪，其饲料利用率为 2，平均日增重为 0.39 kg，保育期为 35 d，则该群保育猪的饲料量＝猪群头数×料重比×平均日增重×饲养天数。250 头保育猪整个保育期的饲料需要量为：250×2×0.39×35＝6 825(kg)。

6.生长育肥猪

饲料需要量＝猪群头数×日量定额×饲养天数。即 530 头育肥猪在 1 周内的饲料需要量为：530×2.9×7＝10 759(kg)。

根据计算结果，按饲料损耗率 0.5%计算，安排各种配合饲料的季度或年度供应量计划。

【知识拓展】

猪日粮配合的原则

为了满足猪对各种营养物质的需要，必须对日粮进行多种饲料搭配，应掌握以下原则。

①要以饲养标准为依据，按照不同类型猪的营养需要量，查找猪常用饲料成分进行日粮配合，同时又要根据生产实践反映的生产效果加以调整，保证营养全面。

②从经济学观点出发，选择成本低、养分高的饲料，同时要因地制宜选择本地能及时满足生产的原料，达到减少运输费用，降低成本的目的。

③在配合日粮时，既要保证营养，又要考虑适口性，使猪爱吃，达到吃好、吃饱的目的。

④根据不同用途，不同阶段的猪，挑选适宜的饲料。如仔猪消化机能未健全，应选择易消化、纤维含量低的饲料。

⑤注意饲料中有害物质对猪的影响。如菜籽饼的用量如超过 8%，就会产生中毒。

⑥配合的全价饲料必须混合均匀，按喂量需要进行，否则，霉败的饲料会引起中毒或营养物质损失，造成浪费。猪场自配饲料一般不超过 10 d 的用量为宜。

【职业能力测试】

1.102 头妊娠母猪，则 1 周饲料需要量至少为________kg。（其中日采食风干料量定额为 2.8 kg）

A. 1 528　　B. 1 999　　C. 1 206　　D. 2 300

2.300 头保育猪整个保育期的饲料需要量为________kg（其中饲料利用率为 2，平均日增重为 0.39 kg，保育期为 35 d）。

A. 6 825　　B. 7 500　　C. 8 190　　D. 9 632

任务三　猪场饲料配方检验方法

【学习目标】

1. 利用试差法等方法检验猪日粮配方营养成分和配合猪饲料。
2. 学会用方形法来配制能量与浓缩料混合料。

【学习任务】

1. 通过查表等查出饲料原料成分，利用试差法来计算和配合猪饲料。
2. 利用方形法来配制能量与浓缩料混合料，能在实践中应用。

【必备知识】

1. 各种猪的饲养标准。
2. 猪常用原料的营养成分及含量（查表）。
3. 四边形法：又称四角法、方形法，主要是在饲料种类及营养指标较少的情况下，将两种养分浓度不同的饲料混合以得到所需养分浓度的配合料的方法，此法简单便捷。

【实践案例】

饲料配方营养成分计算

例 1：体重 20～60 kg 的生长育肥猪日粮配方为玉米 52.2%、糙米 20%、麦麸 5%、鱼粉 1%、豆粕 13.8%、棉籽粕 3%、菜籽粕 3%、石粉 1.07%、磷酸氢钙 0.074%、食盐 0.3%、复合预混料 1%，试计算该配方的营养成分。

【制订方案】

表 5-5 为完成本任务的工作方案。

表 5-5　完成本任务的工作方案

步骤	内容
1	引导学生查阅体重 20～60 kg 生长猪的营养需要量，然后查阅所用原料的营养成分含量
2	指导学生讨论并计算饲料配方营养成分含量

【实施过程】

第 1 步，查饲养标准，确定体重 20～60 kg 生长育肥猪的营养需要，见表 5-6。

表 5-6　20～60 kg 生长猪的营养需要量

项目	消化能/(MJ/kg)	粗蛋白质/%	钙/%	有效磷/%	赖氨酸/%	蛋氨酸+胱氨酸/%
需要量	12.97	16	0.6	0.23	0.75	0.38

第 2 步，查饲料营养成分表，列出所用原料的营养成分含量，见表 5-7。

表 5-7　所用原料的营养成分含量

饲料原料	消化能/(MJ/kg)	粗蛋白质/%	钙/%	有效磷/%	赖氨酸/%	蛋氨酸+胱氨酸/%
玉米	14.27	8.7	0.02	0.10	0.24	0.38
糙米	14.39	8.8	0.03	0.12	0.32	0.34
麦麸	9.37	15.7	0.11	0.30	0.58	0.39
鱼粉	12.97	62.5	3.96	3.05	5.12	2.21
豆粕	13.18	43.0	0.32	0.20	2.45	1.30
棉籽粕	9.46	42.5	0.24	0.25	1.59	1.27
菜籽粕	10.59	38.6	0.65	0.33	1.30	1.50
磷酸氢钙			21	16		
石粉			36			

第 3 步，计算配方营养成分含量，见表 5-8。

表 5-8　20～60 kg 生长猪日粮配方的营养成分含量

饲料原料	比例/%	消化能/(MJ/kg)	粗蛋白质/%	钙/%	有效磷/%	赖氨酸/%	蛋氨酸+胱氨酸/%
玉米	51.2	14.27×51.2%=7.3	4.45	0.010	0.051	0.123	0.195
糙米	20	14.39×20%=2.88	1.76	0.006	0.024	0.064	0.068
麦麸	5	9.37×5%=0.47	0.79	0.006	0.015	0.029	0.020
鱼粉	1	12.97×1%=0.13	0.63	0.040	0.031	0.051	0.022
豆粕	13.8	13.18×13.8%=1.8	5.93	0.044	0.028	0.338	0.179
棉籽粕	3	9.46×3%=0.28	1.28	0.007	0.008	0.048	0.038
菜籽粕	3	10.59×3%=0.32	1.16	0.020	0.010	0.039	0.045
磷酸氢钙	0.394			0.082	0.063		
石粉	1.07			0.385			
食盐	0.3						
预混料	1						
总配比	100	13.2	16	0.6	0.23	0.692	0.567
饲养标准	100	12.97	16	0.6	0.23	0.75	0.38
相差	0	+0.23	0	0	0	−0.053	+0.187

第 4 步，对比饲养标准作出判断。

本配方能量、蛋白质、钙和磷含量达到了饲养标准的要求，赖氨酸的含量低于饲养标准，蛋氨酸＋胱氨酸的含量稍高于饲养标准。

【实践案例】

利用能量与浓缩料配制全价配合饲料

例 2：利用粗蛋白质含量为 33％的猪用浓缩饲料与能量饲料玉米（含粗蛋白质 10.8％）混合，为体重 20～35 kg 的生长育肥猪配制粗蛋白质为 16％的饲粮 1 000 kg。

【制订方案】

表 5-9 为完成本任务的工作方案。

表 5-9　完成本任务的工作方案

步骤	内容
1	引导学生依图 5-10 画四边形，并标上相应数据
2	指导学生讨论并计算玉米和浓缩料各自的比例，最后计算各自的质量

【实施过程】

计算出 2 种饲料在配合料中应占的比例（％）（图 5-10）。

1. 画出对角线图，并计算浓缩料及能量混合料在日粮中所占比例

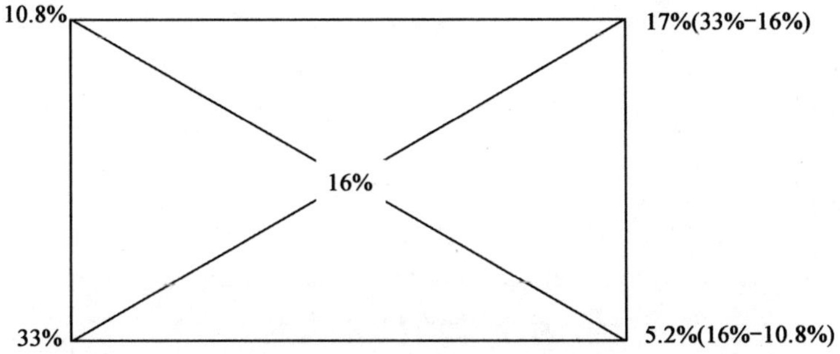

图 5-10　四边形法配制能量与浓缩料混合料

玉米＝17÷（17＋5.2）×100％≈76.58％

浓缩料＝100％－76.58％＝23.42％

2. 计算 2 种饲料在配合料中所需的质量

玉米：1 000 kg×76.58％＝765.8 kg

浓缩料：1 000 kg×23.42％＝234.2 kg

【职业能力测试】

利用粗蛋白质含量为 30％的猪用浓缩饲料与能量饲料玉米（含粗蛋白质 8.7％）混合，为体重 60～90 kg 的生长育肥猪配制粗蛋白质含量为 14％的饲粮 1 000 kg。

项目六

种猪的繁殖及饲养管理

任务一　后备猪的培育技术
任务二　种公猪的饲养管理技术
任务三　猪的采精及精液稀释技术
任务四　猪的精液品质检查
任务五　母猪发情鉴定与配种技术
任务六　妊娠母猪的饲养管理技术
任务七　母猪的分娩与接产技术
任务八　哺乳母猪的饲养管理技术
任务九　空怀母猪的饲养管理技术

任务一　后备猪的培育技术

【学习目标】

1. 了解生产中常见猪品种的外貌特征、品种特点和生产中的应用，能为不同猪场选择适宜的品种。

2. 掌握后备猪的选留要点，选择生长发育快、体型好、健康者为后备猪群。

3. 能正确饲养、合理调教和适时利用后备猪，6～8 月龄后备公猪体重控制在 120 kg 左右。

【学习任务】

一个具有优良繁殖性能的健康母猪群对提高猪场的生产效率有很大帮助，因此选择培育好后备母猪，建立一个高产新群体或更新繁殖母猪群是一项重要的工作。

【必备知识】

猪的饲养管理要点。后备母猪的饲养不同于经产母猪的饲养，必须保证后备母猪在良好的膘情状况下，开始第 1 次妊娠，保证在妊娠和哺乳期间有足够的脂肪储存，避免母猪在恶劣的情况下进入第 2 个繁殖周期，造成繁殖性能降低，而遭淘汰。生产中指导后备猪的饲养，达到控制后备猪的体重、膘情，培育合格种猪群的目的。

【实践案例】

某猪场引进一批后备种猪，如何利用猪的培育技术对该批种猪开展工作？

【制订方案】

表 6-1 为完成本任务的工作方案。

表 6-1　完成本任务的工作方案

步骤	内容
1	了解后备猪的生长发育特点、生产中后备猪的饲养技术和管理技术
2	根据该种猪的年龄特点及后备猪的培育技术开展工作

一、后备猪的生长发育规律

后备猪（图 6-1）培育是指 5 月龄至配种前 2 周（体重 60 kg 左右开始到 120 kg 左右）猪的饲养管理。

(一)体重的增长

体重是身体各部位及组织生长的综合度量指标。体重的增长速度因品种类型不同而异。在正常的饲养管理条件下,体重的绝对增长随年龄的增加而增大。而相对增长速度却随年龄的增长而降低,到成年时稳定在一定水平。

(二)体组织的生长

骨骼发育最早,肌肉居中,脂肪前期沉积很少,后期加快。以瘦肉型猪为例,骨骼从出生到4月龄相对生长速度最快,以后较稳定。肌肉一直在生长,但4～5月龄生长速度稍有减慢。脂肪6月龄以前生长速度较慢,6月龄以后生长速度加快。可以在猪采食能力的范围内,通过改变能量供应来显著提高或降低脂肪的沉积量。

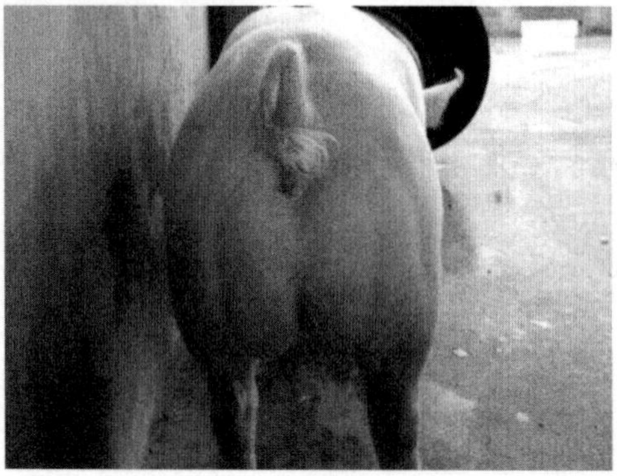

图6-1 后备猪

二、后备猪的培育技术

1. 把握好营养水平

后备猪生长速度过快使将来体质不结实,种用效果不理想,特别是后备母猪营养水平掌握不好会影响终生的繁殖和泌乳。应通过限量饲喂的方法来培育后备猪,控制其生长速度。要根据后备猪的饲养标准要求,进行饲粮配合,把握好后备猪在生长发育过程中所需的各种营养物质。如果蛋白质或氨基酸不足会导致后备猪肌肉生长受阻,脂肪沉积速度加快而导致身体偏肥,体质下降,影响将来繁殖生产。矿物质不足,不仅影响骨骼的生长发育,而且也会影响公、母猪的性成熟及配种、妊娠和产仔。后备公猪的蛋白质水平应比后备母猪高1～2个百分点。

2. 掌握好各阶段饲喂量

后备猪在育成阶段可采取不限量饲喂,日粮量占其体重的3.5%～4%,70～80 kg后适当控制饲喂量,让其吃到自由采食量的80%左右,到配种前10～14 d至配种结束,可以采用短期优饲的方法,增加日粮给量2～3 kg,可以增加排卵数,提高卵子质量,从而提高产仔率。配种结束后恢复到应有的饲养水平。

3. 适当供给青绿饲料

在培育后备猪的过程中，为了锻炼胃肠功能，增强适应性，可以使用一定数量的优质青绿饲料和粗饲料。要特别注意矿物质、维生素的供给，保证后备猪整个身体得到充分发育。后备猪饲粮中钙、磷含量均应高于不用作种用的生长猪，有利于将来的繁殖。

4. 注意管理

(1)分群　后备猪应按品种、性别、体重、体质强弱、采食习性等进行分群饲养，体重 60 kg 以上每栏饲养 4～6 头，每头占地面积 2.5～3.0 m^2。饲槽要准备充足，防止个别胆小后备猪抢不上槽，影响生长，降低后备猪的整齐度。每栏的饲养密度不要过大，防止出现咬尾、咬耳、咬架等现象。后备公猪达到性成熟后，开始爬跨其他公猪，造成栏内其他公猪也跟着骚动，影响采食和生长。这时应实行单栏饲养。

(2)运动　为了增强后备猪的体质，在培育过程中必须安排适量的运动。有条件的猪场最好实行放牧运动，使后备猪充分接触土壤，春、夏、秋三季通过放牧可采食一些青草、野菜，补充体内养分。也可以进行场区内驱赶运动。在驱赶运动时，一是要求公、母猪分开运动；二是后备公猪间后期也应分开饲养和运动，防止相互爬跨和争斗咬架。有些封闭式饲养的场家，如果既不能放牧又不能驱赶运动，可以适当降低后备猪栏内的密度，在栏内强迫其行走运动。

(3)调教　饲养人员应经常接触后备猪，使得人猪亲和，为以后调教打下基础。后备公猪 5 月龄以后每天可进行睾丸按摩 10～20 min，配种使用前 2 周左右安排后备公猪观摩配种和采精训练；后备母猪后期认真记录初次发情时间，便于合理安排将来参加配种的时间。同时应调教好后备猪的采食、睡觉、排粪尿三点定位。总之，应将后备公、母猪调教成无恶癖、便于使用和管理的种猪。

(4)定期称重　为了使后备猪稳步、均匀地生长发育，应每月对后备猪进行一次称重(图 6-2)，检验饲养效果，及时调整饲粮和日粮。根据各个品种培育要求进行饲养和培育，以达到种用要求。但称重不要过频，以免影响采食和生长发育。

图 6-2　后备猪称重

(5)驱虫和免疫接种　后备猪在配种前的 3～5 月龄要进行驱虫和必要的免疫接种工

作。驱虫后，应及时将粪便清走，并进行无害化处理。

三、后备猪适宜初配年龄与体重

后备猪的初配年龄，随品种、饲养管理等条件的不同而有所变化。一般来说，我国地方猪种性成熟较早，引入的国外品种性成熟较晚，我国培育品种和杂种猪性成熟居中，但达到性成熟并不意味着可配种利用，如配种过早，会影响猪本身的生长发育，缩短利用年限，还会降低种用猪的繁殖成绩。最适宜的初配年龄：小型早熟地方品种公猪在 6～8 月龄，体重 75 kg 以上为宜；大中型品种(培育品种和引进品种)公猪在 8～10 月龄，体重 125 kg 以上为宜。小型早熟地方品种母猪在 6～8 月龄，体重 70 kg 以上为宜；大中型品种(培育品种和引进品种)母猪在 7～9 月龄，体重 120 kg 以上为宜。

【知识拓展】

后备猪饲养管理技术操作规程

①按进猪日龄，分批次做好免疫计划、限饲优饲计划、驱虫计划并予以实施。后备母猪配种前驱体内外寄生虫 1 次，进行流行性乙型脑炎、细小病毒病、猪瘟、口蹄疫等疫苗注射。

②限饲优饲：日喂料 2 次，母猪 6 月龄以前自由采食，7 月龄适当限制，配种使用前 1 个月或半个月优饲。限饲时可达喂料量控制在 2 kg 以下，优饲时可达 2.5 kg 以上或自由采食。

③做好后备猪发情记录，并将该记录移交给配种舍人员。母猪发情记录从 6 月龄时开始，仔细观察初次发情期，以便在第 2 次发情后及时配种，并做好记录。

④后备公猪单栏饲养，圈舍不够时可 2 头一栏，配种前 1 个月单栏饲养。后备母猪小群饲养，4～6 头一栏。

⑤引入后备猪的第 1 周，饲料中适当添加一些抗应激药物，如多维、矿物质添加剂等。同时饲料中适当添加一些抗生素药物，如多西环素、土霉素等。

⑥引进种猪的隔离期 45 d，即引入后备猪至少在隔离舍饲养 45 d，转入生产线前最好与本场老母猪或老公猪混养 2 周以上。

⑦后备猪每天每头喂 2.0～2.5 kg，根据不同体况、配种计划增减喂料量。后备母猪从第 1 个发情期开始，要安排喂催情料，比规定料量多 1/3，配种后料量减到 1.8～2.2 kg。

⑧进入配种区的后备母猪每天放到运动场 1～2 h 并用公猪试情检查。

⑨以下方法可以诱导母猪发情：调圈、和不同的公猪接触、尽量放在靠近发情的母猪、进行适当的运动、限饲与优饲，凡进入配种区后超过 60 d 不发情的小母猪应淘汰。

⑩对患有气喘病、肢蹄病等病的后备母猪，应隔离单独饲养在一栏内；此栏应位于猪舍的最后。观察治疗 2 个疗程仍未见有好转的，应及时淘汰。

⑪后备母猪在 7 月龄转入配种舍。后备母猪的初配月龄须达到 7.5 月龄，体重要达到 100 kg 以上。后备公猪的初配月龄须达到 8.5 月龄，体重要达到 130 kg 以上。

【职业能力测试】

一、判断题

(　　)1. 猪体各组织生长发育规律是:肌肉—骨骼—脂肪。

(　　)2. 在培育后备种猪时,如果6月龄前营养水平高,后期营养低,则得到较短、较粗的猪。

(　　)3. 后备公猪的蛋白质水平应比后备母猪低。

(　　)4. 后备公猪8月龄,体重达120 kg可以配种。

二、选择题

1. 后备母猪配种前10~14 d宜采用________饲养方法。

A. 前粗后精　　B. 抓两头带中间　　C. 步步高　　D. 短期优饲

2. 瘦肉型母猪的初配年龄在________月龄适合。

A. 3~5　　B. 7~9　　C. 16~18　　D. 13~15

3. 后备母猪每头占地面通常为________ m^2。

A. 1　　B. 3~4　　C. 7　　D. 18

4. 后备公猪每栏通常饲养________头。

A. 1　　B. 3~4　　C. 9　　D. 12

三、简答题

简述后备猪体组织的生长发育规律。

任务二　种公猪的饲养管理技术

【学习目标】

1. 在生产中务必使公猪保持健康,适当运动,保持旺盛的性欲、良好的配种能力和良好的精液品质。

2. 合理利用种公猪,提高公猪的使用效率和使用年限(一般使用2~2.5年)。

3. 掌握适宜初配的年龄和体重,后备公猪8月龄,体重达90~120 kg适宜初配。

4. 具备为猪场培育种公猪的能力。

【学习任务】

一个猪场的繁殖成绩与公猪的质量有着紧密的联系,对于优良的公猪,可通过人工授精技术,将优良的遗传基因迅速推广,减少公猪的饲养量,因此饲养管理好公猪,将会大大提高配种质量,保证猪场的繁殖成绩,达到提高养猪生产经济效益的目的。

【必备知识】

一、后备公猪的选择

选择有良好遗传潜能的公猪。遗传潜能应考虑公猪的日增重，饲料效率，背膘情况，睾丸、外生殖器的发育，雄性表现等因素。选择四肢结实、粗壮，骨骼发育正常，蹄质坚强有力，姿势平稳，步态协调，站立时两腿之间距离较宽，背部较平，性欲强，具备良好的性欲和健康体魄的种公猪。

二、后备公猪的管理

单栏饲养，限制饲养，并增加运动，8 月龄，体重达 120 kg 左右，日粮控制在 2.0～2.5 kg。10～12 月龄，体重达 90～120 kg 适宜初配。到 1.5 岁，体重达 170 kg 以上是最佳配种时间。

三、配种公猪的管理

对种公猪正确管理非常重要，要获得高的配种成功率，才能使猪有高的生产率，1 头公猪可配 20 头以上的母猪，但一般只能用 1.5 年就被迫淘汰，其原因不是年龄大，而是身体过重、跛腿和生殖器官疾患问题所造成。

【实践案例】

若你去某种猪场工作，场长安排你去饲养种公猪，你该如何开展工作？

【制订方案】

表 6-2 为完成本任务的工作方案。

表 6-2　完成本任务的工作方案

步骤	内容
1	了解种公猪的生理特点、生产中种公猪的饲养技术和管理技术
2	根据该场种公猪的品种特点、公猪的饲养技术及管理技术开展工作

【实施过程】

一、养好种公猪的重要性

公猪的好坏对整个猪群影响很大，俗话说：“母猪好，好一窝；公猪好，好一坡。”在一般情况下采用本交方式配种时，每头公猪可负担 20～30 头母猪的配种任务，一年可繁殖仔猪 400～600 头；若采用人工授精方式配种，每头公猪配种的母猪数量和繁殖的仔猪更多。由此可见，加强公猪的饲养管理，提高公猪的配种效率，对改进猪群品质具有十分重要的意义。要提高公猪的配种效率，必须经常保持公猪的营养、运动和配种，利用三者之间的平衡。

二、种公猪的生理特点

1. 射精量大

在正常饲养管理条件下，1头成年公猪1次射精量为150～500 mL。

2. 交配时间长

公猪交配时间一般为5～10 min，长的可达25 min，高于其他家畜，因此体力消耗大(图6-3)。

图6-3　猪的交配

3. 公猪的精液成分

公猪的精液中水分约97%，粗蛋白质1.2%～2%，脂肪约0.2%，灰分约0.9%，各种有机浸出物约1%。其中粗蛋白质占干物质的60%以上。因此，必须供给种公猪适宜的能量、蛋白质、矿物质、维生素等，才能满足其营养需要。生产上，种公猪应保持中上等膘情和结实的体质，以利于配种。

三、种公猪的营养需要特点

种公猪的饲粮应按饲养标准配合，一般要求每千克日粮中消化能不低于12.97 MJ。对于实行季节配种的公猪，配种季节日粮中应含粗蛋白质16%以上。实行常年配种的公猪，日粮粗蛋白质可适当减少为15%左右，但要做到常年均衡供应。除此之外，还要特别注意维生素和矿物质的补充。维生素、矿物质与公猪的健康和精液品质关系密切，当缺乏时，会造成公猪生殖机能衰退，性欲下降，精液品质降低等不良后果。

四、种公猪饲养技术

1. 采用专用公猪料

种公猪的饲粮应营养全面，富含蛋白质、矿物质、维生素，适口性好，易消化。

2. 喂量及餐数

成年种公猪的日粮量为2.5～3.0 kg/头；青年公猪的日粮量为2～2.5 kg/头，另供给

1～1.5 kg 优质青料，日粮体积不宜过大，以免形成草腹，影响配种。每天喂 2～3 次为宜。

3.灵活掌握喂量

根据品种类型、体重大小、配种利用强度、舍内温度等合理配制，灵活掌握喂量，以达到种用体况。体况一般以七八成膘为宜，外观上既无骨骼轮廓(髋骨、脊柱、肩胛等)，又不能过于肥胖，用手稍用力触摸其背部，以可以触摸到背部骨骼为宜。

4.饮水

每天供足清洁、卫生的饮水。

五、种公猪的管理技术

合理的管理与饲养同样重要，公猪应生活在清洁干燥、阳光充足、空气新鲜的环境中。

1.单圈饲养

单圈饲养虽然浪费一些建筑面积，但有许多优点：可以防止种公猪配种返回时带来的母猪的气味，引起其他猪的不安、打斗、食欲下降、异常性行为等；公猪能够安宁，食欲保持正常，节省饲料；也可根据实际情况随时调整饲料和日粮。

图 6-4 公猪运动跑道

2.适量运动

适量运动是保证种公猪性欲旺盛、体质健壮、避免肥胖、提高精液品质和配种能力的重要措施。在非配种期和配种准备期要加强运动，配种期应适度运动。

运动形式有驱赶运动、运动场内自由运动、跑道式运动(图 6-4)和放牧运动 4 种。驱赶运动适于工厂化猪场，其方法是：在场区内沿场区工作道路每天上午、下午各运动 1 次，每次运动时间为 1～2 h，每次运动里程 2 km 左右。如果不进行驱赶运动，应有足够的场地面积，安排其自由运动。有放牧条件的场家可以进行放牧运动，对提高精液品质，增强体质有益。

3.公猪的采精训练

实行人工授精的猪场，应在公猪使用前进行采精训练。具体做法是：使用金属或木制的与母猪体型相似、大小相近的台猪，固定在坚实的水泥地面上，台猪的猪皮应进行防虫蛀和防腐防霉处理。前几次采精训练前，应在台猪的猪皮上涂上发情母猪的尿液或黏液，便于引诱公猪爬跨。先将公猪包皮内残留尿液挤排出来，并用 0.1%的高锰酸钾溶液将包皮周围消毒。然后将发情母猪赶到台猪的侧面，让被训练的公猪爬跨，当公猪达到性欲高潮时，立即将母猪赶离采精室，再引导公猪爬跨台猪(图 6-5)。训练公猪采精要有耐心，操作要规范，采精室要求卫生清

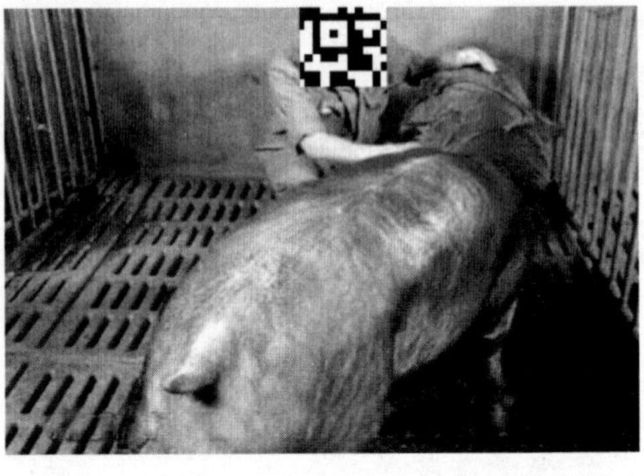

图 6-5 用手拍打台猪刺激后备公猪爬跨

洁，安静，温度为15～20℃。防止噪声和异味干扰。

4.定期称重和检查精液品质

种公猪尤其是青年公猪应定期称重，从而掌握生长发育和体况，以防公猪过肥或过瘦。公猪在使用前2周应进行精液品质检查，防止因精液品质低劣影响母猪受胎率和产仔数。尤其是实行人工授精的场家，更应该作为规定项目进行，公猪每次采精后都要检查精液品质；若采用本交，公猪每月也要检查精液品质。只有经检查合格的精液才能用于输精或配种。通过定期称重和检查精液品质，可以更加灵活地调整公猪的营养水平。

5.刷拭和护蹄

每天定时用刷子给公猪刷拭猪体（图6-6），可以清除皮垢，促进皮肤血液循环，既可以保持皮肤健康，减少皮肤疾病，又有利于人猪亲和，便于使用和管理。不良蹄形会影响公猪的活动和配种，对公猪的肢蹄要注意保护，以减少四肢疾病的发生。

6.防寒防暑

种公猪适宜的舍温是18～20℃，冬季要防寒，夏季要防暑。尤其要注意夏季的防暑降温，防止由于高温造成的公猪精液品质降低和性欲减退。炎热季节应避免热应激对精液品质的影响。降温措施有猪舍遮阳、通风、在运动场上设喷淋水装置或人工定时喷淋等，同时在饲料的营养供应上可考虑适当增加饲料中的能量、蛋白质和优质青绿饲料的供应。

7.杜绝自淫恶癖

有些公猪性成熟早、性欲旺盛，易形成自淫（非正常射精）恶癖（图6-7）。杜绝这种恶癖的方法主要是采取单圈饲养、远离配种地点和母猪舍。同时对这类公猪进行合理使用和加强运动等。

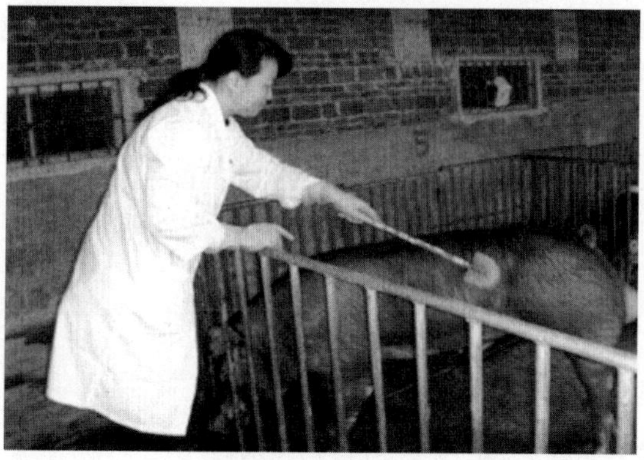

图6-6　刷拭猪体

图6-7　异常性行为

8.免疫接种和驱虫

种公猪应根据本地传染病的流行情况，科学地进行免疫接种。公猪每年至少进行2次驱虫，驱除体内外寄生虫，根据寄生虫的种类，选择适合的药物及适宜的剂量，防止发生中毒。妥善安排公猪的饲喂、饮水、放牧、运动、刷拭、日光浴和休息等，使公猪养成良好的生活习性，以增强体质，提高配种能力。

六、种公猪的合理使用

配种利用是饲养种公猪的唯一目的，它不仅与饲养管理有关，而且在很大程度上取决于初配年龄和利用强度。

1. 公猪的初配年龄和体重

公猪的初配年龄，随品种、饲养管理等条件的不同而有所变化。一般来说，我国地方猪种公猪性成熟较早，引入的国外品种性成熟较晚，我国培育品种和杂种公猪性成熟年龄居中，但达到性成熟并不意味着可配种利用，如配种过早，会影响公猪本身的生长发育，缩短利用年限，还会降低与配母猪的繁殖成绩。

最适宜的初配年龄：小型早熟地方品种在 7～8 月龄，体重 75 kg 左右为宜；大中型品种（培育品种和引进品种）在 8～10 月龄，体重 120～150 kg 为宜。配种公猪体重要达到该品种成年公猪体重的 50%～60%。

2. 利用强度

生产实践证明，种公猪适宜的配种强度如下：青年公猪每周配种 2～3 次；成年公猪每天配 1 次，配种繁忙季节可每天配 2 次，2 次间隔 8 h，但不能天天如此，并且要供给足够的营养物质，可每天加喂 2 个鸡蛋。连续配种 5～6 d，要休息 1～2 d，以恢复公猪的体力。如果进行人工授精，青年公猪每周采精 1～2 次，成年公猪每周采精 2～3 次。另外，公猪在饲喂前后 1 h 内不应配种，配种停止后，严禁饮冷水或洗澡。

3. 公、母猪的比例

猪场公、母猪的比例要适宜，比例过大，公猪的负担加重；比例过小，造成饲养成本提高。一般情况下，实行本交的猪场，1 头公猪可负担 20～30 头母猪的配种任务；实行人工授精的猪场，1 头公猪 1 年可负担 80～100 头母猪的配种任务。

4. 淘汰更新

随着规模化养猪的发展，经济效益要求越来越高，从而对猪群的质量就有更高的要求，公猪质量对全群生产有着巨大的影响。公猪通常利用到 2.5～3 岁，年更新淘汰率一般为 35%～40%。

【知识拓展】

种公猪必须有健康的体质，良好的精液和强烈的性欲，才能保证公猪配种能力，延长使用年限。但由于饲养管理不当，或配种技术掌握得不好等原因，常常会使种公猪早期衰退。早衰的原因如下。

①配种过早易引起公猪未老先衰。为此必须克服早配，做到适龄配种。

②饲料单一，青饲料过少，种公猪营养不良或因配种过度，造成公猪早衰。为此应利用质量可靠的预混料，以及氨基酸种类齐全的蛋白质配制成全价料，并要严格控制配种次数。

③长期圈养，运动不足，或能量饲料过高，使公猪过肥，性欲减弱，精液品质下降，丧失配种能力。为此要饲喂优质全价料，保证公猪每天做 4～8 km 的充分运动，以降低膘情，保持旺盛的配种能力。

【职业能力测试】

一、判断题

(　　)1. 公猪提供的后代比母猪要多得多，养好种公猪比养好母猪显得更加重要。

(　　)2. 种公猪交配时间长，但射精量少。

(　　)3. 种公猪体况一般以八九成膘为宜。

(　　)4. 为防止公猪自淫，公猪舍应靠近母猪舍。

(　　)5. 公猪配种停止后，应及时喂料及供给饮水。

(　　)6. 正常精液为乳白色或灰白色。

(　　)7. 精液的云雾状越明显，说明精子密度越小。

(　　)8. 采精室要求清洁、安静、光线昏暗。

(　　)9. 公猪的采精应该在中午进行。

(　　)10. 精子密度的检查可以用估测法。

二、选择题

1. 公猪精液的干物质中，含量最多的物质是________。

A. 蛋白质　　B. 脂肪　　C. 灰分　　D. 乳糖

2. 公猪最好采用的饲料类型是________。

A. 湿拌料　　B. 干粉料　　C. 颗粒料　　D. 液态料

3. 体重 300 kg 成年公猪的采食量大致为________ kg。

A. 1　　B. 3　　C. 5　　D. 8

4. 采用本交的猪场，公、母猪的饲养比例以________为宜。

A. 1∶(6～8)　　B. 1∶(20～30)　　C. 1∶(40～50)　　D. 1∶(80～100)

5. 公猪通常利用到________岁。

A. 1　　B. 2.5～3　　C. 5　　D. 8

6. 瘦肉型公猪的初配年龄在________月龄适宜。

A. 5～6　　B. 8～10　　C. 12～15　　D. 15～20

7. 目前采集公猪精液应用最广泛的一种方法是________。

A. 手握式采精　　B. 假阴道采精　　C. 电刺激法　　D. 不确定

8. 精子活力是指________运动的精子占总精子数的百分比。

A. 原地　　B. 曲线　　C. 直线前进　　D. 转圈

9. 猪的精液常采用________保存。

A. 冷冻　　B. 低温　　C. 高温　　D. 常温

10. 猪的精液常温保存的温度是________。

A. 0℃　　B. 5～6℃　　C. 15～25℃　　D. 42℃

11. 配种地点应选在________附近。

A. 公猪舍(圈)　　B. 母猪舍(圈)　　C. 产房　　D. 保育舍(圈)

三、问答题

1. 公猪的管理技术主要有哪些？

2. 精子活力检查的注意事项有哪些？

任务三　猪的采精及精液稀释技术

【学习目标】

1. 了解公猪的采精工作过程，并掌握公猪徒手采精技术。

2. 熟练掌握公猪精液稀释技术。

【学习任务】

现场观看技术人员采集公猪精液，做好采精前的准备，进行采精练习，学会给公猪进行采精。

对采集到的公猪精液进行稀释，能正确配制稀释液，对精液进行稀释。

【必备知识】

猪的采精方法主要有徒手采精、筒握法采精和智能自动采精等。采集种公猪的精液后，应在最短时间内进行稀释，而在稀释前应鉴别精液品质的优劣，以此作为稀释及保存的依据。

【实践案例】

现有调教好的公猪一头，请你用徒手采精法对其实施采精。并将采集到的精液进行稀释。

【制订方案】

表6-3为完成本任务的工作方案。

表6-3　完成本任务的工作方案

步骤	内容
1	做好采精前的准备工作
2	采用徒手采精法对公猪进行采精
3	配制精液稀释液
4	稀释精液

【实施过程】

一、做好采精前的准备工作

1. 采精用具准备

准备好消毒水、抹布、套好滤膜的集精杯。

2. 采精人员准备

采精员指甲剪短，磨平，戴上双层医用乳胶手套。

3. 公猪准备

挤出公猪包皮内积液，消毒包皮附近，再用清水将消毒药擦净。

二、采用徒手采精法对公猪进行采精

公猪爬上台猪后，采精者先把外层手套摘掉，蹲在台猪的右后侧或左后侧，当公猪爬跨抽动 3～5 次，阴茎导出后，迅速用右(左)手将阴茎握住，握得松紧以阴茎不滑脱为度。四指则一紧一松有节奏地握住阴茎前端的螺旋部分，使公猪产生快感，促进公猪射精(图 6-8)。

图 6-8　徒手采精

在收集精液时，舍弃公猪开始射出的透明精液。待公猪射出较浓稠的乳白色精液时，将精液通过纱布过滤收集在集精杯(瓶)内。

在采精时，应注意防止公猪滑下踩人。注意保护阴茎，以免损伤。采精者不得使用化妆品，以防异味干扰采精或影响精液品质。公猪未采完精不能强行赶下。

三、配制稀释液

按稀释粉使用说明，加入相应比例的蒸馏水配制成稀释液，搅拌均匀备用。

四、精液稀释过程

1. 确定稀释倍数

根据精子密度、活力、需要输精的母猪数、储存时间确定稀释倍数。通常为 2～4 倍。

2. 计算稀释液用量

$$稀释液用量=精液量\times稀释倍数-精液量$$

3. 将精液与稀释液恒温

将装有精液和稀释液的烧杯放到 30 ℃的水浴锅中平衡，使两者的温度达到一致。

4. 稀释精液

将稀释液沿瓶壁慢慢倒入原精液中，边倒边轻轻摇匀。

5. 检查稀释后精液

应用玻璃棒蘸取 1 滴稀释后精液进行活率检查，以检验稀释效果。

6. 注意事项

确保稀释液和精液温度一致。在稀释时，将稀释液倒入精液，不能反向操作。

【知识拓展】

猪智能机器自动采精

随着饲养规模的扩大,猪的繁殖技术发展很快,猪的人工授精技术也普遍推广,而其关键技术——采精已由人工采精发展到自动化采精。

公猪自动采精系统主要由采精间、假母猪台、人造仿生假阴道、主控箱等组成。系统具有母猪仿真外形、母猪内部生殖结构,温度、声音、高低可自动调节,同时具有定时开机、公猪信息采集、精液称量和打印等功能(图 6-9)。采精间位于种公猪舍内,由采精前等待区、采精区和采精员操作区组成。假母猪台安装在种公猪采精区,主控箱与人造仿生假阴道的内胆通过气管相连。当公猪爬上假母猪台,将阴茎伸入假阴道时,主控箱通过控制气源控制假阴道,产生持续压力并能提供循环脉冲功能,使公猪阴茎得到切实的生物实体感而达到射精的目的。

图 6-9　公猪自动采精系统(引自:鲁滨兆源)

借助公猪自动采精系统采集公猪精液,不需要技术人员辅助,只需观察公猪的反应,掌握基本操作要领就可以,在自动采精条件下,一个采精员可同时操作多头种公猪,提高了生产效率;采用仿生系统,延长公猪的使用寿命,降低生产成本;对采精员的操作技术要求低,改善了工作环境,避免公猪对人的伤害,提高安全性;还减少精液与外界的接触,使之不易被污染,从而提高精液质量。

【职业能力测试】

1. 通常采用的公猪采精方法是________法。

2. 在运用公猪徒手采精法时,把握公猪阴茎时以________为准,勿过松、过紧。

3. 猪精液通常稀释________倍。

4. 在运用公猪徒手采精法时,采精人员应戴上双层________,赶公猪进入采精室后,迅速将公猪包皮中________。当公猪射精时,舍弃公猪开始射出的________精液。待公猪射出________精液时,将精液通过纱布过滤收集在集精杯(瓶)内。

5. 在稀释精液时,检测刚采到精液的________和________,确定稀释________,然后将装有稀释液和精液的器皿放入水浴锅中,待两者的温度一致时,将________缓慢倒入________中,边倒边搅拌。

任务四　猪的精液品质检查

【学习目标】

1. 了解公猪精液的感官特性。
2. 熟练掌握公猪精子活力、密度评定。

【学习任务】

1. 学习精液的外观检查，主要检查猪的一次射精量、精液的颜色和气味。
2. 应用显微镜对猪精液进行检查，重点检查活力、密度，并进行分级评定。

【必备知识】

在采精后立刻进行精液品质评定，猪精液品质评定包括外观指标评定及显微镜检查。

一、外观指标评定

外观指标评定主要评定精液量、气味、颜色 3 项，可通过肉眼观察评定，精液量即可直接从集精瓶上观察到。如果集精瓶上无刻度，可将精液倒入经消毒处理的干净量筒或量杯中测定。精液量的多少不能凭一次采精记录，应以多次射精量总和的平均数为依据。一般公猪射精量为 200～400 mL。正常精液略带腥味。精液颜色呈乳白色或灰白色。呈淡黄或淡红等色或有臭味的均为不正常精液，应废弃。

二、显微镜检查评定

显微镜检查评定主要包括精子形态、精子密度和精子活力 3 项指标，在 100～400 倍显微镜下观察评定。

1. 精子形态

正常精子在显微镜下呈蝌蚪形，如看到双头、双尾、无尾畸形精子数超过 20%，所采精液应废弃。

2. 精子密度

精子密度是指 1 mL 精液中所含的精子数。密度在显微镜下用估测法可分为密、中、稀 3 级。精子间的空隙小于 1 个精子的精液为密级，空隙在 1～2 个精子的为中级，空隙大于 2 个精子的为稀级。如果有条件可以用计数板测定密度，也可用专用的比色仪测定。

3. 精子活力

精子活力是指精液中，直线前行的精子数占总精子数的百分比。在显微镜下靠目测，一般采取 10 级评分法，即在载玻片温度保持在 35～38 ℃的条件下，直线前进运动的精子占

100%的记为 1 级，占 90%的为 0.9 级，占 80%的为 0.8 级，依此类推。正常情况下用于输精的鲜精，活力不低于 0.7，保存过的不低于 0.6. 活力低于 0.5 的精液应废弃。

【实践案例】

现采集到一头公猪精液，请你对该精液进行检查评定。

【制订方案】

表 6-4 为完成本任务的工作方案。

表 6-4　完成本任务的工作方案

步骤	内容
1	做好检测精液用具的准备
2	进行精液外观评定
3	检查精子密度
4	检查精子活力

【实施过程】

一、检查用具准备

准备显微镜、水浴锅、温度计、玻棒、载玻片、盖玻片、计数板等。

二、精液感官检查

1. 采精量

将精液倒入经消毒烘干的量杯中，测定精液量。

2. 颜色

观看精液颜色，是否为乳白色至灰白色。如颜色异常，不能用于输精，应弃掉。

3. 气味

嗅闻精液气味，正常精液略带有腥味，但无臭味。有其他异味者不能用于输精。

三、精子活力及密度检查

1. 精液玻片制作

取 1 滴精液滴于载玻片上，盖上盖玻片，无气泡产生。

2. 用显微观察

将制作好的精液玻片置于显微镜下，放大 100～400 倍，暗视野观察，找到精子。

3. 判断活力

将精子活力分为 10 个等级(表 6-5)。视野中 90%精子做直线前进运动的评为 0.9，80%的评为 0.8,依此类推。输精用精液的精子活力应高于 0.5。

表 6-5　精子活力评分

直线数/总数	10%	20%	30%	40%	50%	60%	70%	80%	90%	100%
精子活力	0.1	0.2	0.3	0.4	0.5	0.6	0.7	0.8	0.9	1
十级一分制	1	2	3	4	5	6	7	8	9	10

4. 密度检查

将精液分为密、中、稀 3 级。在显微镜的视野中,精子间的空隙小于 1 个精子的为密级(3 亿/mL 以上),空隙为 1～2 个精子的为中级(1 亿～3 亿/mL),空隙为 2 个精子以上的为稀级(1 亿/mL 以下),详见图 6-10,无精子的应弃掉。

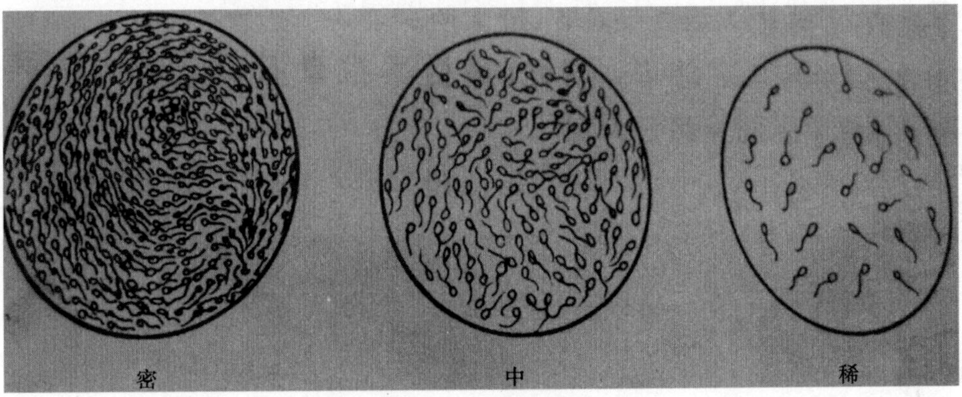

图 6-10　精子密度

5. 注意事项

操作应谨慎、耐心、认真,动作要迅速，精液温度应为 37 ℃,用暗视野,并多看几个视野。

【职业能力测试】

1. 精液外观检查项目有________、________、________和________等。
2. 精子运动的方式有________、________和________ 3 种。
3. 精子活力是指________________________________。
4. 评定精子活率常采用________制。
5. 精子密度是指________________________________。
6. 精子密度分为________、________和________ 3 个等级。
7. 检查精子活力应在________ ℃条件下、放大________倍进行。
8. 当畸形精子超过________时,不能用于输精。

任务五　母猪发情鉴定与配种技术

【学习目标】

1. 知道生产中母猪的发情表现，如母猪生殖器黏膜潮红、流出黏液、母猪骚动不安等，通过发情表现确定母猪的配种时机，适时配种，一般在母猪发情的第 2 天配种。

2. 掌握母猪人工配种技术，具备为猪场开展配种或输精的能力。

3. 在规模化猪场中，能正确、熟练地操作猪的人工授精技术。

【学习任务】

母猪的发情和配种是规模化猪场中比较薄弱的环节，所以应严格遵守配种计划，不乱配种或错配种。母猪的适时配种在不同品种、品系，不同的年龄和不同的环境都有所不同，因此在配种工作中选择有责任心、有经验、操作熟练的配种员至关重要。

【必备知识】

对种猪场和自繁自养的规模猪场而言，提高母猪情期受胎率和年产仔数是提高猪场生产效率的关键。要提高母猪情期受胎率和年产仔数，必须及时、准确地做好母猪的发情鉴定，做到适时配种。但目前各规模猪场主要饲养从国外引进种猪和二元杂母猪，它们的发情表现不如地方母猪明显，有时候不能引起饲养员注意，以致错过最佳配种时间，影响母猪的年生产力。

【实验案例】

有某规模化猪场，若你是该场的配种员，你将如何开展母猪发情鉴定与配种工作？

【制订方案】

表 6-6 为完成本任务的工作方案。

表 6-6　完成本任务的工作方案

步骤	内容
1	要充分认识配种工作在一个猪场的重要性
2	根据母猪的发情表现、发情鉴定方法，能正确把握配种时机和输精操作技术

【实验过程】

一、母猪发情征状

1. 发情

发情是母猪发育到一定阶段所表现出的性活动现象。发情周期平均为 21 d，范围 19～

23 d。发情持续期:本地小型品种一般为 2～5 d,国外品种一般为 2～3 d。经产母猪一般在仔猪断奶后 3～7 d 内出现发情。

2. 发情特征

母猪出现兴奋不安,跳栏,鸣叫,食欲减退,爬跨,阴户掀动,频频排尿,外阴部充血,黏液外溢,触摸背部举尾不动,接受公猪爬跨并允许交配等现象。

3. 排卵规律

成年母猪在一个发情期内排卵 20～35 个,每胎的实际产仔数 10 头左右。母猪排卵时间:国内猪品种一般在发情开始后 24～36 h,国外猪品种一般在发情开始后 36～42 h(在接受公猪爬跨后的 30～36 h);母猪排卵持续时间:国内猪品种 10～15 h(有的长达 45 h),国外猪品种 36～90 h,平均 53 h。

二、母猪发情鉴定方法及确定适时配种

(一)发情鉴定方法

1. 外部观察法

(1)行为变化　发情母猪表现为兴奋不安,鸣叫,食欲减退。常站立于栏门处或爬跨其他母猪。将公猪赶入圈栏内,发情的母猪会主动接近公猪。发情鉴定人员慢慢靠近疑似发情母猪臀后,认真观察阴门颜色、状态变化。观察阴门,白猪表现潮红、水肿并有黏液流出。黑猪或其他有色猪只能看见水肿及黏液变化。

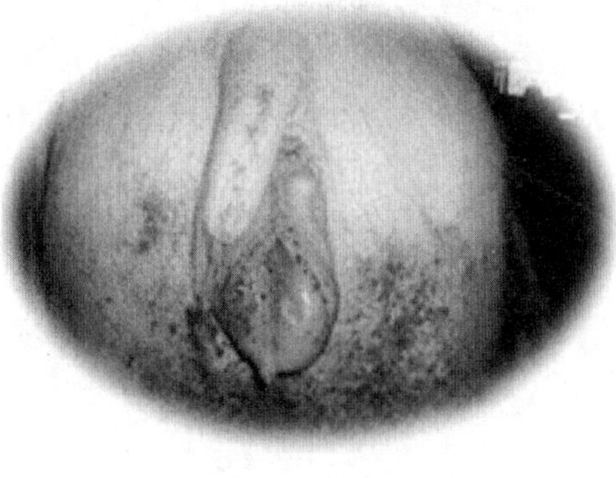

图 6-11　阴门肿胀

(2)阴门的变化　将疑似发情的母猪赶到光线较好的地方或将舍内照明灯打开,仔细观察母猪的阴门颜色、状态。白猪阴门由潮红变成浅红,由水肿(图 6-11)变为稍有消失出现微皱,阴门较干,此时可实施配种。如果水肿没有消失迹象,说明未到配种适期;如果水肿完全消失,说明已过配种适期。

2. 试情法

将疑似发情母猪赶到配种场或配种栏内,让试情公猪与发情母猪接触(图 6-12),如果母猪允许试情公猪爬跨,说明此时可以进行配种;如果不接受公猪的爬跨,说明不是配种适期。

3. 阴道检查法

仔细观察疑似发情母猪阴道口底端,当阴道口的底端流出的分泌物由稀薄变成黏稠,用医用棉签蘸取黏液,其黏液不易与阴道口脱离,拉成线时,此时是配种最佳时期,应进行配种。

4. 静立反应检查法

将疑似发情母猪赶到静立反应检查栏内,检查人员站在疑似发情母猪的侧面或臀后部,双手用力按压发情母猪的背部,如果发情母猪站立不动,出现神情呆滞或两腿叉开,或尾巴甩向一侧,说明此时正是配种或输精的最佳时期(图 6-13)。在静立反应检查时,如果有一头

公猪站在栏外，其检查效果会更可靠。生产实践中，多采取观察阴门颜色、状态变化，阴道黏液黏稠程度，静立反应检查结果等各项指标进行综合判断，如果有试情公猪，可以直接用试情公猪进行试情，提高发情鉴定的准确性。

图 6-12 公猪试情

图 6-13 母猪静立反应

(二)母猪的适时配种

1. 适时配种时间

公、母猪交配时间是否适当，是决定能否受胎与产仔多少的关键。要做到适时配种，应认真观察母猪发情开始时间，做到因猪而异(图 6-14)。

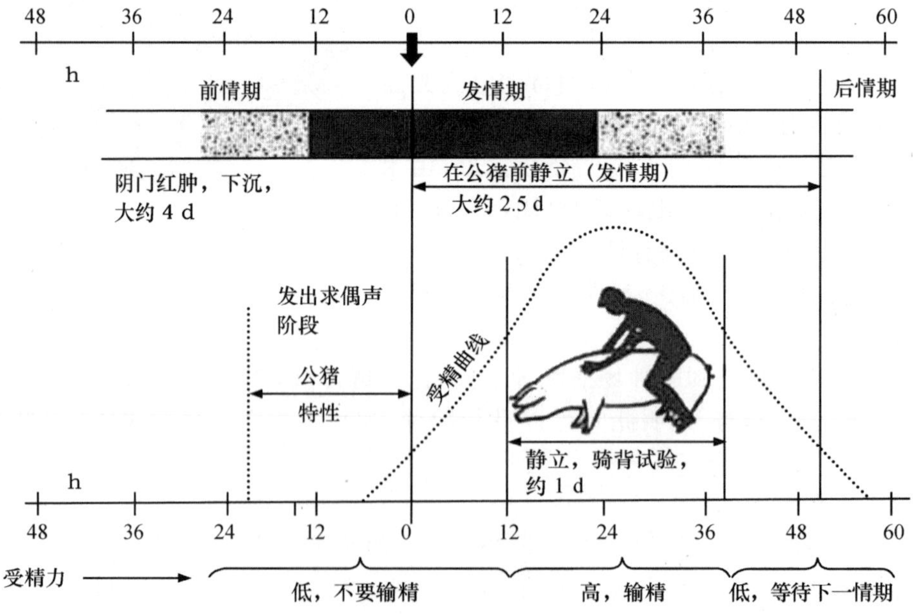

图 6-14 适时配种时间

(1)老龄母猪 发情持续时间短，配种时间可适当提前。

(2)幼龄母猪 发情持续时间长，配种时间可适当推迟。

(3)母猪发情的外部表现和行为　当母猪阴门红肿刚开始消退和呆立不动时，正处于排卵阶段，是配种的最佳时间。俗话说“老配早，少配晚，不老不少配中间”，就是这个道理；就品种而言，地方猪种适当晚配，引入的国外品种适当早配，我国培育的猪种和杂种母猪居中。

在生产中，母猪出现发情征状后 24 h，只要接受公猪爬跨，即可配第 1 次，第 1 次交配后 18～24 h 再配第 2 次。一般一个发情期配种 2 次为宜。为准确判断适宜配种时间，应每天早、晚 2 次利用试情公猪对待配母猪进行试情，以防止发情不明显的母猪错过配种时机。

2. 配种方式

(1)单次配种　在母猪的一个发情期内，只用 1 头公猪配种 1 次。此方式虽然省时省力，并减轻了公猪的负担，但只有在掌握好配种最佳时机的情况下，才能获得较高的受胎率。一旦配种时间掌握不好，受胎率和产仔数会下降，实际生产中很少应用。

(2)重复配种　在母猪一个发情期内，用同一头公猪先后配种 2 次。两次间隔时间为 8～24 h，具体时间可安排在早晨或傍晚前进行。此配种方式可使母猪输卵管经常有活力强的精子及时与卵子受精，有助于提高受胎率和产仔数，并且不会混乱血统关系。育种场可采用此法。

(3)双重配种　在母猪一个发情期内，用不同品种的 2 头公猪或同一品种的 2 头公猪先后各配 1 次。此方式只适用于商品生产猪场。这样做的目的是提高母猪的受胎率和产仔数。

(4)多次配种　在母猪一个发情期内，用同一头公猪(或不同公猪)配 3 次或 3 次以上。在生产中，3 次配种适合于初产母猪或某些刚引入的国外品种。实践证明，3 次以上的配种并不能提高产仔数，因为配种次数过多，造成公、母猪过于劳累，会影响性欲和精液品质。

三、发情母猪的配种技术

猪的配种方法包括本交和人工授精两类。

1. 人工辅助交配

对猪来讲，本交(自然交配)在生产中应用的主要是人工辅助交配。

选择一块地势平坦、地面坚实而防滑、安静的地方做配种栏。在公、母猪交配前，先将母猪的阴门、尾、臀部用 0.1%的高锰酸钾溶液擦洗消毒，将公猪包皮内积存的尿液排干净，用 0.1%的高锰酸钾溶液将包皮周围擦洗消毒。然后，当公猪爬跨到母猪背部时，用一只手将母猪尾巴拉向一侧，另一只手把握公猪的包皮，将包皮口紧贴在母猪的阴门口，这样便于阴茎进入阴道。公猪射精时肛门闪动，阴囊及后躯充血。一般交配时间 10 min 左右。

人工辅助交配应注意的问题：地面不要过于光滑；把握好阴茎方向，防止阴茎插入肛门；配种场周围要避免嘈杂声音干扰；配种结束后不要粗暴对待公、母猪。另外，配种结束，公、母猪休息 10～20 min 后，将公、母猪各自赶回原圈栏，此时应注意公猪与其他公猪避免接触，以防止争斗咬架。然后填写好配种记录表，用于配种效果检查和生产安排。

2. 人工授精

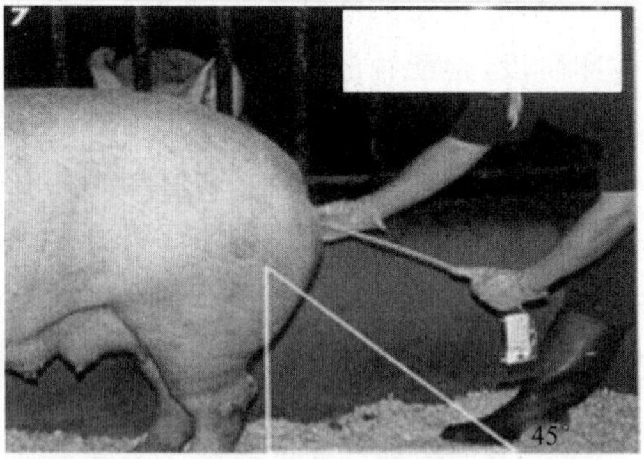

图 6-15 人工输精

输精员戴上医用乳胶手套，用消毒液将母猪外阴部擦洗消毒。在输精管前端的螺旋体处涂上液体石蜡，用于润滑输精管的尖端。在输精时，输精员一只手分开待输精母猪的阴门，另一只手将输精管插入阴道，开始向斜上方(防止输精管插入尿道或膀胱)插入 10 cm 左右后，再向水平方向插入。边插边按逆时针方向捻转，待感到螺旋体已锁住子宫颈时(轻拉输精管而取不出)，停止捻转插入，接上精液瓶，抬高精液瓶和输精管，使精液慢慢地流入(图 6-15)。在输精时，输精员应有节奏地用手按摩母猪的阴门。当有精液逆流时，可轻轻地活动几下输精管，直到把输精管内全部精液输完，按顺时针方向将输精管慢慢取出。如果母猪在输精时走动，应对母猪的腰角或身体下侧进行温和刺激，有助于静立安稳完成输精。输精后母猪应安静地停留在输精场 20 min 左右，最后慢慢地将母猪赶回。认真填好输精配种记录。

为了确保受胎率和产仔数。生产场家多实行 2 次输精，2 次间隔 12～14 h。

【知识拓展】

猪深部输精技术

猪深部输精技术，也称子宫体输精技术(PCAI)，是在常规输精的基础上，输精管加入内部细管(图 6-16)，使输精管能更深入地插入母猪生殖道，将精液直接输进母猪子宫体内。这样不仅缩短了精子与卵子结合的距离，同时又能有效防止精液倒流，减少精子浪费，节约精子资源，大大提高受胎率和产仔数。

一、深部输精操作程序

双手交错撕开深部输精管的外包装袋(海绵头已预润滑，无需再涂抹润滑剂)，手不能直接接触输精管(裸露预留 10 cm)。将海绵头输精管与细导管齐平后用锁扣固定。一只手掰开待输精母猪的外阴，另一只手拿输精管，插入母猪阴户，先斜向上，再水平逆时针旋转插入母猪阴道，直至子宫颈被锁定，然后松开管后端的锁扣，将输精管内细管缓慢插入，从子宫颈延至子宫体内。一般延入深度为 10～15 cm。如果有阻力感，将细管往后拉一下，轻轻转动插入，绝不可粗暴向里插入，以免损伤子宫颈黏膜(图 6-17)。先将精液瓶缓慢摇匀，去盖再挤掉几滴精液，去掉死精，以保证精液瓶口畅通，并让空气进入瓶子，使精液瓶恢复原状。插到内管上缓慢地挤进母猪体内，一般 10～15 s 全部挤完。轻轻取出输精管内管，之后再旋转拔出外管。

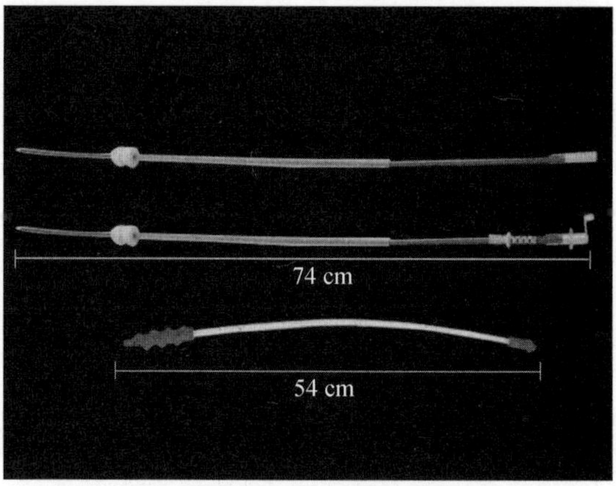

图 6-16　深部输精管

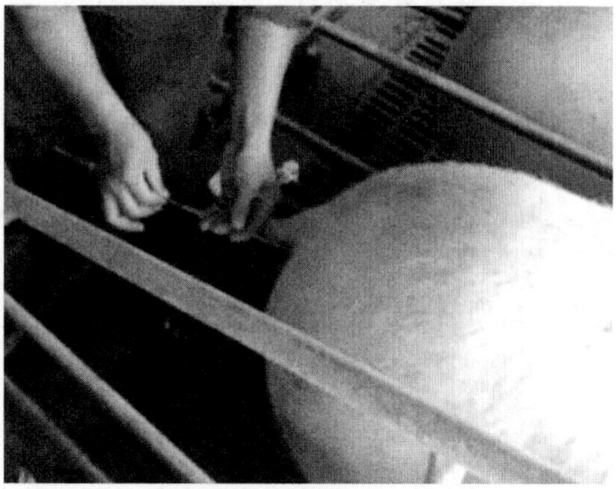

图 6-17　输精管插入

二、深部输精的注意事项

①输精时母猪不能有公猪刺激，否则易导致输精管的细管不易插入；输精后让母猪确保与公猪充分的接触，促进精液吸收。

②后备母猪、初产母猪不建议用子宫内深部输精技术。

③给母猪深部输精时动作要轻、心细、有耐心。输精人员应在熟练掌握常规输精技术后再学习深部输精技术。

【职业能力测试】

一、判断题

(　　)1. 生产中常用试情法与外部观察法结合来鉴定母猪是否发情。

(　　)2. 为防止发情不明显的母猪错过配种时机，可每天早、晚利用试情公猪对待配母猪进行试情，准确判定配种时间。

(　　)3. 从发情表现看，母猪精神状态从不安到发呆，阴门由红肿到淡白有皱褶，黏液由稀薄变黏稠，表示已达配种适期。

(　　)4. 当母猪阴门黏膜干燥，拒绝配种时，表示配种时间已过。

(　　)5. 母猪单次配种时间掌握不好，受胎率和产仔数不会下降。

(　　)6. 在母猪一个发情期内，分别用 2 头公猪先后配种 2 次称为重复配种。

(　　)7. 双重配种可减轻公猪的负担，保证精子的活力。

(　　)8. 商品猪场多采用重复配种。

(　　)9. 生产上 3 次以上的配种，可明显提高产仔数。

(　　)10. 生产上多数猪场采用单次配种。

二、单项选择题

1. 母猪配种时间受________影响较大，有“老配早，少配晚，不老不少配中间”的俗语。

A. 季节　　B. 年龄　　C. 品种　　D. 温度

2. 治疗母猪不发情，可选用的药物是________。

A. 磺胺脒　　B. 磺胺噻唑　　C. 丙酮睾丸素　　D. 苯甲酸雌二醇

3. 第 1 次配种前的空怀母猪宜采用________饲养方式。

A. 前粗后精　　B. 抓两头带中间　　C. 步步登高　　D. 短期优饲

4. 配种地点应选在________附近。

A. 公猪舍(圈)　　B. 母猪舍(圈)　　C. 产房　　D. 保育舍(圈)

三、问答题

1. 如何进行母猪的发情鉴定？

2. 如何确定发情母猪配种适期？

任务六　妊娠母猪的饲养管理技术

【学习目标】

1. 掌握妊娠母猪饲养管理技术，妊娠期母猪限制饲养，慎重使用药物与疫苗。

2. 生产中做到：保证胎儿正常发育；保证母猪产仔多、体况好；保胎防流产；青年母猪还要保证自身生长发育的需要。

3. 能正确、合理地调制好妊娠母猪的营养，保证母猪泌乳器官的发育，使母猪有一定的营养积蓄，保证泌乳能力和下一胎的繁殖力。

【学习任务】

管理好妊娠母猪的基本任务是保证受精，使胚胎与胎儿在母体内得到充分的生长发育，防止吸收胎儿、流产、死胎的发生，使妊娠母猪每窝都产出数量多、初生重大、体质健壮和均匀整齐的仔猪，合理供给全价营养饲料，减少应激的影响，保证母猪在妊娠期有适度的膘情，为哺乳期的泌乳打下良好的基础，对初产母猪还要保证正常生长发育。

【必备知识】

知道饲养妊娠母猪，降低胚胎死亡数量是关键。母猪怀孕后，合子在第 9～13 天内的附植初期，易受各种因素的影响而死亡。怀孕后第 3 天出现第 2 个死亡高峰，2 次死亡数占合子总数的 30%～40%。第 3 个死亡高峰出现在交配后 60～70 d。生产中可通过加强饲养管理，改善猪舍环境，将胚胎损失降到最低程度。猪舍的温度保持在 16～22 ℃，相对湿度维持在 70%～80%。配种后喂料量应降低到原来的较低水平，但应保证优质全价。保持圈舍清洁卫生，以便减少感染的机会。

【实践案例】

你若是某猪场母猪的技术员，你该如何去指导饲养员开展母猪饲喂量的限制工作？

【制订方案】

表 6-7 为完成本任务的工作方案。

表 6-7　完成本任务的工作方案

步骤	内容
1	充分认识怀孕母猪的饲养指标：生产出体大、健壮、数量多的仔猪；促使母猪乳腺发育正常、哺乳期产奶量大
2	根据该场妊娠母猪的膘情情况合理指导母猪的饲养管理工作

【实施过程】

一、母猪妊娠鉴定技术

（一）饲养妊娠母猪的基本任务

一是保证胎儿在母体内得到正常发育，防止流产；二是确保每窝都能生产出大量健壮的、生命力强的、初生重大的仔猪；三是保证母猪中上等体况，为哺乳期贮备泌乳所需的营养物质。

（二）早期妊娠诊断

1. 根据发情规律判断

根据配种记录，查找配种后 18～22 d 的母猪，观察是否再次发情闹圈，如没有出现发情征状，可初步判断该母猪已妊娠。

2. 观察法

妊娠母猪食欲旺盛，吃得香，食量逐渐增加，疲倦贪睡，容易上膘。行动稳重，表现安静，喜欢趴卧，尾巴常下垂不爱摇摆，被毛日渐有光泽，体重有增加的迹象。观察其阴门，可见收缩紧闭成一条线，这些均为妊娠母猪的综合表征（图 6-18）。但个别母猪在配种后 3 周左右出现假发情现象，具体表现是发情持续时间短，一般只有 1～2 d，对公猪不敏感，虽稍有不安，但不影响采食。应根据以上表征予以区别。

3. 超声检查法

超声检查法如图 6-19 所示。无论采取哪一种诊断方式，一经确定，不管妊娠与否，都要做好记录，以便采取相应的饲养管理措施。

图 6-18　妊娠母猪

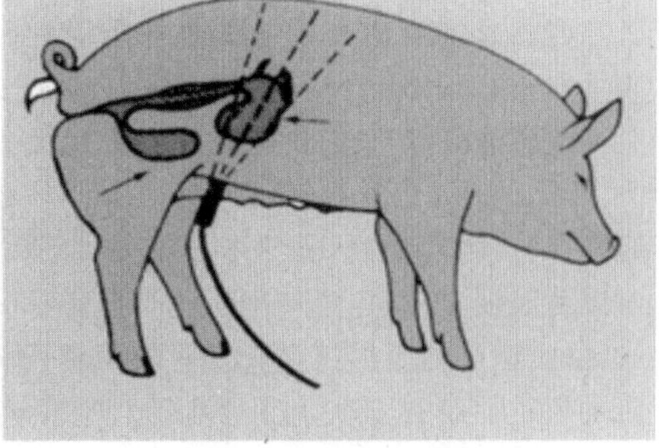

图 6-19　超声检查法

二、妊娠母猪体内胚胎发育规律

一般猪胚胎在输卵管内停留 2 d 左右，然后移行到子宫角内。第 13～14 天胚胎开始与子宫壁疏松附着(着床)。大多在第 18 天左右着床完成。第 4 周左右胚胎具备与母体胎盘进行物质交换的能力。胚胎在没有利用胎盘与母体交换物质联系之前是危险时期，容易死亡。胚胎前 40 d 主要进行组织器官的形成和发育，生长速度较慢，此时胚胎质量只有初生重的 1%左右。妊娠第 41～80 天，胚胎生长速度比前 40 d 要快一些，80 d 时胚胎质量可达 400 g 左右。第 81 天到出生，生长速度达到高峰，仔猪初生重的 60%～70%在此期间生长完成(表 6-8)。可见妊娠后期是一个关键时期，母猪的饲养管理将直接影响仔猪的初生重。

表 6-8　不同日龄胚胎的生长情况

妊娠时期/d	胚胎质量/g	占初生重比例/%	胚胎长度/cm
30	2	0.15	1.5～2.0
60	110	8	8
90	550	39	15
114	1 300～1 500	100	25

摘自：丁洪涛，畜禽生产，2001.

三、妊娠母猪限制饲养管理技术

(一)妊娠母猪的营养需要特点

应根据品种、年龄、体重、生产水平等确定，从而满足妊娠母猪对能量、蛋白质(氨基酸)、矿物质、维生素等营养的需要。根据胚胎生长发育规律和妊娠母猪本身的营养特点，在整个妊娠期应依据饲养标准科学地配合饲粮，注意各种饲料的合理搭配，保证胚胎正常生长发育。整个妊娠期本着"低妊娠、高泌乳"的原则，即削减妊娠期间的饲料供给量，但要保证矿物质和维生素的供给量。

(二)妊娠母猪的饲养技术

1. 日粮供给量

妊娠母猪的日粮量应根据母猪年龄、胎次、体况、体重、舍内温度等灵活掌握。一般 175～180 kg 经产七八成膘的妊娠母猪的日粮供给量为：妊娠前期(40 d 内)2 kg 左右，妊娠中期(41～80 d)2.1～2.3 kg，妊娠后期(80 d 以后)2.5 kg 左右。妊娠前期、中期的母猪可以每天喂 2 次，也可以把 1 d 的饲料量一次性投喂。青年母猪可相应增加日粮量 10%～20%，以满足自身继续生长发育的需要；圈舍寒冷可增加日粮量 10%～20%。整个妊娠期母猪的增重控制在 40～50 kg 为宜。青年母猪第 1 个妊娠期增重达 45 kg 为宜。怀孕母猪每日饲喂量如图 6-20 所示。

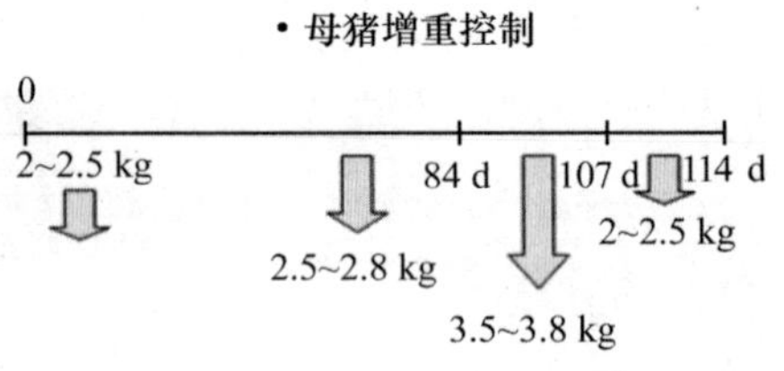

图 6-20　怀孕母猪每日饲喂量

总之，妊娠母猪后期的膘情达到八成半膘为适宜，过肥过瘦均不利。妊娠母猪过肥，易出现难产或产后不爱吃料，影响将来泌乳；过瘦会造成胚胎过小或产后无乳，甚至还可以影响断奶后的发情配种。

2. 掌握日粮的体积

根据妊娠期胎儿发育的不同阶段的营养需要，既要保持预定的日粮营养水平，又要适时调整精粗饲料的比例，使日粮具有一定的体积，妊娠母猪既不感到饥饿，又不压迫胎儿。在妊娠后期，可增加饲喂次数，以满足胎儿和母体的营养需要。

3. 注意饲料品质

整个妊娠期间的饲料都应品质优良，严禁饲喂发霉变质饲料和过冷的饲料以及有毒或有强烈刺激性气味的饲料，否则会引起流产，造成损失。饲料原料不要经常更换，并且应控制粗饲料的喂量。有些猪场为了节省精料，添加 30%甚至 50%以上的稻壳粉，即所谓的稻糠饲喂妊娠母猪，导致母猪产后无乳、死胎或者断奶后不能及时发情配种，导致母猪繁殖性能下降，影响经济效益。

4. 增喂一定数量的粗饲料和青绿多汁饲料

妊娠母猪饲喂适量的粗料，可减轻便秘，并可预防母猪肥胖，同时可提高母猪在泌乳期改喂高能量日粮时的采食量。此外，每天喂给妊娠母猪 2.5 kg 左右的青绿多汁饲料，断奶前 3 d 停喂青饲料，不但可以补充维生素，增加日粮中的纤维素，而且对促进母猪发情、排卵，提高产仔数十分有利。

5. 选择适宜的饲养方式

（1）抓两头带中间方式　适于断奶后膘情很差的经产母猪。具体做法是：在配种前 10 d 到配种后 20 d 的 1 个月时间内，提高营养水平，日平均给料量在妊娠前期饲养标准的基础上增加 15%～20%，有利于体况恢复和受精卵着床；体况恢复后改为妊娠中期一般饲粮；妊娠 80 d 后，再次提高营养水平，即日平均给料量在妊娠前期的基础上增加 25%～30%，这样就形成了一个“高→低→高”的饲养方式。

（2）步步登高方式　适于初产母猪和哺乳期间配种的母猪。具体做法是：在整个妊娠期间，可根据胎儿体重的增加，逐步提高日粮营养水平，到分娩前 1 个月达到最高峰。但在产前 1 周左右，应减料饲养。

（3）前粗后精方式　适于配种前体况良好的经产母猪。妊娠初期，不增加营养，到妊娠后期，胎儿发育迅速，增加营养供给，但不能使母猪养得过肥。母猪体况评分见图 6-21。

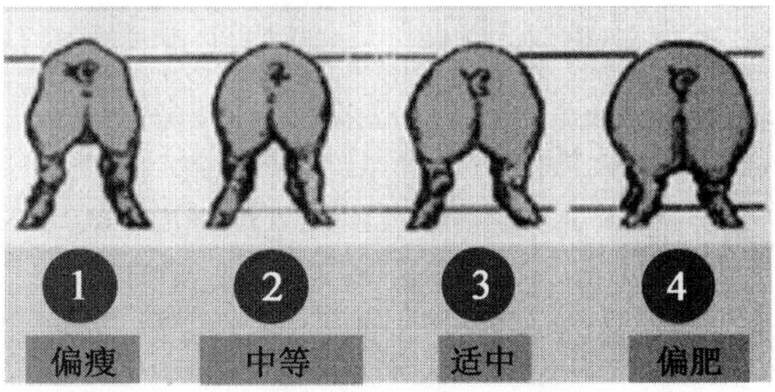

图 6-21　体况评分举例

（三）妊娠母猪的管理技术

1. 单栏或小群饲养

单栏饲养是母猪从妊娠到产仔前，均饲养在限位栏内。其特点是采食均匀，但不能自由活动，肢蹄病较多。但妊娠母猪多采用群养的饲养方式，一般每栏饲养 6～8 头为宜。妊娠母猪所需要的使用面积为 3 m^2/头左右（非漏缝地板）。一定要有充足的饲槽，保证同栏内所有的妊娠母猪能同时采食（饲槽长度应大于全栏内所有母猪肩宽之和），防止有些母猪胆小吃不到料，或因争抢饲料造成不必要的伤害和饲料的损失。同时应保证充足清洁的饮水。饮水器的高度应高于平均肩高 5 cm 左右，一般离地面高度为 55～60 cm，以便于母猪饮水。

图 6-22　妊娠母猪运动

2. 运动

适度的运动有利于母猪的健康和胚胎的发育，也有利于将来的分娩，减少难产的发生。有条件的场家可以放牧运动，既达到了运动的目的，有利于母猪的健康和胚胎发育及母猪的分娩，又可通过放牧采食到一些青绿饲料（图 6-22）。

3. 创造良好的环境

①妊娠舍要求卫生、清洁，地面不过于光滑，要有一定的坡度便于冲刷，其坡度为 3% 左右，不要过大（坡度过大妊娠母猪睡觉不舒服）。圈门设计宽度适宜（一般宽度为 0.60～0.70 m），防止出入挤撞。

②舍内温度控制在 15～20 ℃，并注意通风换气。简易猪舍要注意防寒防暑，当妊娠母猪环境温度过高（超过 32 ℃）时，会导致胚胎死亡或中暑流产。

③妊娠猪舍要安静，防止噪声刺激引起流产。

4. 其他方面

（1）乳房按摩　初配母猪妊娠后期应进行乳房按摩，促进乳腺系统的发育，有利于泌乳。

（2）免疫接种　根据本地区猪传染病的流行情况，在妊娠后期进行免疫接种工作。

（3）驱虫　如有寄生虫，要进行猪体内外寄生虫的驱虫。驱虫时要掌握好用药的剂量和用药时间，防止发生中毒。

（4）沐浴消毒　母猪产仔前 1 周左右，需由妊娠猪舍转入产仔舍。在转舍前，要对母猪身体特别是乳房及外阴部进行严格的清洗消毒。冲洗猪体时要用温水，不可用凉水冲洗，以免造成母猪感冒而不食，分娩不顺利，泌乳力下降。

四、妊娠母猪保健措施

（一）防止母猪流产

1. 流产原因

（1）营养性流产　妊娠母猪日粮中长期缺乏蛋白质会导致流产；长期缺乏维生素 A、维生素 E、维生素 B_1、维生素 B_2、泛酸、维生素 B_6、维生素 B_{12}、胆碱、锰、碘、锌等，会引起妊娠母猪流产、化胎、弱仔和畸形；当硒添加过量时，也会导致死胎或弱仔增加。另外，妊娠母猪采食发霉变质饲料、有毒有害物质、冰冷饲料、饮冰碴水等也能引起流产。

（2）疾病性流产　当妊娠母猪患有卵巢炎、子宫炎、阴道炎、感冒发热等疾病可能会引起母猪流产。有些传染病和寄生虫病，引起母猪终止妊娠或影响妊娠母猪正常产仔，如猪繁殖呼吸综合征、圆环病毒病、细小病毒病、布鲁氏菌病、乙型脑炎、伪狂犬病、肠病毒感染、猪瘟、狂犬病、李氏杆菌病、猪丹毒、钩端螺旋体病、附红细胞体病、弓形虫病等。

(3)管理不当造成的流产　妊娠母猪舍夏季高温，通风不畅或无防暑降温措施可以引起中暑，诱发母猪流产。妊娠母猪舍地面过于光滑、行走摔倒、出入圈门挤撞、饲养员脚踢打或不正确的驱赶、突发性惊吓刺激等，都会造成母猪流产或影响正常产仔。同时不合理用药、免疫接种不良反应等，也会引起母猪流产。

2. 防止流产的措施

针对上述流产原因，可采取以下措施。

①在妊娠母猪饲粮配合上，应根据其饲养标准结合当地饲料资源情况科学地进行配合。封闭式饲养的妊娠母猪，应注意矿物质和维生素的合理添加，防止出现缺乏症和中毒反应。严禁母猪采食发霉变质、冰冷饲料及有毒有害物质。

②根据本地区传染病流行情况，及时接种一些疫苗进行预防，已经造成传染病危害或污染的场家，应注意猪群的淘汰和隔离消毒。对患有某些传染病的种猪应进行严格淘汰，防止其影响本场及周围地区猪群健康。

③加强猪场内部管理，减少饲养员饲养操作带来的应激。要经常触摸妊娠母猪腹部及乳房，使母猪在接触饲养员时表现温顺，改善人猪关系，以利于将来接产管理。

④禁止母猪在光滑的水泥地面上或冰雪道上行走或运动，控制突发性噪声的发生。

⑤在母猪妊娠期间，如还不到正常分娩日期，就发现母猪减食或不吃食；行动异常，阴门红肿并流出淡黄色的黏液；不时有怒责，出现流产预兆，应及时给母猪注射黄体酮 1.5～2.5 mg，并灌服镇静剂溴化钙 0.5～1.5 g，以维持母猪继续妊娠而不流产。

【知识拓展】

生产中，我们要认识到以下几方面。

①在考虑妊娠母猪的营养需求时，要注意提供给母猪的营养物质不是立刻表现效果的，而是影响到以后的繁殖性能，这种影响对于后备母猪特别明显。

②了解母猪的营养与繁殖性能的关系，对于我们通过管理提高母猪繁殖性能有着重要的生产指导意义。

③确定妊娠母猪营养需要量并不容易，妊娠期营养物质的缺乏和不平衡直接影响到胚胎的存活率、产仔数及产活仔数，同时影响到下一次的繁殖力。

【职业能力测试】

一、判断题

(　　)1. 母猪在妊娠前期、中期，每天可以喂 2 次，也可以喂 1 次。

(　　)2. 为防止妊娠母猪流产，在妊娠期应慎重对母猪进行预防注射。

(　　)3. 妊娠早期为了防止母猪流产，可以给母猪注射葡萄糖。

二、选择题

1. 胎儿增重最快的是妊娠________期。

A. 前　　B. 中　　C. 后　　D. 全

2. 母猪妊娠期的增重应控制在________ kg 为宜。

A. 40～50　　B. 10～20　　C. 70～80　　D. 90～100

三、问答题

1. 妊娠母猪的饲养方式有哪些？

2. 妊娠母猪的管理要点有哪些？

任务七　母猪的分娩与接产技术

【学习目标】

1. 掌握母猪预产期估算的几种方法，母猪正常分娩的接产技术，断脐带、断尾等工作。

2. 能正确判断母猪发生难产的时间和处理方法，缩宫素的正确应用等。

3. 在生产中，能胜任猪场产房工作。

【学习任务】

母猪产仔的接生，在猪的养殖中是最重要的一环。母猪是一胎多仔的家畜，仔猪成活率的高低与接产方法正确与否有直接关系。在规模化养殖场中，我们的产房从业人员应从思想上引起高度重视，尽量避免因思想上不重视或接产方法不正确引起仔猪死亡而带来经济损失。

【必备知识】

在规模化猪场中，除了要知道母猪常规接产方法外，还应掌握以下内容。

一、母猪的人工辅助接产技术

1. 当母猪产仔力气不足时

接产人可以在母猪收腹时按压其腹部以增加母猪的压力，有助于母猪产仔，防止仔猪在产道窒息死亡。

2. 仔猪假死可以及时救活

当产出仔猪出现呼吸停止、心脏仍跳动的“假死”状态，接产人员应在擦拭之后，立即进行人工呼吸。

二、母猪难产的临床表现

羊水已经流出，母猪频频努责，但 0.5 h 过后不见胎儿产出；产出一头仔猪后间隔 1 h 不见其他仔猪产出，可以判断为母猪难产。

三、母猪临床难产的分类

①由于妊娠后期喂料过量使胎儿过大引起的难产。

②由于母猪营养不良,年龄过高,产程过长,子宫无力引起的难产。

③由于胎位不正引起的难产。

【实践案例】

你若是某猪场管理母猪的技术员,你该如何去指导饲养员开展母猪接产工作?

【制订方案】

表 6-9 为完成本任务的工作方案。

表 6-9　完成本任务的工作方案

步骤	内容
1	做好预产期估算和准备工作,充分认识在猪场中母猪接产工作的重要性
2	具备母猪接产技术,掌握人工助产方法及难产处理,合理指导产房工作

【实施过程】

一、母猪预产期估算方法

母猪的妊娠期为 110～120 d,平均为 114 d。推算母猪预产期均按 114 d 进行,常用以下方法推算或查表。

1. 三、三、三法

三、三、三法即母猪的妊娠期为 3 个月 3 个星期加 3 d。

2. 公式法

每月按 30 d 计算,则推算公式为配种月份数加 4,配种日期数减 6,又简称"加 4 减 6 法"。

在计算过程中,如果配种日期数小于或等于 6,应向月份数借 1 位,规则是借 1 等于在日期数上加 30;如果配种月份数加完后大于 12,则应减去 12,年度后延 1 年。为了精确推算预产期,可进行校正,其方法是,妊娠期所跨过的大月份数应在预产日期上减去;如果妊娠期经过 2 月份,应根据 2 月份的平闰,进行加 2 或加 1。如果是平年,应在预产日期上加 2;如果是闰年,应在预产日期上加 1。

3. 查表法

在预产期推算表(表 6-10)的第 1 行数字中找到配种月份,在左侧第 1 列找到配种日期数,垂直相交处为预产日期数,由此向上查到预产期推算表第 2 行数字,即为预产期的月份数。例如 2011 年 2 月 10 日配种,则预产期为 2011 年 5 月 4 日。

表 6-10　母猪预产期推算表

月 日	1 4	2 5	3 6	4 7	5 8	6 9	7 10	8 11	9 12	10 1	11 2	12 3
1	25	26	23	24	23	23	23	23	24	23	23	25
2	26	27	24	25	24	24	24	24	25	24	24	26
3	27	28	25	26	25	25	25	25	26	25	25	27
4	28	29	26	27	26	26	26	26	27	26	26	28
5	29	30	27	28	27	27	27	27	28	27	27	29
6	30	31	28	29	28	28	28	28	29	28	28	30
7	1/5	1/6	29	30	29	29	29	29	30	29	1/3	31
8	2	2	30	31	30	30	30	30	31	30	2	1/4
9	3	3	1/7	1/8	31	1/10	31	1/12	1/1	31	3	2
10	4	4	2	2	1/9	2	1/11	2	2	1/2	4	3
11	5	5	3	3	2	3	2	3	3	2	5	4
12	6	6	4	4	3	4	3	4	4	3	6	5
13	7	7	5	5	4	5	4	5	5	4	7	6
14	8	8	6	6	5	6	5	6	6	5	8	7
15	9	9	7	7	6	7	6	7	7	6	9	8
16	10	10	8	8	7	8	7	8	8	7	10	9
17	11	11	9	9	8	9	8	9	9	8	11	10
18	12	12	10	10	9	10	9	10	10	9	12	11
19	13	13	11	11	10	11	10	11	11	10	13	12
20	14	14	12	12	11	12	11	12	12	11	14	13
21	15	15	13	13	12	13	12	13	13	12	15	14
22	16	16	14	14	13	14	13	14	14	13	16	15
23	17	17	15	15	14	15	14	15	15	14	17	16
24	18	18	16	16	15	16	15	16	16	15	18	17
25	19	19	17	17	16	17	16	17	17	16	19	18
26	20	20	18	18	17	18	17	18	18	17	20	19
27	21	21	19	19	18	19	18	19	19	18	21	20
28	22	22	20	20	19	20	19	20	20	19	22	21
29	23	—	21	21	20	21	20	21	21	20	23	22
30	24	—	22	22	21	22	21	22	22	21	24	23
31	25	—	23	—	22	—	22	23	—	22	—	24

注：妊娠期按 114 d 计。表中 1/1，……，1/12 斜线前数字为预产期的月份数，斜线后数字为该月的日期数。

摘自：丁洪涛，畜禽生产，2001.

二、母猪临产前的准备工作

(一)分娩舍的准备与消毒

作为一个正规的养猪生产场家,视其规模大小应购进一定数量的专门用于分娩产仔的分娩舍(栏)。要求其具有防暑保温的功能和设施,并且经常保持卫生、清洁、干燥。舍内温度为 20 ℃左右,相对湿度 50%～70%。寒冷季节要防止贼风。在使用前 1 周,将分娩舍(栏)打扫干净,消毒,通风干燥后备用。有条件的可进行熏蒸消毒。

猪栏翻新流程:出猪(全进全出)→ 断电 → 清扫 → 喷湿→ 发泡→ 刷擦 →冲洗 → 喷火 →敌百虫喷雾 → 石灰、火碱喷涂 → 干燥→ 过氧乙酸 → 清水冲洗 →干燥 → 进猪。

(二)根据需要准备接产用具及药品

仔猪箱、擦布、剪刀、耳号钳子、耳标器和耳标、记录表格、5%碘酊、0.1%高锰酸钾溶液、注射器、催产素、毛巾、面盆、应急灯具、活动隔栏、秤等。北方寒冷季节还应准备垫料、红外线灯或电热板等。

(三)母猪分娩前的饲养管理

母猪产仔前 3 d 进入产房,但不要过早进入产房,防止污染环境。如果母猪有体外寄生虫,应进行体外驱虫,防止其传播给仔猪。进入产房后应饲喂泌乳期饲粮,产仔当天最好不喂或少喂饲料,但要保证饮水。对于由于其他原因造成妊娠母猪体况偏瘦的,还应增加一些富含蛋白质、矿物质、维生素的饲粮。

三、母猪接产技术

(一)母猪临产征兆

认真仔细观察临产母猪的乳房、阴门、采食、粪尿排泄、行为等变化。

检查母猪的临产征兆可归纳为“三看一挤”。

一看乳腺。母猪在产前 15～20 d 时,乳腺逐渐膨大下垂,到临产时乳房膨大有光泽,两侧乳头向外张,呈“八字”形分开,像两条黄瓜一样,俗称“奶头夯,不久就要下”。

二看尾根。母猪临产前尾根两侧下凹,阴门松弛红肿(图 6-23)。

三看行为表现。母猪临产前表现起卧不安,食欲减退。阴部有黏液流出,在圈舍内来回走动并叼草絮窝(图 6-24),排尿频繁,俗称“母猪频频尿,产仔就要到”。

上述现象出现后,一般 6～12 h 内分娩。

可以挤乳头确认大概分娩时间,即为“一挤”。在一般情况下,母猪前边的乳头出现浓乳汁后 24 h 左右可能分娩;中间乳头出现浓乳汁后 12 h 左右可能分娩;后边乳头出现浓乳汁后 3～6 h 可能分娩。产前 0.5～1 h 母猪卧下,出现阵缩,阴门开始向外流出淡红色或淡褐色的黏液,即羊水流出。此时,接产人员应将所有接产应用物品准备好,做好接产准备。

图 6-23　临产母猪

图 6-24　母猪叼草

(二)接产技术和仔猪的护理

1. 接产前准备

要求有专人看管,接产时每次离开时间不得超过 0.5 h。接产员应提前将指甲剪短磨平,双手用肥皂洗净并消毒。用高锰酸钾溶液给产前母猪的外阴和乳房擦洗消毒。保持整个产仔过程安静。

2. 除黏液

仔猪产出后,应立即用干净擦布将仔猪鼻孔和身上的黏液擦净(图 6-25),以防黏液阻碍仔猪呼吸,把初生仔猪放入保温箱,保持箱内温度 30 ℃以上。

3. 断脐处理

仔猪断脐用 5%碘酊消毒。断脐带,不宜过长,过长易使脐带拖地,造成感染甚至脐疝;也不宜过短,过短易造成失血过多。断脐长短以仔猪站立时脐带不碰到地面为宜(图 6-26)。

图 6-25　仔猪除黏液

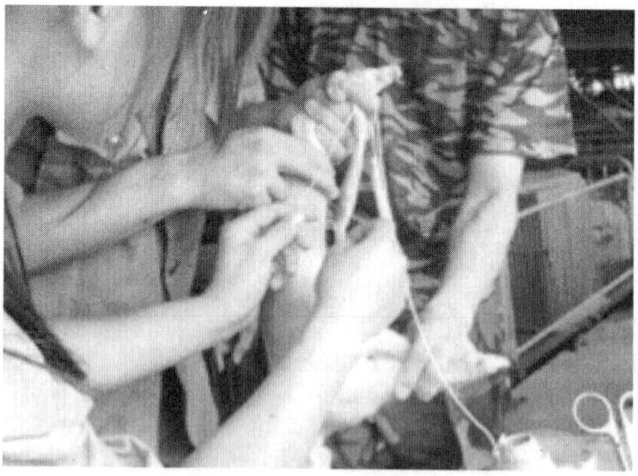

图 6-26　仔猪断脐

4. 喂初乳

帮助仔猪吃上初乳,固定乳头,初生重小的放在前面,大的放在后面(图 6-27)。在仔猪吃初乳前,每个乳头的最初几滴奶要挤掉。对于产仔时间过长的母猪,可让先产出的仔猪吃初乳。吃了初乳的仔猪,抵抗力增强,容易养活。

5. 断齿(剪乳牙)和断尾

断齿又称为剪乳牙(图 6-28),可防损伤乳头或打架时相互损伤。断尾可有效防止猪打架时咬尾。

图 6-27　固定乳头

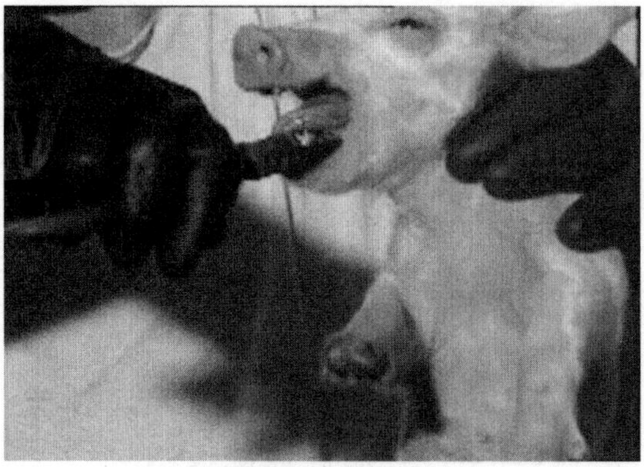

图 6-28　剪乳牙

6. 编号、称重、登记

为便于管理,每头仔猪应编号、称重、登记。

(三)母猪的难产处理

1. 正常分娩过程

母猪从产第 1 头仔猪到胎衣排出,整个分娩过程持续时间为 2～4 h,多数母猪 2～3 h,产仔间隔时间为 10～15 min。

2. 难产判断

由于各种原因致使分娩进程受阻称为难产。

(1)难产原因　包括子宫收缩无力型难产、胎儿阻塞型难产和阴道阻塞型难产 3 种。

(2)难产的判断方法　羊水流出时间超过 30 min,母猪躁动或疲劳,精神不振,这时应立即进行难产处理。分娩过程中的难产多数是由于胎位不正或胎儿过大造成的。表现为母猪产仔间隔时间变长并且经多次努责,强烈阵缩,仍然产不出仔猪。母猪呼吸急促,心跳加快,烦躁紧张,可视黏膜发绀等均为难产症状,应立即进行难产处理。

3. 难产处理

①当发生难产时,对于产道正常、胎儿不过大、胎位正常的母猪进行乳房按摩,用双手按摩前边 3 对乳房 5～8 min,可以促进催产素的分泌,有利于分娩。

②按摩乳房无效可肌内注射催产素。剂量为每 50 kg 体重 10 IU,注射部位为臀部肌肉。注射后 20～30 min,可能有仔猪产出。

③如果注射催产素助产失败或产道异常、胎儿过大、胎位不正等,应实施手掏术。助产时,要剪平指甲,润滑手臂并消毒,然后随着子宫收缩节律慢慢伸入阴道内;手掌心向上,五指并拢;抓仔猪的两后腿或下颌部;当母猪子宫扩张时,开始向外拉仔猪,努责收缩时停下,动作要轻;拉出仔猪后应帮助仔猪呼吸。掏出一头仔猪后,如果转为正常分娩,就不要再掏了。如果是母猪分娩子宫收缩乏力,可全部掏出。凡是进行手掏术的母猪,都应消炎预防治疗 2～3 d,以免产后感染,影响将来的发情、配种和妊娠。除非品种稀少或种猪成本昂贵,否则不宜剖宫产,因为剖宫产使用药物较多,且母猪术后护理困难。

(四)假死仔猪急救

1.人工呼吸

将仔猪托在两手心中,让仔猪四肢朝上,令其有节律地伸展、弯曲,并可对准仔猪的嘴猛然吹气,迫使仔猪的肺扩张呼吸。

2.倒提拍背法

假死仔猪抠完黏液后,立即用一只手将仔猪后腿提起,然后用另一只手拍打假死仔猪的臀部,发现假死仔猪躯体一屈,深吸一口气,说明呼吸中枢启动,假死仔猪已抢救过来。

3.刺激胸肋法

首先将假死仔猪口腔内及口鼻周围黏液抠出擦净,然后抢救者用两膝盖将假死仔猪后躯固定住,使假死仔猪与抢救者同向,用擦布用力上下快速搓假死仔猪的胸肋部,当发现假死仔猪有哼叫声,说明抢救成功。

四、母猪产仔后的保健技术

母猪产后 8~10 h 内原则上可不喂料,只喂给汤料。逐渐加料,第 1 天 1 kg/d,第 2~3 天 1.5 kg/d,第 4~5 天 2 kg/d,第 5 天后可自由采食。在产仔 5 d 后逐渐达到标准喂量或不限量饲喂。一般产后 1 周带仔 10~12 头的母猪可以供给日粮 5.5~6.5 kg。要求饲料营养丰富、容易消化、适口性好,同时保证充足清洁的饮水。母猪产后身体很疲惫,需要休息,在安排好仔猪吃足初乳的前提下,应让母猪尽量多休息,以便迅速恢复体况。母猪产后应将胎衣及被污染垫料清理掉,严禁母猪生吃胎衣,以防母猪养成食仔恶癖和消化不良。产房要经常保持清洁卫生、温暖、干燥、空气新鲜。母猪产后 3~5 d,注意观察母猪的体温、采食、产道分泌物、乳房、粪尿等,一旦发现异常应及时诊治,防止病情加重,影响正常的泌乳和引发仔猪下痢等。应做好生产中易出现的乳腺炎、产后生殖道感染、产后无乳等疾病的防治,否则会影响整个生产。

【知识拓展】

规模化猪场对分娩母猪采取的保健措施

1.饮食管理

母猪产前、产后日粮中加 0.75%~1.5%的电解质、轻泻剂(维力康、小苏打或芒硝),以预防产后便秘、消化不良、食欲不振。夏季日粮中添加 1.2%的小苏打,可提高采食量。

2.正常分娩的保健

产出第 1 头仔猪后,给母猪静脉注射葡萄糖、维生素 C 和抗生素。

第 1 瓶:500 mL 10%的葡萄糖生理盐水+5%维生素 C 20 mL;第 2 瓶:100 mL 甲硝唑 2 瓶;第 3 瓶:500 mL 10%的葡萄糖生理盐水+青霉素 480 万 U。

3.母猪助产后的保健护理

经过助产的母猪生产完后,向子宫内灌注药液,生理盐水 500 mL+青霉素 400 万 U+链霉素 200 万 U,每天 1 次,连续 3 d。

4.正常分娩的日常护理

①母猪产后要保持乳头和身体的清洁,及时清除栏面粪便,最好用浸泡消毒药的拖把或

毛巾拖抹干净，可减少子宫炎发生的概率，每天冲粪沟 1 次。

②母猪产后 3 d，注意观察母猪采食情况以及有没有子宫炎、乳腺炎和无乳症的发生，做好相应的治疗与护理。

【职业能力测试】

一、判断题

(　　)1. 假死仔猪可采取人工呼吸。

(　　)2. 母猪子宫收缩无力可引起难产。

(　　)3. 母猪产前 7 d 进入产房。

二、选择题

1. 临床母猪难产的原因包括________。

A. 胎儿过小　　B. 子宫收缩无力　　C. 母猪营养过剩　　D. 胎位不正

2. 以下不是母猪临产征兆观察项目的是________。

A. 乳房　　B. 喊叫　　C. 阴门　　D. 采食

3. 2011 年 5 月 15 日配种的母猪预产期为________。

A. 9 月 9 日　　B. 9 月 6 日　　C. 8 月 9 日　　D. 8 月 6 日

三. 问答题

1. 如何对母猪的难产进行处理？

2. 简述母猪临产的征状。

任务八　哺乳母猪的饲养管理技术

【学习目标】

1. 掌握哺乳母猪的饲养管理技术，哺乳母猪一般给予自由采食。

2. 在生产中，充分认识到提高母猪的采食量与泌乳量，是提高仔猪的成活率与断奶重、保持母猪良好膘情的关键。

3. 生产中，具备在猪场饲养哺乳母猪的能力。

【学习任务】

确保母猪哺乳阶段提高仔猪成活率和减少母猪子宫炎的发生，保证母猪体况良好，尽快恢复食欲，避免母猪过度失重，提高仔猪的断奶重；同时确保母猪在该阶段有较多的泌乳，较少的体损失，饲养出大量健康、体重大的仔猪，断奶后 80% 的母猪能在 7 d 内发情配种及妊娠。

【必备知识】

知道哺乳母猪(图 6-29)除维持本身消耗外，每天还要产出 5～8 kg 乳汁。如饲养管理不当，营养物质供给不足，就会直接影响到母猪的泌乳量、仔猪成活率、仔猪断奶体重，以及断奶后母猪的正常发情和配种。因此，加强哺乳母猪的饲养管理是提高养猪经济效益的重要环节。

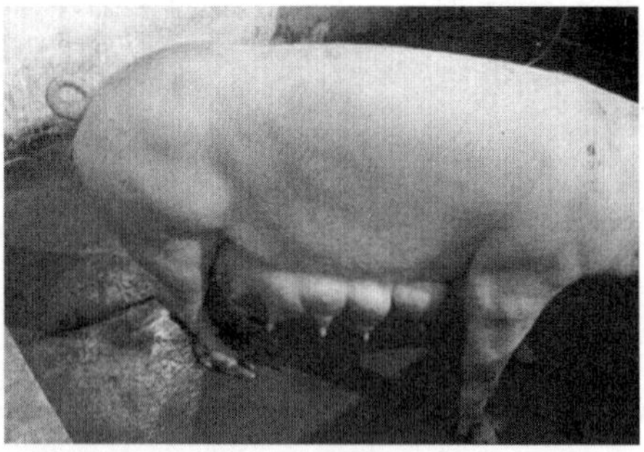

图 6-29　哺乳母猪

【实践案例】

你若是某猪场管理母猪的技术员，你该如何去指导饲养员开展哺乳母猪的饲养管理工作？

【制订方案】

表 6-11 为完成本任务的工作方案。

表 6-11　完成本任务的工作方案

步骤	内容
1	充分认识哺乳期母猪采食量低与产乳能力不足、体损失严重、断奶后不发情、断奶仔猪体重普遍偏低的关联
2	根据该场哺乳母猪的情况合理地指导母猪的饲养管理工作，哺乳母猪给予自由采食，充足饮水

【实施过程】

一、哺乳母猪的生理特性

（一）泌乳机制

1. 乳房的构造

母猪的乳腺比较特殊，每一个乳房均没有贮备乳汁的乳池，而是由 1～3 个乳腺体组成。每个乳腺体由许许多多的乳腺泡汇集成一些乳腺管，这些乳腺管最后又汇集成乳头管开口于乳头。母猪除产后最初的 1～3 d 外，其余时期仔猪不经拱揉刺激是吃不到奶的。另外，猪的所有乳腺中乳腺体的数量并不相等，其中前部乳房的乳腺体数量多于中部，中部又多于后部。因此，前部乳房的泌乳量高于中、后部的乳房。

2. 泌乳机制

母猪的泌乳受神经和内分泌的双重调节，每一次放乳均是由于仔猪用嘴拱揉乳房产生神经刺激，促使脑垂体释放排乳激素进入血液中。排乳激素的活性在血液中很快被破坏，导致母猪排乳时间较短，一般只有 15～50 s。母猪排乳后，整个泌乳系统会产生生理上的不应期，必须经一段时间（40～60 min）的生理调整才能再度恢复泌乳。母猪产后 1～3 d 由于母猪体内催产素水平相对较高，导致无需拱揉刺激即可随时排乳（图 6-30）。

图 6-30　母猪泌乳

3. 母猪的泌乳量

母猪的泌乳量平均每昼夜为 5～10 kg，不同乳头的泌乳量不同，前 3 对乳头的泌乳量高，其中以第 2 对的泌乳量最高。

(二)影响泌乳的因素

影响母猪泌乳的因素很多，主要有品种、胎次、带仔数、饲养管理等。

1. 营养

营养水平的高低直接影响着母猪的泌乳量，特别是能量、蛋白质、矿物质、维生素、饮水等对母猪泌乳性能均有影响。为了提高母猪的泌乳量，从而提高仔猪的生长速度，应充分满足母猪所需要的各种营养物质。

2. 年龄(胎次)

正常情况下，第 1 胎的泌乳量较低，第 2 胎开始上升，第 3～6 胎维持在一定水平上，第 7、8 胎开始下降。因此，现在工厂化养猪场，主张母猪 7～8 胎淘汰。

3. 品种

不同品种或品系的泌乳量不同，一般瘦肉型品种(品系)的泌乳量高于肉脂兼用型。

4. 哺乳仔猪头数

泌乳母猪一窝所带仔猪数的多少也影响泌乳量。带仔头数多，则母猪泌乳量就高，但每头仔猪日获得的乳量却减少(表 6-12)。

表 6-12　母猪哺乳仔猪头数对泌乳量的影响

哺乳仔猪头数	母猪的日泌乳量/kg	每头仔猪日获得乳量/kg
6	5～6	1.0
8	6～7	0.9
10	7～8	0.8
12	8～9	0.7

摘自：丁洪涛. 畜禽生产，2001.

5. 乳头位置

乳头位置不同，其泌乳量不同。其原因是乳房内的乳腺体数量不同。一般前 3 对乳头泌乳量高于中、后部乳头(表 6-13)。

表 6-13　不同乳头位置的泌乳量比例

乳头位置	1	2	3	4	5	6	7
所占泌乳量比例/%	23	24	20	11	9	9	4

摘自：丁洪涛. 畜禽生产，2001.

由表 6-13 可见，第 7 对乳头的泌乳量较少。因此，母猪产仔数在 12 头左右为宜，产仔过多，会使仔猪初生重降低和个别仔猪哺乳效果降低。

6. 泌乳阶段

在人工饲养条件下，特别是近年来兴起的工厂化养猪，泌乳期多为 21～35 d。一般在产后 4～5 d 泌乳量逐渐上升，20～30 d 达到高峰，然后逐渐下降。

7. 环境

温湿度适宜，环境安静(夜间的泌乳量高于白天)、舒适有利于泌乳，反之，高温、高湿、低温、噪声干扰等环境，使母猪泌乳量降低。

二、哺乳母猪饲料调控技术

1. 泌乳母猪适宜的各种营养水平

(1)能量水平　泌乳母猪昼夜泌乳，随乳汁排出大量干物质，这些干物质中含有较多的能量，如果不及时补充，一是降低母猪的泌乳量，二是使母猪体重的损失过大，体质受到损害。

(2)保证蛋白质的数量和质量　泌乳母猪日粮中蛋白质数量和质量直接影响着母猪的泌乳量。日粮中粗蛋白质水平一般控制在16.3%～19.2%较为适宜。在考虑蛋白质数量的同时，还要注意蛋白质的质量，从而保证泌乳母猪对必需氨基酸的需要。尤其是限制性氨基酸更应给予满足。

(3)满足矿物质和维生素的供给　日粮中的矿物质和维生素含量不仅影响母猪的泌乳量，而且也影响母猪和仔猪的健康。在矿物质中，钙、磷缺乏或钙、磷比例不当，会使母猪的泌乳量降低。同时，应注意日粮中各种维生素的添加，充分满足泌乳母猪的生产需要。尤其是在应激状态下，母猪对某些维生素的需要量增加，更应注意补充。

(4)饮水要充足　猪乳中水分含量为80%左右，泌乳母猪饮水不足，将会使其采食量减少，泌乳量下降，严重时会出现体内氮、钠、钾等元素紊乱，诱发其他疾病。

一头泌乳母猪每日需饮水25～30 L。在保证饮水量的同时要注意饮水质量，必须保证饮水卫生、清洁、无任何杂质、爽口，夏季更是如此。

2. 哺乳母猪的饲喂

当天产仔的母猪，停喂或少喂料，但应及时供给母猪清洁的饮水。产后3～4 d内不让母猪吃饱，5 d后逐渐加料，第1天1 kg/d，第2～3天1.5 kg/d，第4～5天2 kg/d，第5天后可自由采食。原则上让母猪能吃多少就供给多少，不浪费。日喂3次，断奶当天停喂，断奶前3 d要逐渐减料。炎热的夏天可21:00—22:00增喂1次。

三、哺乳母猪日常保健措施

(一)哺乳母猪管理

1. 保持良好的环境

泌乳母猪应饲养在温湿度适宜、卫生清洁、无噪声的猪舍环境内。粪便要随时清扫，保持清洁干燥和良好的通风。不要在泥土地上养猪，以免增加寄生虫感染机会。如果栏圈肮脏潮湿会影响仔猪的生长发育，严重的会患病死亡。冬季应注意防寒保温，哺乳母猪产房应有取暖设备，防止贼风侵袭。在夏季应注意防暑，增设防暑降温设施，防止母猪中暑。泌乳母猪舍的温度以15～22 ℃为宜。

2. 保护母猪乳头

母猪乳房的发育与仔猪的吮吸有很大关系，特别是头胎母猪，一定要使所有的乳头均匀利用，以免未被吸吮利用的乳房发育不良，影响泌乳量。圈栏应平坦，特别是产床要去掉突出的尖物，防止刮伤甚至刮掉乳头。

3. 注意观察

要及时观察母猪吃食、粪便、精神状态及仔猪的生长发育，以便判断母猪的健康状态（图 6-31）。如有异常及时报告，查找原因，采取措施，防止影响泌乳，引起仔猪黄痢或白痢等疾病。

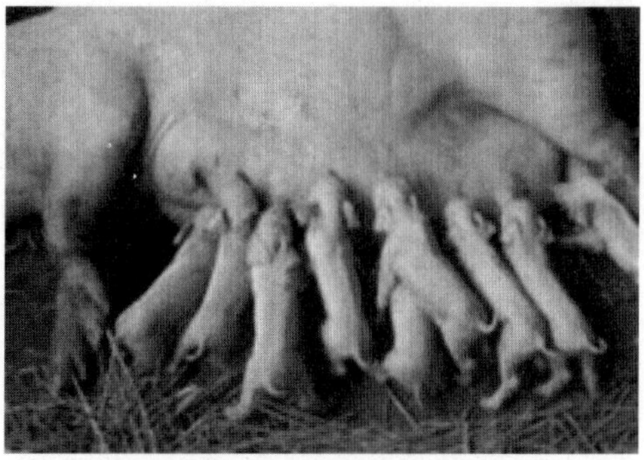
图 6-31　母猪产后观察

4. 积极调教

加强初产母猪的调教训练，让其养成两侧躺卧哺乳的习惯，便于仔猪吮乳。防止一侧乳房乳腺萎缩或发生乳腺炎。如有母猪产仔过少，可采取拆窝、并窝的哺乳方法，以保持乳房健康和正常泌乳。

5. 保健与免疫接种

如果环境较差或母猪体况不好，泌乳母猪在产后 1～2 周内可实行保健饲养法，以减少疾病，有利于泌乳。

具体做法：在泌乳母猪的日粮中添加泰乐菌素和阿莫西林或多西环素，添加量为每千克饲粮添加 100～150 mg。此外，还应根据某些传染病的流行情况进行猪瘟和其他传染病的免疫接种。

（二）防止母猪无乳或母乳不足

1. 母猪无乳或泌乳不足的原因

（1）营养方面　母猪在妊娠期间能量水平过高或过低，使得母猪偏肥或偏瘦，造成母猪产后无乳或泌乳性能差；泌乳母猪蛋白质水平偏低或蛋白质品质不良，日粮中严重缺钙、缺磷，或钙磷比例不当，饮水不足等都会出现无乳或乳量不足。

（2）疾病方面　母猪体质差，产圈未消毒，分娩时发生产道和子宫感染；母猪患有乳腺炎、链球菌病、感冒发烧、肿瘤等疾病也会出现无乳或乳量不足。

（3）其他方面　高温、低温、高湿、环境应激，母猪年龄过小、过大等都会出现无乳或乳量不足。

2. 防制措施

搞好母猪的饲养管理，及时淘汰老龄猪，做好产圈消毒和接产护理。根据饲养标准科学配合日粮，满足母猪所需要的各种营养物质，特别是封闭式饲养的母猪，更应格外注意各种营养物质的合理供给。

在确认母猪无病、无管理过失、饲养管理良好的情况下，可以用下列方法进行催乳。

①将胎衣洗净煮沸 20～30 min，去掉血腥味，然后切碎，连同煮汤一起拌在饲料中分 2～3 次喂无乳或乳量不足的母猪。严禁母猪生吃胎衣，以免造成消化不良或养成食仔恶癖。

②产后 2～3 d 如果母猪无乳或乳量不足，可给母猪肌内注射催产素，剂量为每 100 kg 体重 10 IU。

③用淡水鱼或猪内脏、猪蹄、白条鸡等煎汤拌在饲料中喂饲。

④泌乳母猪适当喂一些青绿多汁饲料，也可增加泌乳量，但要控制喂量，饲喂过多会影响混合精料的采食量，造成能量、蛋白质、矿物质相对不足，时间一长会使泌乳母猪身体受到损害。

⑤中药催乳法。王不留行 36 g、漏芦 25 g、天花粉 36 g、僵蚕 18 g、猪蹄 2 对，水煎分 2 次拌在饲料中喂饲。或木通 30 g、茴香 30 g，加水煎煮，拌少量稀粥，分 2 次饲喂。

【知识拓展】

规模化猪场对哺乳期母猪采取的护理措施。

①当天产仔的母猪，停喂或少喂料，但应及时供给母猪清洁的饮水。

②产后 3～4 d 不让母猪吃饱，5 d 后逐渐加料，具体：第 1 天 1 kg/d，第 2～3 天 1.5 kg/d，第 4～5 天 2 kg/d，5 d 后可自由采食。原则上让母猪能吃多少就供给多少，不浪费。

③日喂 3 次，断奶当天停喂，断奶前 3 d 要逐渐减料。炎热的夏天可在 21:00—22:00 增喂 1 次。

④母猪产后如有发烧现象，严禁大剂量使用安乃近之类的药物。

⑤分娩后 2～3 d 必须仔细观察仔猪的发育状态，发现仔猪瘦弱，证明乳汁不足，应采取催乳措施，增加泌乳能力。检查母猪有无乳腺炎、无乳症、便秘等异常状况，及时采取措施排除。

⑥根据需要可在产前、产后 1 周的母猪料中添加抗生素，确保母猪和仔猪的健康。

⑦母猪哺乳时必须保证环境安静，有利于母猪泌乳和仔猪吃奶。

⑧完善哺乳仔猪的记录，建立每头母猪的档案。

【职业能力测试】

一、判断题

(　　)1. 哺乳母猪年龄越大，泌乳量越高。

(　　)2. 在以青粗料为主的条件下，瘦肉型品种猪泌乳量高于脂肪型品种猪。

(　　)3. 生产上建议仔猪在出生后 1 h 内能吃上初乳。

二、选择题

1. 母猪无乳或乳量不足的原因是________。

A. 母猪营养好　　B. 乳腺炎　　C. 适宜环境　　D. 母猪乳头多

2. 正常情况下，下列各品种母猪泌乳量最低的是________。

A. 长白猪　　B. 大白猪　　C. 杜洛克猪　　D. 太湖猪

3. 影响母猪泌乳的因素主要有________。

A. 公猪　　B. 年龄　　C. 饲养员合适出现　　D. 青霉素

三、问答题

1. 影响母猪泌乳力的因素有哪些？

2. 试述哺乳母猪的饲喂方法。

任务九　空怀母猪的饲养管理技术

【学习目标】

1. 在生产中，能充分认识到断奶母猪不能按期发情的重要原因是母猪哺乳时体能贮备过度消耗，给予空怀母猪自由采食。

2. 能正确把握断奶母猪的日粮营养水平和给料量，通过饲料、公猪诱情等促进空怀母猪的发情和排卵，保证下一胎的产仔数。

3. 生产中，具备为猪场饲养空怀母猪的能力。

【学习任务】

母猪的正常返情极大程度上取决于母猪整个生命周期中体况（背膘、蛋白质、维生素、矿物质）的维持，所以要采取合理的饲养管理，使其保持适度的营养状态，以便尽快供配种繁殖用。随着母猪年龄的增大，母猪生产几胎后体内营养会流失，需要及时补充，否则生产水平会下降。及时淘汰生产性能低下的母猪是维持猪场经济效益的重要措施，同样及时补充母猪在哺乳时体能贮备的过度消耗，也是创造猪场经济效益的重要措施。

【必备知识】

空怀母猪过肥或过瘦均不利于产后及时发情。仔猪断奶时母猪应有七八成膘，断奶后 7～10 d 就能再发情配种；对那些哺乳后期膘情不好、过度消瘦的母猪，断奶前后可少减料或不减料，于断乳后适当增加营养，使其尽快恢复体况，及时发情配种；对于过肥的母猪，断奶前后要敢于减料，多喂青粗饲料，加强运动，使其恢复到适度膘情，及时发情配种。

【实践案例】

若你是某猪场技术员，你该如何去指导饲养员开展母猪的饲料调控工作？

【制订方案】

表 6-14 为完成本任务的工作方案。

表 6-14　完成本任务的工作方案

步骤	内容
1	充分认识空怀母猪过肥或过瘦均不利于产后及时发情
2	根据该场断奶母猪的膘情情况合理地指导空怀母猪的饲养管理工作

【实施过程】

空怀母猪是指母猪断奶至再次发情配种这一时期的母猪。母猪空怀期正常为 1 周左右。

一、空怀母猪的饲料调控方法

为了保证空怀母猪能够正常地发情排卵、参加配种，一是应根据经产母猪的饲养标准科学地配合饲粮，满足空怀期对能量、蛋白质（氨基酸）、矿物质和维生素的需要。二是应根据空怀母猪的年龄和膘情灵活掌握日粮供给量。通常母猪断奶后当天可不喂料，第 2 天起至发情配种让母猪自由采食，以满足体况恢复的需要。

另外，空怀母猪在饲养过程中，必须保证清洁充足的饮水。在使用水槽饮水时，要求水槽保持清洁，水槽内的水要经常更换。

二、空怀母猪的管理

据测定，在哺乳期营养适当的情况下，大部分断奶母猪在断奶后 4～7 d 发情（表 6-15）。空怀母猪要认真观察发情，特别是后备母猪初次发情，征状不明显，持续时间较短，因此，一定要注意观察并做好记录，为及时配种做好准备。

表 6-15　正常断奶母猪群发情时间比例

断奶后时间/d	头胎母猪发情率/%	多胎母猪发情率/%
1～3	1.0	3.6
4～6	89.0	93.4
7～10	10.0	3.0

空怀母猪多实行群养，一般每圈栏养 4～6 头为宜，不要过多，以免影响观察发情。空怀母猪小群饲养既能有效地利用建筑面积，又能促进发情，特别是当同一圈栏内有母猪发情时，由于爬跨和外激素的刺激，可以诱导其他空怀母猪发情（图 6-32）。

图 6-32　空怀母猪小群饲养

空怀母猪单栏限位饲养，是近些年来工厂化养猪采用的一种形式，即将母猪固定在限位栏内，实行禁闭式饲养，限位栏尾端饲养公猪，有利于刺激母猪发情，同时要求饲养员应认真仔细观察发情，才能确保降低母猪空怀率。采用这种方式，由于单栏面积过小，母猪活动受到限制，缺少运动，会导致肢蹄病的增加。

三、促进母猪发情的措施

1. 公猪诱导法

图 6-33 公猪诱情

经常用试情公猪去追爬不发情的空怀母猪，通过公猪分泌的外激素气味和接触刺激，能通过神经反射作用，引起脑下垂体分泌促卵泡激素，促使母猪发情排卵。此法简便易行、有效（图 6-33）。

还有一种简便有效的方法是，播放公猪求偶声的音频，利用条件反射作用，连续试情，这种生物模拟的做法效果也很好。

2. 合群并圈

把不发情的空怀母猪合并到有发情母猪的圈内饲养，通过爬跨等行为刺激，促进空怀母猪发情排卵。

3. 按摩乳房

每天早晨喂食后，用手掌对母猪的乳房进行表层按摩，每个乳房 10 min 左右，经过几天母猪有了发情征状后，再每天进行表层和深层按摩乳房各 5 min。配种当天深层按摩约 10 min。

4. 加强运动

对不发情母猪进行驱赶运动，可促进新陈代谢，改善膘情。驱赶运动能接受日光的照射，呼吸新鲜空气，促使母猪发情排卵。如能与放牧相结合则效果会更好。

5. 颠簸刺激

把不发情的母猪装在车上到一段颠簸的路面行驶刺激若干时间后，再赶回原来猪栏。

【知识拓展】

调节营养促进母猪发情的措施

一、催情补饲

①青年母猪配种前 1～2 周可以采取催情补饲，有利于增加排卵个数和提高受孕率。一般以在原基础上提高 20%～25%的喂量较合适。

②体况较差的母猪采用短期优饲效果较明显，可明显刺激内分泌，促进生殖系统的活动，增加排卵个数（2～3 枚）。

二、调节经产母猪的营养

经产母猪经过产仔和哺乳，多数体重减轻。一般体重减轻 20%～30%。经产母猪配种前的饲养就是要恢复母猪的体力，使之达到种用体况。

①如果母猪在断奶时能保持七八成膘情，只要饲粮搭配合理，粗蛋白质不低于12%，供给足够的矿物质和维生素，每天饲喂2.3～2.7 kg日粮，不需提高总能量水平即可在5～10 d正常发情和配种。

②对泌乳能力高、带仔多的母猪和产前膘情差的母猪，应在泌乳期增加饲料喂量。

③为保证断奶后母猪正常发情，关键是给哺乳期母猪充足营养，一般喂给粗蛋白质16%的全价饲料，敞开饲喂。在饲粮配合上搭配一定比例的青饲料或苜蓿草粉，对断奶后发情有促进作用。

【职业能力测试】

一、判断题

(　　)1.对于体况差的母猪，断奶后可以采用“短期优饲”的饲养方法。

(　　)2.母猪断奶后当天可不喂料，第2天起至发情配种让母猪自由采食，以满足体况恢复的需要。

(　　)3.母猪断奶后混群饲养，能缩短断奶到配种时间，增加受胎率。

(　　)4.改善饲料营养，适当诱情、合群并圈等措施可以促进空怀母猪发情。

二、选择题

1.在哺乳期营养适当的情况下，大部分断奶母猪在断奶后________d发情。

A.1～2　　B.4～7　　C.15～20　　D.18～23

2.空怀母猪建议群养，每栏________头左右为宜。

A.1　　B.4　　C.7　　D.8

3.空怀母猪的概念是指________。

A.老母猪　　B.哺乳母猪　　C.断奶母猪　　D.发情母猪

4.可以促进空怀母猪发情的药品是________。

A.青霉素　　B.氯前列烯酮　　C.维生素D　　D.母猪尿

三、问答题

1.促使母猪发情排卵的措施有哪些？

2.公猪诱导空怀母猪发情的原理是什么？

项目七

仔猪的饲养管理

任务一　哺乳仔猪的饲养管理技术
任务二　断奶仔猪的饲养管理技术

任务一 哺乳仔猪的饲养管理技术

【学习目标】

1. 了解哺乳仔猪的生理特点，掌握仔猪的日常护理方法，给予保温、优质教槽料开食。
2. 掌握仔猪的补铁技术及补料时间，补铁在仔猪 4 日龄前，补料在 5～7 日龄。
3. 学会填写母猪繁殖记录表格。

【学习任务】

保证仔猪吮吸足量的初乳以增强免疫机能，提供舒适的环境，避免仔猪过冷或过热。争取获得较高的仔猪成活率和较大的断奶窝重。

【必备知识】

一般断乳仔猪的体重越大，该猪的生产潜能会越好。仔猪达到最大断奶重的控制点是母乳的质和量以及乳猪采食补料的量。

补料（诱食料）的作用一方面是补充母乳的不足，更重要的是促进仔猪的胃肠道发育以适应液态母乳向固体饲料的转变，从而减少仔猪断奶时的应激，这样断奶后仔猪体重日增重的潜力会较高。这样补料就成为对哺乳仔猪培养断奶适应的重要营养措施。也就是说，断奶前仔猪能食进补料（诱食料）越多，断奶时的应激程度就越低。

断奶前仔猪能食进补料（诱食料）的多少，一方面取决于饲养者的细心和技巧；另一方面取决于补料（诱食料）的诱食性和营养性。

【实践案例】

某养猪户想了解怎样提高哺乳仔猪的成活率和断奶体重，你将如何指导？

【制订方案】

表 7-1 为完成本任务的工作方案。

表 7-1 完成本任务的工作方案

步骤	内容
1	了解哺乳仔猪的生理特点
2	根据该养猪户的情况，指导其加强哺乳仔猪的保温、护理措施和及时补料方法

【实施过程】

一、仔猪出生前后的生理和环境变化

(一)生理变化

哺乳仔猪出生前在母体内的营养和氧气都是通过脐带血获得的，出生后则需进食，消化道消化吸收获得营养物质，通过肺的呼吸获得氧气。

(二)环境变化

哺乳仔猪出生前在母体子宫内温度、湿度相对恒定和近乎无菌的环境下成长，出生后则在急剧变化的环境温度中生长，依靠自身调节体温；还要与外界环境直接接触，易受到各种微生物的威胁。

二、哺乳仔猪的生理特点

(一)生长发育快，物质代谢旺盛

哺乳阶段是仔猪生长强度最大的时期，10 日龄体重为出生的 2～3 倍，30 日龄达 6 倍以上，60 日龄为 10～13 倍。仔猪哺乳阶段利用养分能力强，对营养不全的饲料反应特别敏感，因此，对仔猪必须保证各种营养物质的供应。

哺乳仔猪生长发育快是以旺盛的物质代谢为基础的，单位增重所需养分高，能量、矿物质代谢均高于成年猪。因此，哺乳仔猪除进行哺乳外，应早期训练仔猪认料开食，以高质量的乳猪料进行补饲。

(二)消化器官不发达，消化机能不完善

仔猪出生时胃内缺乏游离盐酸，胃蛋白酶没有活性，不能很好地消化蛋白质，特别是植物性蛋白质。仔猪在出生时，消化器官的质量和容积都很小，胃重仅 6～8 g，仅占体重的 0.44%。这时只有肠腺和胰腺发育比较完善，胰蛋白酶、肠淀粉酶和乳糖酶活性较高，食物主要是在小肠内消化。

(三)缺乏先天免疫力，容易得病

猪的胎盘构造特殊，母猪血管与胎儿的脐血管由 6～7 层组织隔开，母源抗体不能通过胎盘进入胎儿体内。因此，初生仔猪没有先天免疫力，自身也不能产生抗体。只有吃初乳以后，才能获得免疫力。

(四)体温调节能力差

初生仔猪大脑皮层发育不全，体温调节中枢不发达，调节体温能力差，再加上皮下脂肪薄和被毛稀少，特别怕冷。当外界气温在 13～24 ℃时，出生 1 h 后仔猪体温下降 1.7～7 ℃，第 2 天才能恢复正常；天气寒冷季节管理不当易出现冻死的情况。

三、哺乳仔猪的护理

(一)早吃初乳，固定乳头

初乳是指母猪产后 3 d 内分泌的乳汁。初乳的特点是富含免疫球蛋白，可以使仔猪尽快获得免疫抗体;初乳中蛋白质含量高,含有具有轻泻作用的镁盐,可促进胎粪排出;初乳酸度较高,可弥补初生仔猪消化道不发达和消化腺机能不完善的缺陷。因此,仔猪最好在生后2 h内吃到初乳。

仔猪天生有固定乳头吃乳的习惯,开始几次吸食某个乳头,一经认定至断奶不变。固定乳头分自然固定和人工固定。生产中为了使一窝仔猪发育整齐,提高仔猪成活率,可将弱小仔猪固定在前、中部乳头上,体大强壮的仔猪固定在中、后部乳头上,其他仔猪自寻乳头。与此同时,看护人员要随时帮助弱小仔猪吃上初乳,这样有利于弱小仔猪的成活。

(二)保温防压

仔猪出生后,必须采取保温措施才能满足仔猪对温度的要求。仔猪适宜的环境温度为:1～3日龄为30～32 ℃,4～7日龄为28～30 ℃,15～30日龄为22～25 ℃,2～3月龄为22 ℃。要求温度保持稳定,防止过高或过低。产房的温度应控制在18～20 ℃,可设置仔猪保温箱,在保温箱顶端悬挂100 W灯泡或150～250 W红外线灯,悬挂高度可视需要调节,照射时间可以根据温度灵活掌握(图7-1)。在南方也可用煤炉给仔猪舍加温。

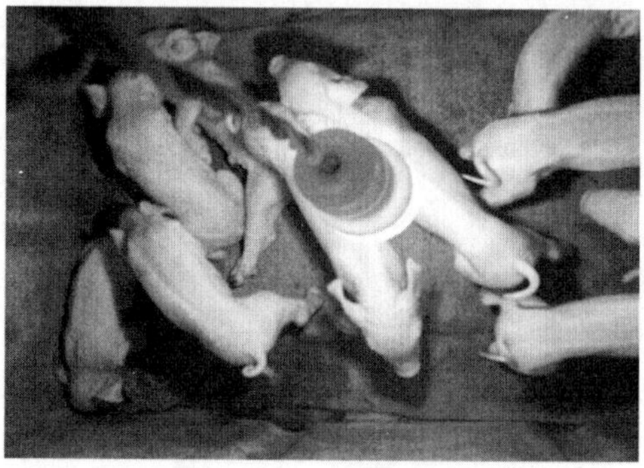

图7-1　仔猪保温

仔猪在出生后2～3 d,行动不灵活,同时母猪体力也未恢复,初产母猪又常缺乏护仔经验,常因起卧不当压死仔猪。所以,栏内除安装护仔栏外,还应建立昼夜值班制度,注意检查,做好护理工作。

(三)仔猪编号

1.编号的目的

仔猪编号的目的是为了个体识别,便于生产记录。

2.编号原则

一是简单够用,二是易识别且不易混淆,三是对猪损伤最小。

3.编号方法

(1)挂耳牌法　在仔猪的耳朵上打孔挂上耳牌,用数字或字母等方式编号。

(2)剪耳缺法　分以下几种。

①一三五法。编制规则:面对猪的头部,按顺时针顺序,猪4个耳沿上的缺口分别代表千、百、十、个位上的数;把猪耳沿划分成3部分,由耳尖向耳根方向数,耳尖段缺口代表1,中间段缺口代表3,耳根段缺口代表5(图7-2)。

②一三法。编制规则:面对猪的头部,按顺时针顺序,猪4个耳沿上的缺口分别代表千、百、十、个位上的数;把猪耳沿划分成2部分,由耳尖向耳根方向数,耳尖段代表缺口1,耳根段缺口代表3(图7-3)。

(3)临时编号　一般用油漆在猪背上书写,编号可保留3～5 d。

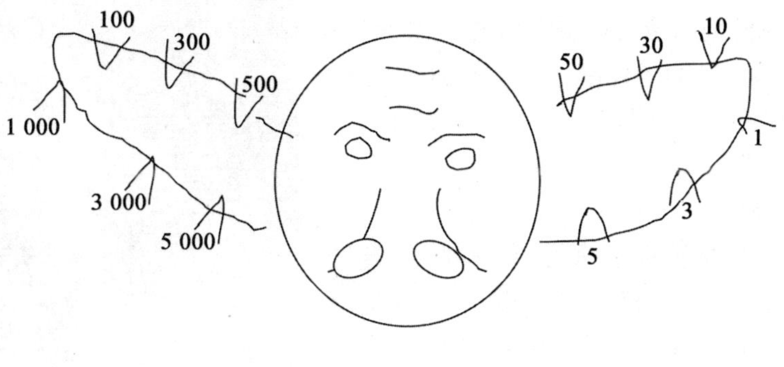

图 7-2 一三五法耳号编制示意图

（李和国，彭少忠. 猪生产，2009）

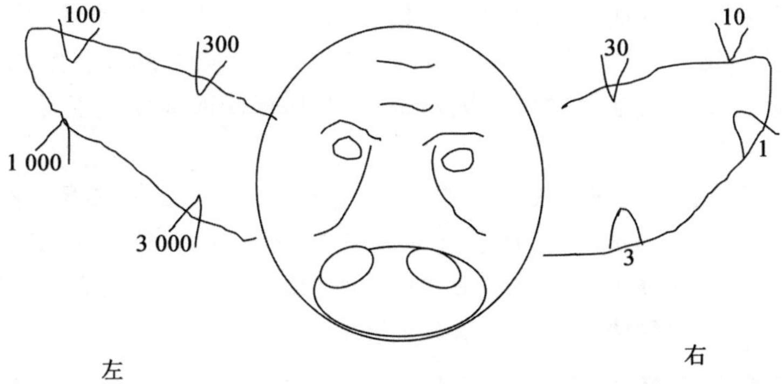

图 7-3 一三法耳号编制示意图

（李和国，彭少忠. 猪生产，2009）

（四）补铁、补硒

初生仔猪出生时体内储存铁 50 mg 左右，大部分储存在肝脏中。仔猪每增加 1 kg 体重需要 35 mg 的铁，除了体内储存的铁外，每天仅能从母乳中获得 1 mg 左右。如果不及时人工补铁，仔猪在 1 周龄左右可能就会出现缺铁性贫血。生产中常用的补铁方式是出生后第 3 天肌内注射右旋糖苷铁钴合剂，剂量为 100～200 mg 铁。

初生仔猪还容易缺乏硒，缺硒与维生素 E 有关，所以现在许多猪场初生仔猪除了补铁还要求补硒和维生素 E。具体做法是：仔猪生后第 1 天，每头仔猪肌内注射亚硒酸钠维生素 E 注射液 0.5 mL（含亚硒酸钠 0.5 mg、维生素 E 25 IU）。

（五）仔猪寄养

生产中由于窝产仔过多或过少、母猪患病、死亡或产后缺奶无奶等一些意外情况就需给仔猪找个“奶妈”，即进行仔猪寄养工作。选择出生日期相近（相差 2 d 内）、体重大小一致的不同窝之间可并窝寄养。寄养出去的最好选择个体较大且吃过初乳的仔猪，还要根据其适应新母猪和新母猪对其排斥情况进行人工干预，直至寄养仔猪吃上新母猪的奶为止。

(六)仔猪去势

一般仅公猪需要去势(图 7-4),母猪则不去势。公猪最好选在 5～10 日龄去势,10 日龄后易受白痢影响。

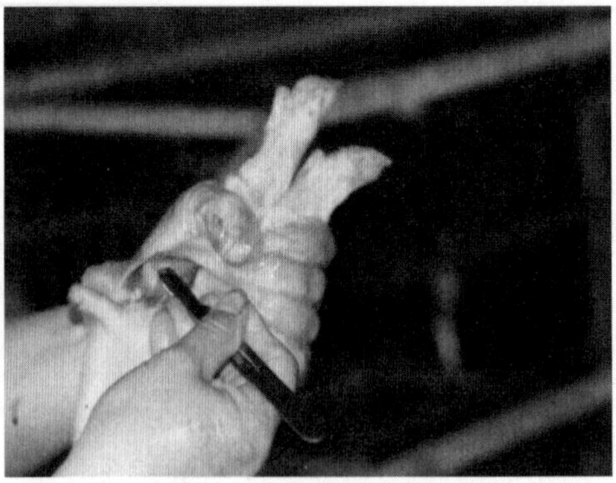

图 7-4 仔猪去势

(七)仔猪补料

1.补料的目的

随着哺乳仔猪体重的迅速增长,其对营养物质的需求与日俱增,而母猪的泌乳量于分娩后 3 周达到高峰,以后逐渐下降,不能满足仔猪对营养物质的需求。及早补料不但可以锻炼仔猪的消化器官,还可以弥补母乳营养不足,为安全断奶奠定基础。

2.补料的时机

仔猪开食一般在 5～7 日龄进行,因为仔猪生后 3～5 日龄活动增加,6～7 日龄牙床开始发痒,喜欢啃咬硬物或拱掘地面,并且仔猪对这种行为有很强的模仿性,只要一只猪开始拱咬东西,别的仔猪很快也模仿。因此,我们可以利用这个特点训练仔猪吃料(称为开食)。一般经过 7 d 的训练,15 日龄后仔猪即能大量采食饲料,从而保证仔猪正常的生长发育。

3.补料的方法

将干净的仔猪饲槽或喂饲器搬到仔猪栏内,投放 30～50 g 仔猪开食料,然后把仔猪引到补饲栏边(图 7-5)。饲养员蹲下,用手抚摸抓挠 1～2 头仔猪,待仔猪安稳后将仔猪料慢慢地塞到仔猪嘴里,每天训练 4～6 次(一般集中 1～2 头仔猪训练)。经过 3 d 左右的训练,仔猪便学会采食饲料,其他仔猪也仿效而学会采食饲料。

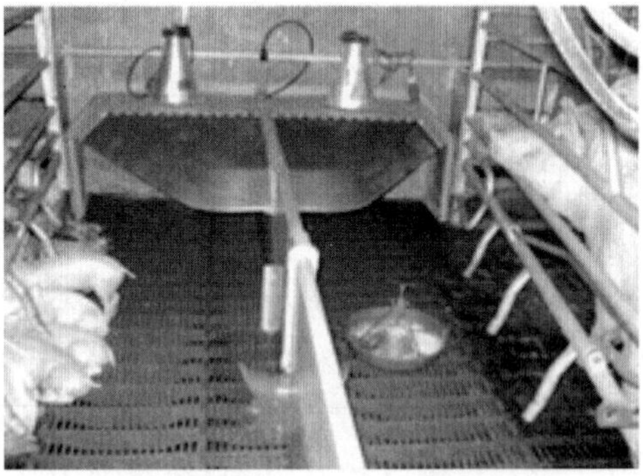

图 7-5 仔猪补料

4.补料注意事项

一是用具保持清洁干净;二是饲料必须新鲜,少喂勤添。

(八)补水

高床分娩栏都装有自动饮水器,仔猪会根据需要自由饮用。

(九)预防接种

哺乳仔猪的预防接种主要是 21 日龄的猪瘟免疫。

四、仔猪断奶的饲养管理

(一)断奶日龄的选择

哺乳仔猪断奶日龄主要根据仔猪的健康状况、体重、对饲料的消化能力、断奶料的营养水平和断奶后的管理水平而定。我国规模猪场一般 21～28 日龄断奶,农户养猪有的 40 日龄左右才断奶。我们不能简单地根据断奶日龄的长短来判定养猪水平的高低,更应看重能否保证断奶后仔猪健康成长和高的成活率。

(二)断奶方法

1. 一次断奶法

一次断奶法指到了既定断奶日期,一次性地将母猪与仔猪分开,不再对仔猪进行哺乳。此法适于工厂化养猪场和规模化猪场,便于实行工艺流程和实现全进全出,省工省事。但个别体质差的仔猪应激反应较大,可能会在一定程度上影响生长发育和育成。

2. 分批分期断奶法

根据一窝中仔猪的生长发育情况进行不同批次断奶。一般将体重大、体质好、采食饲料能力较强的仔猪先断奶,而体重小、体质弱、不太适应吃料的仔猪延缓 1 周左右再断奶。但在此期间应加紧训练仔猪采食饲料的能力,以免造成哺乳期过长,影响母猪的年产仔窝数。此法适于分娩舍设施利用节律性不强的小规模猪场。

3. 逐渐断奶法

逐渐断奶法就是在预定断奶前数天(3～5 d),人为控制逐渐减少仔猪日哺乳次数,直到断奶。此法是采取逐渐过渡的方法,对于仔猪和母猪都应激较小。适于规模小、饲养员劳动强度不大的猪场,饲养人员可以有充足的时间来控制母猪哺乳。

选择哪种方法断奶,因不同猪场而异。需要全进全出管理的大猪场只能采用一次性断奶法,不能进行全进全出管理且劳动力充足的小规模猪场可采用分期分批断奶和逐渐断奶法,或各方法相结合效果更好。

(三)断奶时注意事项

1. 防母猪乳腺炎

母猪断奶前 3 d 逐渐减料,断奶当天停料。

2. 减少仔猪应激

小型猪场可采用仔猪留在原栏饲养,赶走母猪,且赶到相互听不到声音处。

【知识拓展】

规模化猪场做到降低哺乳仔猪的死亡率,提高猪场经济效益的措施如下。

一、死亡原因

1. 压死、冻死

由于外来品种母猪体大,反应较迟钝,母性表现不及本地母猪,加上仔猪出生后体温调节能力差,饲养人员护理不得法等原因,造成仔猪被压死、冻死。这类死亡以初产、母性差、老龄的母猪和初生重较小的仔猪发生率最高，多集中在产后 10 d 内死亡。

2. 因病死亡

由于仔猪出生后先天性免疫力差，防疫工作做得不够，患病后治疗不及时等原因，造成患病直接死亡。主患疾病有传染性胃肠炎、黄痢、白痢、红痢、感冒等，疾病死亡主要集中在产后 3 周龄内。

3. 发育不良死亡

仔猪出生后消化器官不发达，消化酶不完善，并具有生长发育快等特点，在母奶供应不足、补料太晚等情形下引起仔猪生长迟缓、瘦弱多病而死。

二、预防措施

①分娩舍宜采用单元式、全进全出设计，保证每单元有一周时间进行空栏消毒，来迎接下批猪的分娩。尚不能执行全进全出制度的也要划分区域进行空栏消毒。控制舍内环境温度。注意保暖和通风，防高温，防压死，降低断奶前仔猪死亡率。

②产房保持适宜温度。初生仔猪环境温度要求 1～3 日龄 30～32 ℃；4～7 日龄 28～30 ℃；此后每周降低 2 ℃，至 2 月龄时降至 22 ℃左右。

③保证每头仔猪都能在出生后的 20 h 内吮吸到足够的初乳。窝仔猪数多的仔猪要用代乳品补充，改善仔猪体重的均匀度，减少弱仔猪。

④7 日龄以内，对不作种用的小公猪去势。

⑤注意母猪缺乳情况，以便及时催乳、寄养。

⑥保持产床干净、干燥，宜干扫，用拖把或抹布擦洗地面或产床，切忌用水冲洗产床及仔猪的保温区。

⑦仔猪 3～7 日龄开始补料，采用少量多喂的方法，每天 4～6 次，避免浪费。猪场要根据本场仔猪断奶日龄、疾病潜在状况、卫生条件的不同，选择针对性强的、质量好的教槽料。

⑧供给仔猪足够清洁饮水，饮水器安装高度距地面 12 cm，角度最好为向下倾斜 45 ℃。

⑨根据实际情况决定初生仔猪和仔猪断奶前、后的预防用药，控制某些疾病的发生。仔猪在 3、7、21 日龄注射长效土霉素有较好的疾病预防效果。

【职业能力测试】

一、判断题

(　　)1. 母源抗体可以通过胎盘传给胎儿，所以初生仔猪不用吃初乳也可以养大。

(　　)2. 初生仔猪怕热不怕冷。

(　　)3. 初生仔猪补铁可防止缺铁性贫血。

(　　)4. 仔猪开食一般在断奶后进行。

(　　)5. 仔猪断奶日龄越小，仔猪越好养。

(　　)6. 高床分娩栏带有防止压死仔猪的功能。

二、选择题

1. 仔猪先天免疫力差，必须通过________才能获得抗体。

A. 补料　　B. 胎盘　　C. 初乳　　D. 注射

2. 工厂化养猪常用的断奶方法是________。

A. 一次性断奶法　B. 分期分批断奶法　C. 逐渐断奶法　D. 多次断奶法

3. 分期分批断奶法和逐渐断奶法不适用于________的猪场。

A. 不能实行全进全出的小猪场　B. 农户养猪

C. 实行全进全出的大猪场

4. 仔猪生后适宜的环境温度为:1～3 日龄________,15～30 日龄________。

A. 30～32 ℃,22～25 ℃　B. 18～22 ℃,22～25 ℃

C. 40～42 ℃,35～38 ℃

5. 对于弱小个体的仔猪,一般可通过________吃到更多的母乳。

A. 给予其更多的吃乳时间　B. 固定乳头　C. 人工喂奶

三、问答题

1. 哺乳仔猪的生理特点有哪些?

2. 仔猪生后第 1 周主要做好哪些工作?

3. 什么情况下对仔猪实行寄养和并窝?

4. 给哺乳仔猪确定断奶日龄的依据主要有哪些?

任务二　断奶仔猪的饲养管理技术

【学习目标】

1. 正确认识断奶仔猪的生理特点,知道断奶仔猪就是保育猪,此期的仔猪因应激胃肠机能紊乱,饲养人员应做好各种过渡工作,使其自由采食饲料,少喂勤添。

2. 掌握断奶仔猪的饲养、管理技术,合理饲养和分群,适当添加动物保健品,增加猪的成活率。

3. 具备为猪场饲养、管理断奶仔猪的能力。

【学习任务】

仔猪生产是规模养猪生产中的首要环节,保育期仔猪成活率的提高可为育肥期提供更多的生长育肥猪,进而为更高的出栏率奠定基础。断奶仔猪的管理目标如下。

①断乳期仔猪饲养的中心是采取各种措施,以帮助断乳仔猪度过断乳"第一应激"(断乳后的前 7 d)和可能出现的"第二应激"(换料过渡期,即 6～7 周龄)。

②提供断乳仔猪最适合的营养组合,争取获得仔猪达到 30 kg 体重的最短饲养日龄。

【必备知识】

仔猪在断奶时,不能再通过吸吮母乳来获取食物,而此时,仔猪消化道的发育以及消化酶系统还未能适应非母乳性食物。仔猪离开母体后,群居圈舍环境的变化对仔猪产生不利的心理影响。仔猪从母体初乳获得的抗体水平正在逐步下降,机体自身免疫能力的建立仍需时间,使仔猪对环境变化的适应能力迅速下降。如何帮助仔猪度过因断乳带来的营养应激期，是提高仔猪的成活率和获得健壮仔猪的关键。

从生产实践来看，避免仔猪断奶时（特别是断奶后前 3 d）体重下降是减缓仔猪断奶应激是否有效的一个明显的指标，这里除了确有成效的断奶前补料的作用之外，就是提供给断奶仔猪一定量的营养水平和刚断奶仔猪对这些非母源性营养物的接受程度。

【实践案例】

有人想获得如何提高断奶仔猪成活率的技术指导，你将如何给予技术指导？

【制订方案】

表 7-2 为完成本任务的工作方案。

表 7-2 完成本任务的工作方案

步骤	内容
1	正确认识仔猪断奶后的心理、环境及营养造成的应激
2	根据断奶仔猪的生理特点，指导其加强仔猪护理、选择优质、高效的断奶料

一、断奶仔猪的生理特点

断奶仔猪也称保育猪，是指断奶后至 70 日龄左右，体重 20 kg 上下的猪。一般保育期 40 d 左右。断奶对于哺乳仔猪来说，在生理、心理和环境等方面都发生巨大的变化。

(一)生理方面变化

哺乳阶段主要是依靠母乳获得营养，断奶后完全从饲料中获得，并且饲料主要是植物性饲料，其营养价值远不如母乳，也更加难以消化吸收。

(二)心理方面变化

哺乳阶段是有母猪呵护的依附生活，断奶后是完全靠自己的独立生活。

(三)环境方面变化

哺乳阶段是在分娩舍高床分娩栏，断奶后转到保育舍，国内多数猪场的保育舍在保温方面远不如分娩栏。

所以断奶仔猪易发生心理、环境及营养应激反应，具体表现为抵抗力降低，食欲差，消化功能紊乱，腹泻，下痢，掉膘，脱水，死亡等一系列症状的仔猪断奶综合征，是当前养猪生产中难度最大的环节。

二、断奶仔猪饲养技术

保育猪的饲养重点是防应激和抓旺食。

(一)采取“两维持”“三过渡”的方法减少断奶应激

“两维持”即维持原圈或同一窝仔猪移至另一圈饲养，维持原饲料和饲养制度饲养。“三过渡”即饲料的改变、饲养制度的改变和饲养环境的改变，这些改变都要逐渐过渡，要求每一个变动都要逐步进行。断奶仔猪饲养如图 7-6 所示。

(二)保证饲料品质,采用少喂勤添或自由采食

断奶仔猪饲料的营养水平越接近母乳,仔猪越容易消化吸收。但是越接近母乳的饲料,其价格也越高。当前断奶仔猪饲料的价格在 7 元/kg 以上,价格太低其营养水平难以保障。有了高品质的断奶料后,饲喂时还要注意做到少喂勤添,若仔猪没有发生腹泻应激,此后可采用自由采食。

(三)保证清洁充足的饮水

断奶仔猪最好使用自动饮水器饮水,既卫生又方便,一般每 10～12 头安装 1 个饮水器,其高度为 25～35 cm。饮水不足,一会影响健康,二会影响采食,降低生长速度。

图 7-6 断奶仔猪饲养

三、断奶仔猪管理技术

(一)合理组群

为了防止增加应激反应,最好是将原窝断奶仔猪安排在同一保育栏内饲养。保育栏必须有一定面积供仔猪趴卧和活动,其饲养密度一般为 2.5 头/m^2 左右。密度过大易发生争斗咬架,密度过小浪费面积。

大猪场一般仔猪断奶后马上进行合并分群,主要按体重大小、品种、性别等分群。群体大小以 20 头左右为宜。

(二)保温

断奶仔猪在 9 周龄以前的舍内适宜温度应为 25～22 ℃,9 周龄以后舍内温度应控制在 20 ℃左右,相对湿度为 50%～70%。由于保育栏没有单独的保温箱,多数猪场保育舍的保温条件远不如产房,特别是在寒冷的冬季,保育舍的温度达不到断奶仔猪的要求,这也是断奶仔猪发生环境应激的主要原因。保育舍的保温可采用添加稻草等垫料、保温灯、暖气等多种方式。

(三)"三点定位"调教

所谓"三点定位"调教是指训练猪在固定地点排便、采食、睡觉的习惯。猪的"三点定位"不仅可以减轻清洁圈舍的劳动量,而且还可以经常保持圈舍的清洁干燥,便于进行饲养管理,少生病和减少饲料浪费。

猪有爱好清洁的习性，只要猪栏足够宽，猪群可自然养成定点排便、采食、睡觉的习惯。然而生产上的猪栏不是宽到足以使猪群养成“三点定位”习惯的程度，因此在猪群刚合并或者是刚转入新栏的头几天(一般 3 d左右)，一定要人为地给猪群进行“三点定位”调教。

(四)清洁卫生

保持好饲料、饮水、食槽、圈舍、猪体的清洁卫生，控制好饲养密度、协调好猪舍通风与保温的矛盾。保持猪舍清洁卫生、干燥和舍内空气新鲜。

(五)免疫

根据传染病流行情况，做好传染病的预防工作(图 7-7)。但要注意免疫接种不要断奶后马上进行，而是在断奶应激过后再进行。

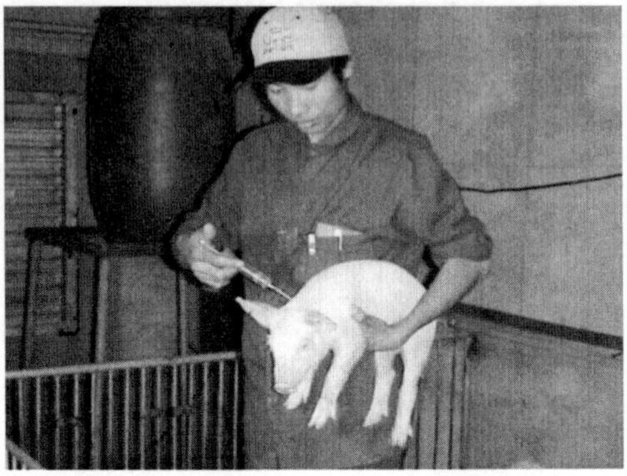

图 7-7　免疫接种

(六)提倡网床培育

网床培育是指仔猪在网床上饲养的方法(图 7-8)。这种猪栏主要由金属网、围栏、自动食槽和自动饮水器组成，通过支架设在粪沟上或水泥地面上，每头仔猪的饲养面积为 0.4～0.5 m^2。这种方法的优点：一是仔猪不与湿冷地面接触，减少冬季地面传导散热损失，有利于保暖；二是粪尿、污水随时通过漏缝地板漏到粪尿沟内，减少了仔猪直接接触污染源的机会，床面清洁干燥，减少了仔猪腹泻的发生。因此，网床养育仔猪生长发育快，仔猪均匀整齐，饲料利用率高，患病少，成活率高。

图 7-8　仔猪网床培育

(七)僵猪的产生原因与防治

1. 僵猪产生的原因

(1)营养因素　妊娠阶段营养不足，初生重小，导致僵猪；哺乳阶段母猪营养不良和疫病导致泌乳下降，母乳不足，导致僵猪；仔猪饲料品质低，导致僵猪。

(2)疾病因素　仔猪多次或反复患病，如营养性贫血、下痢、白肌病、气喘病、体内外寄生虫病等，严重地影响了仔猪的生长发育，形成“病僵”。

2. 防止僵猪产生的措施

①加强母猪妊娠期和泌乳期的饲养管理。保证能量、蛋白质、维生素、矿物质等营养物

质的供给。使仔猪在胚胎阶段先天发育良好；生后能吃到充足的乳汁，使之在哺乳期生长迅速，发育良好。

②做好仔猪的养育和护理，创造适宜的温度环境条件。早开食、适时补料，并保证仔猪料的质量，完善仔猪的饲粮，满足仔猪迅速生长发育的营养需要。

③做好圈舍卫生和消毒工作。使圈舍干燥清洁，空气新鲜。有条件的场家应让仔猪常随母猪到附近牧地上活动。

④科学免疫接种和用药。根据传染病的流行情况，做好传染病的预防工作。一旦仔猪发病应及时诊治，防止转为慢性病。正确合理选择用药，防止仔猪产生用药副作用，影响生长。及时驱除仔猪体内外寄生虫，以促进仔猪的生长。

【知识拓展】

在规模化猪场中，仔猪保育是一个非常重要的环节，这个阶段仔猪对饲料的转化率极高，通过精细化的饲养管理可以有效地控制饲料成本和降低仔猪的死淘率。保育舍的工作重点是断奶仔猪的护理、免疫注射、驱虫、清洁消毒等。

①配合产房做好断奶工作，根据仔猪的性别分开左右两边，各自依据大小均等分栏。抓仔猪时不可抓耳朵乱抛扔，要小心抓住后肢或抱起放落在地板上。

②刚断奶仔猪要采用少量多餐的办法喂料，槽内放少量料，将部分料撒到地板上。给断奶后 1～5 d 内的小猪在饮水中加入电解质、抗生素。

③在断奶仔猪进入保育舍之前，饮水器要调节到适当高度，房温调节为 25～30 ℃，让地板干燥后方可移入仔猪；随着仔猪的长大，保育舍温度可按每周 2 ℃ 的幅度调低，直至 20 ℃。

④腹泻是断奶仔猪较常见的问题，必须精心护理。要避免受冷，房温调节为 25 ℃，饲料要新鲜。仔猪断奶后第 1 天可不喂料，饮水器可顶开让其淌水，从第 2 天开始喂料并逐渐增加，同时可在料中加入抗生素。

⑤每周要调整本组内猪群，使每栏猪只保持一致的体况和密度。

⑥根据猪场具体情况，做好各种疫苗的免疫注射，做好驱虫，包括体内外寄生虫的驱除。

【职业能力测试】

一、判断题

(　　)1. 所谓“三点定位”调教是指训练猪只在固定地点排便、采食、睡觉的习惯。

(　　)2. 保育猪都是到了断奶以后阶段，体温的调节能力很强，即使在寒冷的冬季也不必保温。

(　　)3. 分群主要根据仔猪的大小、品种、性别等进行。

(　　)4. 僵猪的产生原因主要是由于营养和疾病因素造成的。

(　　)5. 仔猪断奶后马上进行免疫注射会加重断奶应激。

二、选择题

1. 保育猪的饲养密度一般为________ m^2/头左右。

A. 0.4　　　B. 1　　　C. 3　　　D. 2

2. 保育猪适宜的环境温度应控制在________℃左右。

A. 33　　B. 10　　C. 20　　D. 38.5

3. 下列与僵猪产生无关的因素是________。

A. 初生重太小　　B. 母猪泌乳不足　　C. 仔猪疫病　　D. 品种

4. 保育猪栏自动饮水器的适宜高度为________cm。

A. 80　　B. 10～60　　C. 100　　D. 30～35

5. 与断奶仔猪发生断奶应激无关的因素是________。

A. 仔猪的营养主要从母乳获得转成从饲料获得　　B. 依附生转变成独立生活

C. 从分娩栏转到保育栏　　D. 饮水

二、问答题

1. 仔猪断奶时的"两维持""三过渡"是指什么?

2. 怎样养好断奶仔猪?

项目八

育肥猪的饲养管理

任务　育肥猪的饲养管理技术

任务　育肥猪的饲养管理技术

【学习目标】

1. 在生产中，认识到育肥猪的生长特点及营养要求。

2. 掌握育肥猪的饲养、管理技术。

3. 具备为猪场养育肥猪的能力。

【学习任务】

生长育肥猪的饲养是养猪生产的最后一个重要环节。因此，它们的生长性能和饲料转化率的高低直接影响猪场的经济效益。所以养猪者对猪的优良品种、优质饲料、加强管理和严格防疫的认识越来越高。而猪的育肥是养猪生产的最后阶段，该期的目的是以最短的时间、最少的饲料获得最好的效益。因此，提高日增重、缩短育肥期、提高饲料转化率、降低养猪成本、提高养猪户的经济效益是育肥阶段的关键。

【必备知识】

育肥猪对一个猪场来说是最好管理的阶段，是猪对环境条件要求最低的阶段，也是猪场赚钱的最后冲刺阶段，育肥猪生产性能的发挥决定着一个猪场的盈利多少。因此对育肥猪应加强饲养管理，不能在这一环节疏忽大意，造成不必要的损失。

1. 营养全面的饲料配比

生长育肥猪的饲料成本占猪场总饲料成本的近70%，因此，在育肥阶段节省饲料是最切实可行的，但是育肥阶段猪的生长速度快，身体和各内脏器官的发育不协调，所以其营养需求较高。

如果营养不够充分，容易出现免疫力低下等问题。另外，育肥阶段的采食量最大，其饲料转化率将直接影响整个猪场的饲料消耗和经济效益，并不是饲料越便宜越省钱，关键是要确保饲料的质量和营养全面，特别要注意避免黄曲霉毒素的污染。

2. 全进全出的饲养管理模式

全进全出是猪场控制感染性疾病的重要途径。大部分猪场都是按照全进全出的模式设计的，但在养猪效益好时，盲目扩群，导致密度太大，如果做不到完全的全进全出，就易造成猪舍的疾病循环。

3. 加强饲养管理

现在猪的管理也提倡人性化的管理，猪是非常聪明的动物，只有为猪提供最舒适的生长环境，精心管理，才能充分发挥其生产潜能，并达到最佳的饲料转化率，从而使猪场达到最大的经济效益。

4. 合理用药

育肥阶段的用药应遵守国家的法律法规，不能添加违禁药物，还要遵守药物的停药期规定。长期用药、盲目用药既不安全，也不经济。我们要在遵循用药规则的前提下，最大限度发挥药物的药效。

【实践案例】

有人想知道如何养殖育肥猪才能获得最大的经济效益，你该如何指导其生产？

【制订方案】

表 8-1 为完成本任务的工作方案。

表 8-1　完成本任务的工作方案

步骤	内容
1	要充分认识育肥阶段的耗料量是其一生总采食量的 70%左右，此阶段料的利用率对于猪场的经济效益将产生显著的影响。因此要选择好猪苗、准备好猪舍等
2	根据养殖场的具体情况，选择合理的育肥方式，并限制饲养，投料量占猪体重的 3%～4%

【实施过程】

育肥猪俗称肉猪，指从保育结束到出栏专门用来育肥供肉食用的猪。肉猪生产是养猪生产的最后一个环节，要求养猪生产者以最少的投入，生产出最多的、优质安全的猪肉，满足社会需要，并从中获得最大的经济效益，而且能最大限度地保护生态环境。

一、育肥猪生长阶段划分方法

(一)育肥猪划分

根据育肥猪的体重通常可将其划分为 3 类：体重 20～35 kg 为小猪，体重 35～60 kg 为中猪，体重 60 kg 后为大猪。

(二)育肥用仔猪选购技术

不同品种猪的增重速度、饲料转化率和胴体品质有很大差异。一般来说，瘦肉型猪种比兼用型、脂肪型猪种的增重速度快、饲料转化率和瘦肉率高。而采用不同品种进行杂交，可以充分利用杂种优势，提高肉猪生产潜力。同样，配套系杂交猪比一般品种间杂交猪表现出更高的生产水平，并产生较高的经济效益。

在相同条件下，一般三元杂交猪与二元杂交猪相比，三元杂交猪，具有生长速度快、饲料转化率高、胴体瘦肉率高、经济效益好等优点。因此，建议自繁自养的一般规模化猪场和养猪专业户，应利用引进猪种进行三元杂交，以三元杂种猪为主进行肉猪生产。

在外购猪苗时，应注意以下几点：一是从非疫区选购猪苗，二是选购的猪苗要有免疫接种和场地检疫证明，三是选优良杂交组合的仔猪，四是选购体重大、群体发育整齐的整窝断奶仔猪，五是要求仔猪必须健康无病。图 8-1 为猪苗选购及运输。

图 8-1　猪苗选购及运输

二、育肥猪营养需要特点与管理技术

(一)营养需要特点

饲粮营养水平的高低,对肉猪的增重速度和胴体品质产生重要的影响,特别是能量水平和蛋白质水平。实践证明,在同样的猪种和环境条件下,通过科学饲养和合理控制饲料营养水平,可以提高猪的增重速度和饲料转化率,并改善胴体品质,获得良好的经济效益。

1. 能量水平

饲粮能量水平的高低与其增重速度和胴体瘦肉率关系非常密切。在饲粮蛋白质和氨基酸水平相同的情况下,猪对能量的摄入量越多,猪的增重速度越快、饲料转化率越高,而背膘则越厚、胴体脂肪含量越多(表 8-2)。

表 8-2　能量水平对猪的生长速度和背膘的影响

项目		低能量水平		高能量水平	
摄入蛋白质		低	高	低	高
粗蛋白质含量/%		13.4	18.0	13.4	18.0
阶段平均日增重/g	20～50 kg	483	564	548	610
	50～90 kg	808	780	828	945
	20～90 kg	616	664	652	735
三点膘厚/mm		17.5	15.0	19.0	16.5

摘自:李立山,张周.养猪与猪病防治,2006.

由表中数据可以看出,高能量水平对猪增重有利,但对胴体品质不利,而且猪在高能量水平下高增重的主要原因在于猪体内脂肪的大量沉积。因此在猪育肥后期,可以采用限饲的方法以控制猪能量的摄入量、提高胴体瘦肉率。

2. 蛋白质和氨基酸水平

饲粮中的蛋白质和氨基酸水平,可以影响肉猪的增重速度、饲料转化率和胴体品质,并受猪种、饲粮能量水平及能量与蛋白质配比的影响。

提高肉猪饲粮中的蛋白质水平,不但可以提高猪的增重速度,而且,还可以得到背膘薄、瘦肉率高的肉猪胴体。但试验证实，当肉猪饲粮中的粗蛋白质水平超过18%时，虽能改善肉质、提高胴体瘦肉率，但会明显增加饲料成本，很不经济。根据我国的实际情况，建议参考以下粗蛋白质水平标准：体重 20～60 kg 阶段为 16%～17%，体重 60～100 kg 阶段为 14%～16%。

蛋白质水平对肉猪的增重速度、饲料转化率和胴体品质的影响，不仅在于蛋白质的含量，更重要的在于蛋白质的质量，即氨基酸的种类、含量和配比。猪需要的10种必需氨基酸中，第一限制性氨基酸——赖氨酸对猪的增重、饲料转化率和胴体瘦肉率的影响更大。为生长猪补充赖氨酸，可以提高猪的增重速度和胴体瘦肉率，而以赖氨酸占粗蛋白质6%～8%时的增重效果和胴体品质最好。

3. *矿物质、维生素和粗纤维水平*

矿物质和维生素可以提高商品肉猪的增重，并保证其增重的安全性，特别是微量元素，对肉猪的增重速度、饲料转化率和肉猪健康影响较大。

粗纤维含量是影响饲粮适口性和消化率的主要因素。肉猪饲粮中粗纤维含量的增加，可以降低饲料转化率和猪的增重速度，因此为了提高肉猪生产水平应限制饲粮中的粗纤维水平。

研究表明，当肉猪饲粮中的粗纤维含量为5%～7%时，增重效果最好。建议在饲粮消化能和蛋白质水平正常的情况下，体重20～35 kg阶段粗纤维含量为5%～6%，体重35～100 kg阶段为7%～8%，最高不超过9%。

(二)管理技术

1. *圈舍的维修、清扫和消毒*

在圈舍使用之前，应首先检查圈舍的门窗、圈栏和圈门是否牢固，圈舍的地面、食槽、输水管路和饮水器是否完好无损，通风及其他相关设施能否正常工作等，并及时进行更换或维修；其次，对圈舍进行彻底清扫，包括地面、墙壁、围栏、排粪沟，特别要重视对圈舍天花板或圈梁、通风口的彻底清扫；最后，要对圈舍进行严格的消毒。做好以上工作后才能投入使用(图 8-2)。

图 8-2　栏舍准备

在圈舍消毒时，要选择对人和猪比较安全，没有残留和毒性，对设备没有破坏性，不会在猪体内产生有害积累的消毒剂。消毒方法和步骤：先清除固体粪便和污物，用高压水冲洗围栏、地面和墙壁；然后，加强圈舍的通风；干燥后，用甲醛熏蒸消毒，每立方米空间用35%～40%甲醛溶液42 mL、高锰酸钾21 g，温度21 ℃以上、相对湿度70%～80%，封闭熏蒸24 h（熏蒸主要适于密闭猪舍）；通风后，对地面和墙壁用2%～3%的火碱水溶液喷雾，6 h后用高压水冲洗地面和墙壁残留的火碱；干燥后，调整圈舍温度达15～22 ℃，然后即可转入生长发育期的猪进行饲养。

2. 合理组群，密度适宜

根据猪的行为特性，肉猪群饲不但能充分有效地利用圈舍面积和生产设备，提高劳动生产率，降低肉猪生产成本，而且可以充分发挥和利用猪的合群性及采食竞争性的特点，促进猪的食欲，提高肉猪的增重效果（图8-3）。

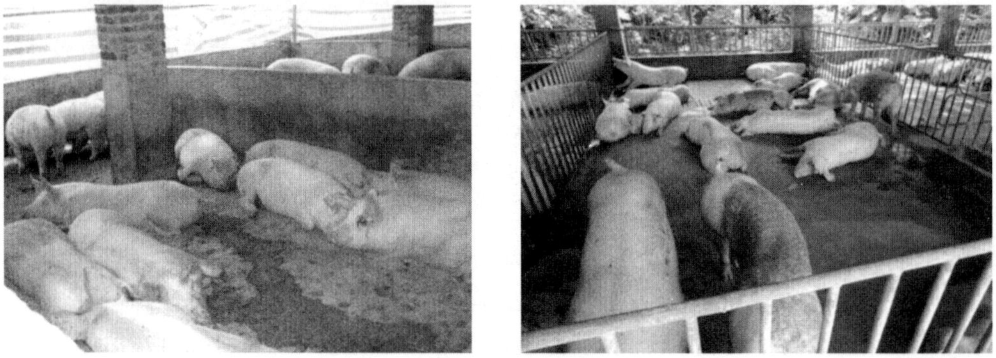

图8-3 合理组群

在给肉猪组群时，应根据其来源、体重、体质、性情和采食特性等方面合理组群，在大规模集约化猪场，还应考虑猪的性别差异。一般情况下，群体内的个体体重差异不得超过3～5 kg。为减少组群打斗，肉猪最好采取"原窝培育"，即将同一窝出生或同窝哺乳、保育的猪养在同一个圈内。

一般来说，生长育肥猪的饲养密度是每栏或每群8～12头，每头猪的占栏面积全期平均为1.0 m^2左右。根据我国中、小型集约化猪场建设标准和各地区的实际情况，猪群适宜的饲养密度可以参考表8-3。

表8-3 肉猪适宜的饲养密度

肉猪体重阶段/kg	每栏数量/头	肉猪的占栏面积/（m^2/头）	
		混凝土实体地面	漏缝地板地面
20～60	8～12	0.6～0.9	0.4～0.6
60～100（出栏）	8～12	0.8～1.2	0.8～1.0

摘自：李立山，张周．养猪与猪病防治，2006.

3. 加强调教，搞好卫生

肉猪在分群和调群后，要及时进行调教。

（1）防止强夺弱食　在保证猪群有足够的采食槽位的基础上，防止强夺弱食，使猪群内的每个个体都有充足的饲料。防止强夺弱食的主要措施是分槽位采食和均匀投放饲料。

(2)"三点定位"　训练猪的"三点定位"习惯，使猪的采食、休息和排泄有固定的区域，并形成条件反射，以保持圈舍的清洁、卫生和干燥。"三点定位"训练的关键在于定点排泄。强调猪在转入新栏 20 min 内必须要进行调教，使猪养成定点排泄的习惯。主要措施是在猪转入新圈舍前，在新圈舍内给猪提供一个阴暗潮湿或带有粪便气味的固定区域并加强调教。调教不好则会造成猪群、猪舍脏、乱、差（图 8-4）。"三点定位"习惯的养成需要 3～5 d 的时间。

图 8-4　调教不好的猪群

4. 驱虫、去势和免疫接种

驱虫、去势和免疫接种是保证肉猪生长育肥阶段健康和产品品质的基本措施。

(1)驱虫　可以明显提高肉猪的增重速度和饲料转化率，并能增进猪的健康，防止引发疾病，提高肉猪生产的经济效益。

在猪的整个生长育肥期间，应主要重视驱除猪蛔虫、疥螨和猪虱等体内外寄生虫。一般要进行 2 次驱虫，第 1 次在断奶后 1 个月左右，体重在 15～20 kg；第 2 次在生长期，体重在 50～60 kg。

(2)去势　现代养猪生产不但要求商品猪增重快、饲料转化率高，同时也要求商品猪肉的肉质好。而作为商品猪饲养的小公猪以及种猪场不能做种用的小公猪，生长到一定的年龄和体重后，其肉有一种难闻的膻气或异味而影响食品的口感。因此，对公猪一定要进行去势。

小公猪的去势时间一般在生后 7 日龄内或断奶前的 10～15 日龄。对小公猪应该早去势，因为去势进行得越早产生的应激越小，并且出血少，操作简单，伤口愈合快，不容易受到感染。

在集约化猪场，一般只对小公猪去势，而小母猪不去势。主要原因是目前所用品种及其杂交商品母猪在出栏上市前尚未达到性成熟，对增重和肉质不会产生影响。

(3)免疫接种　商品仔猪在 70 日龄前必须完成各种疫苗的预防接种工作，而猪群转入生长发育猪舍后，一直到出栏上市无须再接种疫苗，但应及时对猪群进行采血，检测猪体内的抗体水平，防止发生意外传染病。因此，在猪进入生长育肥期之前，必须制订合理的免疫程序，认真做好预防接种工作，做到头头接种，防止漏免。

先要重视猪瘟疫苗的免疫接种。一般猪场应分别在仔猪 20 日龄、55～65 日龄进行两次猪瘟疫苗接种，其他疫苗的免疫接种要根据各地的实际情况进行，注意不能照搬现成的免疫程序。

5. 环境控制

对肉猪的环境控制，就是通过人为的方法，尽量保持肉猪所处外环境的稳定性，防止或减轻应激，从而提高肉猪生产水平和养猪经济效益的过程。

（1）温度和湿度　是肉猪最主要的小气候环境条件，可以直接影响猪的增重速度和饲料转化率。

“小猪怕冷、大猪怕热”是猪对环境温度要求的一般规律，但只有在适宜的环境温度下，肉猪的生长速度才最快，饲料转化率才最高。研究证实，保持适宜的温度（20 ℃左右）和相对湿度（50%～70%），可以获得较高的肉猪日增重和饲料转化率。高温会降低猪的采食量，减缓生长速度并增加对蛋白质的需要量。因此，应及时做好防暑降温工作。

（2）光照　一般认为，光照对肉猪的生产水平影响不大，但适度的光照却能够促进肉猪的新陈代谢，提高肉猪的增重速度和胴体瘦肉率，增强猪的抗应激能力和抗病力。

（3）通风和噪声　通风不但与肉猪增重和饲料转化率有关，而且也与肉猪的健康关系密切（图 8-5）。

图 8-5　猪场通风

肉猪育肥前，一方面要做好圈舍的修缮以防止“贼风”危害猪群，另一方面加强猪舍的通风换气控制。噪声可以直接导致猪群应激的发生。育肥期间，肉猪舍要尽量保持安静，生产区内严禁机动车通行和大噪声机械操作。

（4）有害气体和尘埃　肉猪的采食、排泄、活动以及通风、饲养管理操作等，都会在猪舍内产生大量的有害气体和尘埃。肉猪舍内的有害气体主要包括氨气、硫化氢和二氧化碳。肉猪舍内有害气体和尘埃的大量存在，可以降低猪体的抵抗力，增加猪体感染疾病的机会（如皮肤病和呼吸道疾病等）。所以，实际生产中应尽可能地减少猪舍内有害气体和尘埃的数量。

减少肉猪舍内有害气体和尘埃的主要方法包括：加强通风换气，及时清除粪尿废水，确定合理的饲养密度，保持猪舍一定的湿度和建立有效的喷雾消毒制度等。

三、育肥猪育肥方式的选择与适时出栏

(一)育肥方式的选择

1. 直线育肥方式

直线育肥方式又称为“一条龙育肥法”，就是根据肉猪生长发育的不同阶段对营养需要的特点来供应饲料，育肥全期实行丰富饲养的育肥方式。

采用直线育肥方式，肉猪 1 d 能采食的精料量占其体重的 3%～4%(猪越大，采食量占其体重的比例越小)，在较短时期内用较多的精料，满足肉猪各阶段的营养需要，发挥了猪的增重潜力，能获得较高的增重，缩短育肥期，减少维持消耗，节省饲料，提高出栏率和商品率。但此种育肥方式肉猪胴体较肥。

2.“前高后低”的育肥方式

此种方式即在肉猪体重 60 kg 前采用高能量高蛋白的饲粮，每千克饲粮消化能为 12.5～12.97 MJ，粗蛋白质含量为 16%～18%，让肉猪自由采食或不限量饲喂。在体重 60 kg 以后限制采食量，控制在自由采食量的 80%左右。这样既不会严重影响肉猪增重速度，又可减少脂肪的沉积，得到较高瘦肉率。

(二)适时出栏

肉猪的适宜出栏体重和时间，既取决于市场对猪的胴体品质的要求，也要权衡综合经济效益。

实际生产中，在确定肉猪的适宜出栏时间和体重时，不能仅仅以其胴体瘦肉率高低为依据，应该结合其增重速度、饲料转化率、屠宰率、胴体品质以及商品肉猪市场价格、日饲养费用、种猪饲养成本分摊等方面进行综合经济分析。

根据肉猪生长发育规律，猪的体重越小，饲料转化率越高。随着体重的增长，单位增重的耗料逐渐增多；肉猪的增重速度，在育肥的早期往往随着体重的增加而逐渐加快，但随着肉猪体重的增大，增重速度、饲料转化率和胴体瘦肉率逐渐降低，而单位增重的耗料量、屠宰率和胴体脂肪含量则逐渐增高(表 8-4 和表 8-5)。

表 8-4　肉猪不同体重时的增重速度和饲料消耗

活重/kg	增重速度/(g/d)	日耗料/(kg/头)	单位增重耗料量/kg
10.0	383	0.95	2.50
22.5	544	1.45	2.61
45.0	762	2.40	3.30
67.5	816	3.00	3.78
90.0	839	3.50	4.17
110.0	813	3.75	4.60

摘自：李立山，张周.养猪与猪病防治，2006.

表 8-5 北京黑猪不同体重的屠宰测定结果

活重/kg	屠宰率/%	膘厚/cm	瘦肉率/%	脂肪率/%	皮/%	骨/%
70	69.99	2.84	55.66	26.32	7.41	10.48
80	71.63	3.21	53.73	29.08	7.10	9.89
90	72.41	3.50	51.48	32.31	6.60	9.57
90 以上	74.00	4.10	49.29	36.5	7.85	8.34

摘自:李立山,张周.养猪与猪病防治,2006.

当然,当猪的体重较小时出栏,虽然饲料转化率和胴体瘦肉率较高,但屠宰率和产肉量较低,经济效益较差。

不同类型商品肉猪出栏体重和时间的确定,可以参照如下肉猪出栏体重标准:大型瘦肉型猪为 110～120 kg,而兼用型为 90 kg 左右,脂肪型为 75～80 kg。

【知识拓展】

广西目前用来育肥的优良品种猪的选择

在相同的饲养条件下,不同品种猪的生长速度、饲料转化率、酮体品质都有所不同。

①瘦肉型猪种对能量、蛋白的利用率较地方猪种要高很多,并且更省料、增重更快、瘦肉率更高。所以猪种的选择很重要,国内一般商品猪都是采用三元杂交模式生产出来的,最常见的是"杜＋大＋长"或"杜＋长＋大"。

②一些配套系品种生产性能也很好,比如 PIC、斯格配套系、达兰配套系等。这些国外品种虽然生产性能非常好,但肉质一般。

③如果想要生产高档猪肉,建议采取"本地品种＋国外品种"的二元杂交模式,这样既可以得到理想的生长速度,又可以得到高品质的猪肉。

【职业能力测试】

一、判断题

(　　)1. 猪对能量的摄入量越多,猪的增重速度越慢,而背膘则越薄。

(　　)2. 通常,猪的三品种杂交比二元杂交的杂交效果要好。

(　　)3. 最常见的猪体内寄生虫为绦虫。

(　　)4. 在饲养良种肉猪时,一般只给小公猪去势,小母猪可不去势。

(　　)5. 肉用小、中、大猪用一种饲料养到底,称为直线育肥法。

(　　)6. 为兼顾大日增重和高瘦肉率,肉猪在 60 kg 以前自由采食, 之后采取限制饲喂。

(　　)7. 猪的体重越小,饲料转化率越高。

二、选择题

1. 育肥猪常用的饲养方式是________。

A. 隔日限料　　B. 吊架子育肥法　　C. 喂瘦肉精　　D. 直线育肥法

2. 杜大长育肥猪一般在________上市屠宰。

A. 220 日龄，150 kg　　B. 360 日龄，180 kg

C. 160～180 日龄，90～100 kg　　D. 120 日龄，70 kg

3. 100 kg 肉猪 1 d 能采食的精料量约为________ kg。

A. 1　　B. 7　　C. 3～4　　D. 6

4. 肉猪每头猪的占栏面积平均为________ m^2 左右适宜。

A. 0.4　　B. 1　　C. 2～3　　D. 5

5. 肉猪适宜环境温度大致在________ ℃左右。

A. 6　　B. 10～20　　C. 30　　D. 42

三、问答题

肉猪通常有哪 2 种育肥方式？各有何优缺点？

项目九

地方优质猪的饲养管理

任务一　巴马香猪的饲养管理技术
任务二　陆川猪的饲养管理技术

任务一　巴马香猪的饲养管理技术

【学习目标】

1. 了解巴马香猪的原产地、品种外貌特征、品种特点和在生产中的应用。
2. 掌握巴马香猪饲养管理的一般要求。
3. 能正确合理制订巴马香猪饲养管理技术方案，包括猪场建设、繁殖、防疫、屠宰体重等。

【学习任务】

品种优劣与来源是影响养猪经济效益和肉质的关键因素，巴马香猪是广西著名地方品种，广西养猪从业者应了解巴马香猪的特点，了解巴马香猪品种外貌特征、生产性能、品种特点及其应用，并能根据巴马香猪生物学特点、场址的选择与饲养场舍建造、卫生防疫、养殖效益等条件进行香猪饲养管理。

【必备知识】

巴马香猪来源于土猪，传说它是野猪驯化而成的，人们称之为“冬瓜猪”“芭蕉猪”或“两头乌”。因其骨细皮酥，肉质细嫩，食之甚感鲜香，遂传名为“香猪”，并于 1982 年载入《广西家畜家禽品种志》时正式命名为“巴马香猪”。过去因交通、信息闭塞及“不借种”的封建思想影响，群众一直采用留仔配母的闭锁繁殖方式进行高度的近亲繁殖，经过几百年的世代相袭，造就了这个基因纯合、体貌别致的优良品种。

同时由于长期自然选择的结果，使得大量的有害基因逐步淘汰，实现了其稳定的遗传性能，杜绝了死胎和怪胎现象。由于巴马香猪尚保存一定的野性，同时还是一个早熟品种，人们在如今的生产实践中为保持其独特的体型外貌、生产和肉质性能，依然采用本交和一定程度的近亲繁殖。

【实践案例】

有人计划建一个巴马香猪场，但不知如何着手好，如果你是该场技术人员，你该如何制订饲养管理计划？

【制订方案】

表 9-1 为完成本任务的工作方案。

表 9-1　完成本任务的工作方案

步骤	内容
1	了解巴马香猪的来源、外貌特征、生产性能、品种特点及在生产中的应用
2	根据巴马香猪养殖场址的合理选择与饲养场舍建造，做好香猪的饲养管理与防疫工作

【实施过程】

一、熟悉巴马香猪的来源、体型外貌与品种特点

(一)来源

巴马香猪原产于广西巴马瑶族自治县境内的巴马镇、那桃乡、百林乡和燕洞乡等。巴马香猪是具有悠久的饲养历史和稳定的遗传基因、品质优良而珍贵稀有的地方小型猪品种。

(二)体型外貌

巴马香猪体型矮、小、短、圆,头轻小,耳薄、小、直立,稍向外倾,背腰微凹,腹较大,下垂而不拖地,四肢短小,乳头排列匀称,一般为 10～14 个。该猪种的毛色主要特征为两头黑、中间白,即从头至颈 1/3～1/2 和臀部为黑色。额有白斑或白线,鼻端、躯干和四肢白色;躯体黑白交界处有 2～5 cm 宽的黑底白毛灰色带(图 9-1)。

巴马香猪性野早熟,饲养粗放,适应性和抗病能力强。成年最大个体 45 kg 左右,种母猪一般利用年限为 8 年,最长可达 14 年。1995 年 3 月,巴马瑶族自治县被国家特产经济专业委员会命名为"中国香猪之乡"。

图 9-1　巴马香猪

(三)品种特点

(1)生产性能　公猪被毛和嘴粗长似野猪,极耐粗饲,适应性和抗病能力强。性成熟日龄为 99～127 d,母猪性成熟体重 14～21 kg,成年体重 35～45 kg。8～10 kg 仔猪屠宰率为 61%,胴体瘦肉率 59.36%,眼肌面积 5.74 cm^2。经产母猪年产 2 胎,平均每胎 11.5 头,断奶育成率 95%以上。

(2)肉质特点　皮薄肉细,胴体瘦肉多,肌肉鲜红,肌纤维细嫩,脂肪洁白(图 9-2),味道鲜美。巴马香猪用途广泛,开发前景广阔。

(3)肉味特点　清香甘甜,营养丰富,烹调时不添加任何佐料也香气扑鼻,尤其独特的是,乳猪在哺乳期任何日龄阶段屠宰食用绝无奶味、腥味、膻味等异味。

(4)营养特点　其肉蛋白质含量高达 21.8%,高于普通猪 31.1%～70%;脂肪含量低,仅占普通猪的 18.86%～28.10%,热量也较低,是普通猪的 60.85%～76.1%。巴马香猪肉中谷氨酸的含量是普通猪的 226%。巴马香猪肉中含有丰富的不饱和脂肪酸,符合人体生理需要和健康需求。

二、巴马香猪的养殖效益

(1)耐粗饲　香猪以放养为主,常吃野草等青绿饲料,使乳猪肉具有特殊的香味,每头后备母猪(2～4 月龄)平均每头每日消耗精饲料 0.2 kg,青饲料 1 kg。怀孕和哺乳母猪平均每头每日消耗精饲料 0.4 kg,青饲料 2 kg,耗料少。

(2)生长慢　香猪具有早期生长迅速的特点,初生重 0.3～0.5 kg,60 d 断奶平均每头重 10 kg 左右,成年猪体重仅 15～38 kg;屠宰最为合适。

(3)香猪养殖效益分析　香猪一般设备和圈舍投入是普通猪的 20%,如果散养则更低;香猪养殖饲料投入是普通猪的 30%,如果配合青饲料则更低;人工成本投入是普通猪的 50%;香猪易管理,抗病力强,产仔数和普通猪一样。市场价格是普通猪的 1～2 倍。

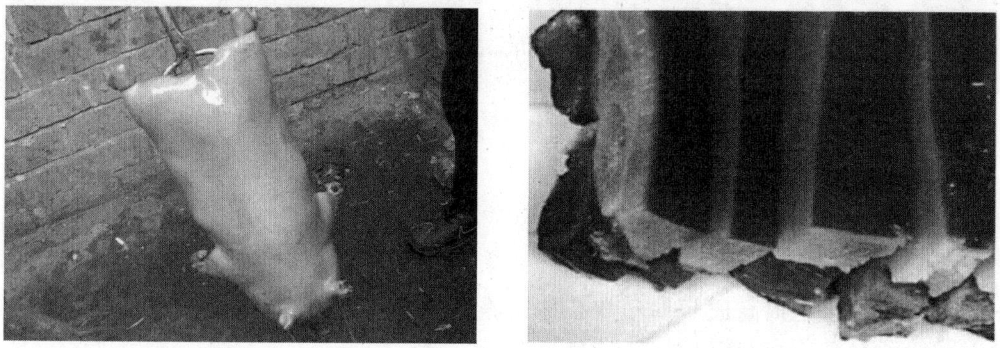

图 9-2　香猪肉质

三、巴马香猪养殖场址选择与猪场建造

巴马香猪养殖场址的选择,是巴马香猪生产的开始,尤其养殖规模比较大的养殖场,场址的选择十分重要。场址的选择应考虑以下几个方面。

(一)位置的选择

考虑交通方便,既有利于饲料的运输,同时也有利于商品巴马香猪或种巴马香猪的销售运输。场址尽量距离村庄或居民区远些,最好在居民区的下风向和水源的下方,防止污染。

(二)地势的选择

场址最好选择地势较高、排水方便和背风向阳的地方。地势低洼、环境潮湿容易助长病原微生物和寄生虫的滋生,不宜选用。山区建场要求场地干燥、阳光充足、排水方便、避免冬季寒风侵袭;平原区建场要求地势较高、排水方便。

(三)土质的选择

最好选择土质坚实、渗水性强的沙质壤土。

(四)对水、电的要求

巴马香猪饮水、洗刷用具和场区绿化灌溉等都需要大量用水,因此,水的质量要好。电力方便,主要用于加工、保温等。

(五)香猪饲养场舍建造

香猪适宜生长的环境温度为15～30 ℃,猪舍要求冬暖夏凉。建造猪舍要选择地势平坦、干燥、背风向阳的地方。香猪舍与一般猪舍基本相同。因香猪好动,胆小怕惊,容易逃跑,因此猪舍要建得牢固一些,饲养环境要安静,运动场应大些。猪舍的围栏高一般为1.2 m左右。每头香猪占地为0.8 m^2。猪舍样图见图9-3。

图9-3 猪舍

四、巴马香猪哺乳仔猪的管理

(1)饲喂好仔猪是提高成活率和商品猪饲养的关键。小香猪出生后,要固定好母猪的乳头,让仔猪吃好初乳,并加强保温,让其早开食。

(2)一般出生4 d后就可补喂教槽料,教槽料可以使用市售或自己配制的。自制的配方如下。

配方一:玉米粉58%、豆粕18%、黄豆粉(炒熟)15%、柠檬酸2%、奶粉4%、磷酸钙1%、磷酸二氢钾1.7%、食盐0.3%,其他添加剂适量。

配方二:玉米粉55%、豆粕35%、柠檬酸2%、奶粉5%、磷酸钙1%、磷酸二氢钾1.7%、食盐0.3%,其他添加剂适量。

(3)仔猪补料,可全部吃湿料,每天喂4～6次,晚上加喂1次。仔猪可在25～40日龄断奶,断奶后仔猪分群饲养。

(4)凡不留做种用的公、母香猪,为了使其性情温顺,便于群养和提高肉的品质,可做去势(阉割)手术。

公香猪的去势方法:一般宜早不宜晚,可在断奶后15～30 d做去势手术。年龄过小去势,有碍其正常的生长发育;年龄过大,会增加手术的难度。

(5)1月龄后及时注射猪瘟、猪丹毒和猪肺疫疫苗等。

五、成年香猪的管理

(一)耐粗性强

香猪是一种半食草动物,消化粗饲料的能力特别强,成年香猪青粗饲料可占到日粮的70%～80%,精饲料占日粮的20%～30%。各种谷类、野菜、杂草、大白菜、萝卜、甜菜和青贮玉米秆等都适合饲喂，在饲养时应以青饲料为主。图 9-4 为放养状态的香猪。

(二)科学饲喂

为了提高饲料报酬，尽快达到商品猪的标准，应实行科学饲喂。一是定时，每天喂 3～4 次；二是定量，对体重 20 kg 以上的猪，按其体重的 4%投料，20 kg 以内的猪按其体重的 3.5%投料。

(三)饲料多样化

巴马香猪的饲料应以青绿饲料为主，保证猪肉香味纯正。香猪饲料应多选用粗料，粉碎后的秸秆、花生壳、花生秧、干红薯秧等都可作为主料，菜藤、萝卜、嫩草、树叶等都可作为青绿饲料。

饲料的配比一般是玉米 56%、豆饼 15%、麦麸 19.5%，各种糠类 7%，骨粉、鱼粉各占 1%，食盐 0.5%。猪的不同生长阶段，饲料比例适当变动。原则是前期精料多，后期精料少。在选择饲料时，要因地制宜，尽量选用营养丰富、价格低廉的饲料。冬季可用白菜、萝卜、胡萝卜代替青饲料。

(四)喂熟食、热食

巴马香猪饲料以熟食为主。饲料煮熟可提高饲料的利用率。在寒冷的冬季，喂熟食可增强猪的御寒能力，加快生长速度，如没有条件喂熟食，起码要喂温食。饲料要提前用水浸泡，喂时兑热水。

图 9-4　放养香猪

六、巴马香猪的繁殖

香猪性成熟特别早，公猪在 70 日龄达到性成熟。公猪第 1 次配种利用时间最好在 90 日龄，体重在 10 kg 左右。母猪性成熟比公猪晚，大约在 120 日龄开始发情，初配时间应在 150 日龄，体重 20 kg 左右为宜。香猪 1 年能产 2 胎，每胎 8 头左右。香猪出生时体重 0.3～0.5 kg。仔猪出生后 5 d 内死亡率较高，而冻死、压死、病死是造成仔猪死亡率高的主要原因。

因此，寒冷的冬季和早春产仔。产房保持温暖干燥，设置保温箱，内垫柔软干草，使仔猪温暖舒适。保温箱既要防寒又要防母猪压伤仔猪，当气温低时，在保温箱内放置一个 250 W 的红外线灯泡，使猪床温度在 30 ℃左右。

七、巴马香猪的卫生防疫

猪舍要按期消毒，猪应注射相应的疫苗。首先做到无病早防，每天冲洗粪便 1 次，夏季搭凉棚遮阳，冬季扣暖棚保温，经常刷洗食槽、水管，定期消毒猪舍，可保证猪群不受瘟病侵害。巴马香猪耐粗放管理、抗病力强，但仍要特别注意环境卫生，定期清扫圈舍，换洗用具，消毒，勤换垫料。严禁给猪饮用污水，或者用污水洗涤青饲料及用具。粪便和废弃物集中堆放处理。

八、适时出栏

仔猪饲养到 5～7 周龄后，就可作为烤猪原料上市，此时就应及时出栏；如果作为种猪和一般商品猪出售，出栏时间可根据市场需求而定，但饲养时间不宜过长。

【知识拓展】

随着人们生活水平的提高，巴马香猪绿色环保的饲养方式顺应了人们追求营养、保健、长寿的潮流，巴马县获得“中国香猪之乡”称号以来，高度重视巴马香猪的生产，通过成立自治县香猪开发领导小组和巴马香猪生产经营管理协会，采取活体保种、基地保种、建立商品香猪生产基地等一系列措施，终于使濒临灭绝的巴马香猪保存下来，并初具养殖规模。

广西巴马香猪原种场始建于 1981 年，是一个以保种为主要目的的事业机构，如今已成为国家级地方品种资源保护场。该场已由原来十分艰难的纯粹的保种，发展成为广西最大的，而且是唯一的，并取得省级畜牧行政管理部门《种畜禽生产经营许可证》的巴马香猪种猪生产场；其占地面积 2.7 万 m^2，已达到年提供 3 000 头合格种猪的生产能力。如今，全县用于商品生产的繁殖母猪数已达到 4 600 余头，通过加强管理，每年可生产合格的商品香猪 7 万头以上。今后 5 年内，将根据总体规划，充分利用科技扶持资金和引进外资，发展壮大巴马香猪特色产业，实现年产 60 万头的目标。

【职业能力测试】

一、选择题

1. 巴马香猪出栏日龄是________。

A. 180　　B. 35～49　　C. 365　　D. 70

2. 巴马香猪性成熟特别早，公猪在________日龄达到性成熟。

A. 180　　B. 270　　C. 365　　D. 70

3. ________，巴马瑶族自治县被国家特产经济专业委员会命名为“中国香猪之乡”。

A. 1995 年 3 月　　B. 1990 年 5 月　　C. 1981 年 2 月　　D. 2014 年 3 月

4. 下列猪的品种中，肉质最好的是________。

A. 大约克夏猪　　B. 长白猪　　C. 杜洛克猪　　D. 巴马香猪

5. 母猪性成熟比公猪晚，大约在 120 日龄开始发情，初配时间应在 150 日龄，体重 ________ kg 左右为宜。

A. 10　　B. 20　　C. 36　　D. 90～120

6. 巴马香猪原产于 ________ 境内的那桃乡、百林乡和燕洞乡，其他乡（镇）也有零星分布。

A. 巴马瑶族自治县　　B. 玉林　　C. 南宁　　D. 来宾

二、问答题

1. 巴马香猪有什么特点？

2. 假如你毕业后准备自己创业，计划建一个年出栏 1 000 头的商品猪猪场，你将饲养什么品种？

任务二　陆川猪的饲养管理技术

【学习目标】

1. 了解陆川猪的原产地、品种外貌特征、品种特点和在生产中的应用。
2. 掌握陆川猪饲养管理的一般要求，了解其生长期、繁殖期、育肥期特点。
3. 能正确合理制订陆川猪饲养管理技术方案，包括猪场建设、防疫、屠宰体重等。

【学习任务】

品种优劣与来源是影响养猪经济效益和繁殖的关键因素，畜牧从业者应了解陆川猪的特点，了解陆川猪品种外貌特征、生产性能、品种特点及其应用，并能根据陆川猪生物学特点、场址的选择与饲养场舍建造、卫生防疫、养殖效益等条件进行陆川猪饲养管理。

【必备知识】

陆川猪的形成历史悠久，早在明万历己卯年（1579 年）编纂的《陆川县志》中已有关于陆川猪的记载。1973 年中国农业科学院在广东顺德召开的全国猪种育种会议上，确定陆川猪为全国地方优良品种，1982 年被载入《中国畜禽品种志》，2000 年农业部（现为农业农村部）第 130 号公告中陆川猪被列入《国家级畜禽资源保护名录》，陆川县良种猪场被确定为国家级陆川猪品种资源保护场。广西陆川县良种猪场创建于 1972 年，是全国畜禽资源保护品种陆川猪原种场，猪场地址在广西陆川县大桥镇大塘坡村。

【实践案例】

有人计划建一个陆川猪场，但不知如何着手好，如果你是该场技术人员，你该如何制订饲养管理计划？

【制订方案】

表 9-2 为完成本任务的工作方案。

表 9-2　完成本任务的工作方案

步骤	内容
1	了解陆川猪的来源、外貌特征、生产性能、品种特点及其在生产中的应用
2	根据陆川猪养殖场址的合理选择与饲养场舍建造，做好陆川猪的饲养管理与防疫工作

【实施过程】

一、熟悉陆川猪来源、体型外貌与品种特点

(一)陆川猪来源

陆川猪因产于广西东南部的陆川县而得名，现主要分布于玉林、梧州等地，有陆川猪、公馆猪、杨梅猪、太平猪等不同品种。2000 年农业部第 130 号公告中陆川猪被列入《国家级畜禽资源保护名录》。陆川猪是全国八大地方优良品种之一，是一个具有悠久的饲养历史和稳定的遗传基因、品质优良而珍贵稀有的地方猪品种。

(二)陆川猪体型外貌

陆川猪体型特点为体躯矮、短、肥、宽。头较短小，耳小而薄，向外平伸，额有横行皱纹，背腰宽而下凹，腹大下垂，臀短倾斜，四肢粗短多卧系，乳头多为 6 对。全身被毛稀短，毛色为黑白花。除头、背、腰、臀部为黑色外，肩胛、腹部与四肢均为白色。背腰宽广凹下，腹大常拖地、毛色呈一致性黑白花(图 9-5)。

(三)陆川猪品种特点

(1)生产性能　母猪母性好，繁殖力强。适应性强，耐粗饲。遗传力稳定，杂交优势明显。产仔数 11 头左右，初生重 0.6 kg，2 月龄断奶重 9.6 kg。屠宰适期为 8 月龄，体重 70 kg 左右，屠宰率为 69%。成年公猪体重 87 kg，母猪 79 kg 左右。

(2)肉质特点　皮薄肉嫩，骨细味美，香甜可口，风味独特，具有肉质鲜美多汁，肌纤维细，细嫩滑爽，香味浓厚的特性(图 9-6)。常食能起到美容、补充能量的功用。

图 9-5　陆川猪

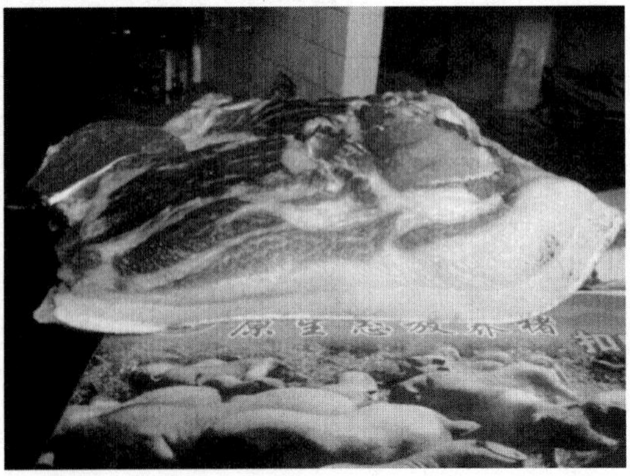

图 9-6　陆川猪猪肉

二、陆川猪专业养殖与加工现况

(一)全国最大的陆川猪养殖基地

以广西陆川富成原生态养殖有限公司、陆川县陆旺生态养殖有限公司、陆川县吉祥陆川猪放养场、陆川县宇翔菜篮子有限公司等企业为龙头,通过“公司+基地(或合作社)+农户”的模式,带动农户充分利用林荫空间资源,发展适度规模林下放养陆川猪(图 9-7),建立无公害陆川猪生产基地。

图 9-7　林下放牧陆川猪

(二)全国最大的陆川猪产品加工基地

以广西神龙王食品集团有限公司、广西元安元食品发展有限公司、广西桂安牧业发展有限公司等龙头企业为主,通过“公司+基地(园区)+投资商(或合作社)+农户”的模式,带动和辐射周边农户发展适度规模养殖,建立起集产业、物流、仓储、贸易、信息于一体的生猪产品深加工原料生产基地(图 9-8)。

图 9-8　陆川猪产业链

三、陆川猪养殖场址的选择与饲养场舍建造

陆川猪养殖场址的选择是陆川猪生产的开始，尤其养殖规模比较大的养殖场，场址的选择十分重要。场址的选择应考虑以下几个方面。

（一）位置的选择

首先要考虑交通方便，既有利于饲料的运输，同时也有利于商品陆川猪或陆川种猪的销售运输。场址尽量距离村庄或居民区远些，最好在居民区的下风向和水源的下方，防止污染。不要选址在交通要道或距畜产品加工厂较近的地方。

（二）地势的选择

场址最好选择地势较高、排水方便和背风向阳的地方。地势低洼、环境潮湿容易助长病原微生物和寄生虫的滋生，不宜选用。建场要求以地势较高、排水方便为宜。

（三）土质的选择

不同种类的土质，其含空气量、透水性和黏度等往往有很大差异。因此，场址土质最好选择土质坚实、渗水性强的沙质壤土。

（四）对水、电的要求

陆川猪饮水、洗刷用具和绿化灌溉等都需要大量用水，因此，水的质量要好；电力应方便，主要用于加工、保温等。

（五）陆川猪饲养场舍建造

陆川猪适宜生长在环境温度为 17～30 ℃，猪舍要求冬暖夏凉。建造猪舍要选择地势平坦、干燥、背风向阳的地方。陆川猪舍与一般猪舍基本相同。陆川猪对猪舍要求不高，饲养环境要安静，运动场应大些。猪舍的围栏高一般为 1 m 左右。每头陆川猪占地约 1 m^2，每栏饲养 10～14 头为宜。

四、陆川猪的生长发育

（一）传统饲养方法

陆川猪饲养少喂精料，多喂洗米水、米糠、红薯藤、剩菜、剩饭，6 月龄公猪平均体重为 28.95 kg，母猪平均体重为 34.22 kg。

（二）现阶段规模猪场饲养方法

规模猪场对陆川猪的饲养以饲喂一定比例的玉米粉、麦麸、花生饼为主，使陆川猪生长发育明显加快。6 月龄公猪体重达 34.2 kg，母猪体重达 46.4 kg；12 月龄公猪平均体重为 93.6 kg，母猪平均体重为 85.1 kg。

五、陆川猪的育肥性能

在一般饲养条件下，不喂精料，只喂洗米水、米糠、红薯藤、剩菜、剩饭，规模陆川猪场使用全价料，日喂 3 餐，精料干湿喂，前期日喂 1.2～2 kg，后期日喂 2.1～3 kg；6 月龄公猪平均体重为 24.95 kg，母猪平均体重为 42.22 kg；12 月龄公猪平均体重为 87.3 kg，母猪平均

体重为 79 kg。按规模化养猪，生长发育明显加快。陆川猪生长期平均日增重为 350～430 g，饲料报酬为 4.13∶1。陆川猪最适宜屠宰体重为 60～75 kg，屠宰率为 68%～72%，胴体瘦肉率为 37%～40%。

六、陆川猪的繁殖

①母猪发情症状明显，受胎率高，窝产仔多，母性好。陆川母猪 4 月龄卵巢已有成熟卵泡，第 1 次发情平均在出生后 126 d，一般在 6 月龄、第 3 次发情、体重 35 kg 左右开始配种利用。

②公猪性成熟较早，性欲强，3 月龄精子已成熟，可以配种受胎，留种公猪在 6 月龄、体重在 25～30 kg 时开始使用。公猪一次采精量约 100 mL。自然交配公、母比例为 1∶(40～60)，人工授精公、母比例为 1∶(200～300)。

③母猪繁殖力高，平均窝产仔 12 头以上，而且母性好，猪遗传力稳定。

七、陆川猪的卫生防疫

①猪舍要定期消毒，猪应注射相应的疫苗，每天应冲洗粪便 1 次，夏季搭凉棚遮阳，冬季设暖棚保温，经常刷洗食槽、水管，定期消毒猪舍，可保证猪群不受疾病侵害。陆川猪耐粗放管理、抗病力较强，但仍要特别注意环境卫生，定期清扫圈舍，换洗用具，消毒，勤换垫料。

②严禁给猪饮用污水，或者用污水洗涤青饲料及用具。粪便和废弃物集中堆放处理。

③陆川猪对气喘病高度敏感，感染后不但生长严重受阻，而且更为严重的是猪患气喘病后，往往容易继发感染其他细菌或病毒，致使病情加重，甚至会导致死亡，造成重大损失，因此，要做好防疫工作。

八、适时出栏

如果作为商品猪出售，陆川猪最适宜的出栏时间为体重 60～75 kg；如果作为种猪出售，出栏时间可根据市场而定，但饲养时间不宜过长。

【职业能力测试】

一、选择题

1. 陆川猪生长期平均日增重为________g。

A. 180　　B. 350～430　　C. 365　　D. 700

2. 陆川猪饲料报酬为________。

A. 4.13∶1　　B. 2∶1　　C. 3∶1　　D. 7∶1

3. ________年，农业部第 130 号公告陆川猪被列入《国家级畜禽资源保护名录》。

A. 1995　　B. 1990　　C. 1981　　D. 2000

4. 下列猪的品种中，肉质最好的是________。

A. 大约克夏猪　　B. 长白猪　　C. 杜洛克猪　　D. 陆川猪

5. 陆川猪留种公猪在 6 月龄、体重________kg 时开始使用。

A. 25～30　　B. 100　　C. 36　　D. 90～120

二、问答题

1. 陆川猪有什么特点？

2. 假如你毕业后准备自己创业，计划建一个年出栏 1 000 头商品陆川猪的猪场，你将如何饲养？

项目十

现代养猪与猪场建设

任务一　现代养猪的特点与工艺流程

任务二　猪群存栏数及栏位数的计算方法

任务三　猪场的建设与设备使用

任务一　现代养猪的特点与工艺流程

【学习目标】

1. 了解现代养猪的概念，分点饲养、分阶段饲养是现代养猪的主要特点。
2. 了解现代养猪基本要求，规模化、专业化养猪是社会趋势。
3. 掌握猪场的结构与工艺流程特点。

【学习任务】

1. 了解现代养猪的特点和现代猪场的管理需求。
2. 掌握现代养猪的工艺流程，四段饲养工艺流程是重点。

【必备知识】

一、现代养猪的概念

现代养猪生产就是利用现代科学技术和现代工业设备来促进养猪业的发展，用先进的、科学的方法来组织和管理养猪生产，以提高养猪业的劳动生产率、产品率和商品率，从而达到养猪的稳产、高产、优质和低成本的目的。

二、现代养猪的特点

1. 规模大、饲养密度高

现代养猪的猪场规模大小一般是用存栏的基础母猪数量来表示，现代猪场规模一般存栏基础母猪数量 600 头或年出栏商品肉猪 1 万头以上。现代养猪为充分利用土地和设备，实行集约化饲养管理生产，猪只饲养密度较大(图 10-1)。由于疫病防控和环境保护因素，猪场规模也不是越大越好，因为规模越大，对疫病防控和环境污染治理方面难度也越大。

图 10-1　现代化猪场

2. 流水式生产作业

现代养猪一般都按工厂化流水式生产作业方式把养猪生产中的配种、妊娠、分娩、哺乳、保育、生长和育肥等环节有机地联系起来，形成一条连续流水式的生产线，有计划、有节律地常年均衡生产。

3. 劳动生产率高

由于供水、供料、换气和清除粪便高度机械化、自动化和生产分工专业化，使养猪生产效率不断提高，每生产一个单位产品消耗的工时越来越少。例如国内年出栏 1 万头商品肉猪的某猪场仅需 7 个人(包括技术员)。在欧洲有一种叫智能化管理的猪场存栏母猪 425 头规模仅 1 个人管理。

从我国实际情况出发，现阶段养猪业的资金不足，机械设备价格昂贵，而劳动力又较低廉，营养和管理与国外也存在不少差距，不能片面追求过高的生产效率。

4. 生产水平高

现代养猪生产是在遗传育种、营养需要、环境生理、猪的行为特性分析、专门化的机械设备和疫病防治等方面应用先进科学技术，创造相互密切配合的良好生产条件，使养猪生产水平更为突出。国外养猪业发达国家采用的是杂优猪，每头母猪年提供产仔 26～28 头，生产 100 kg 猪肉耗料 270 kg，瘦肉率达到 60%以上，育肥猪达到 100 kg 活重需饲养 160 d，达 120 kg 需饲养 180 d。

5. 经济效益高

现代养猪集机械化、规模化和先进的经营管理理念于一体，从而实现较高的经济效益。

【实践案例】

以稳产、高产、优质和低成本为目的的现代化养猪业，其工艺流程怎么样？怎样选择合适的工艺流程来对猪场进行饲养管理？

【制订方案】

表 10-1 为完成本任务的工作方案。

表 10-1　完成本任务的工作方案

步骤	内容
1	了解现代养猪的工艺流程
2	分组讨论各种分段式饲养的优缺点，并根据现有的养猪条件选择适合的工艺流程，以达到最佳的经济效益

【实施过程】

一、现代养猪的工艺流程

现代养猪生产以工业化的生产方式把养猪生产过程的配种、妊娠、分娩、哺乳、生长和育肥等生产环节，划分成一定时段，按照全进全出、流水作业的生产方式，对猪群实行分段饲养，进而合理周转，这一整套的生产程序即饲养工艺流程。由于猪场的饲养规模、技术水平、猪群的生理要求不同，采用的饲养方法也不尽相同。现介绍几种常见的工艺流程(图 10-2)。

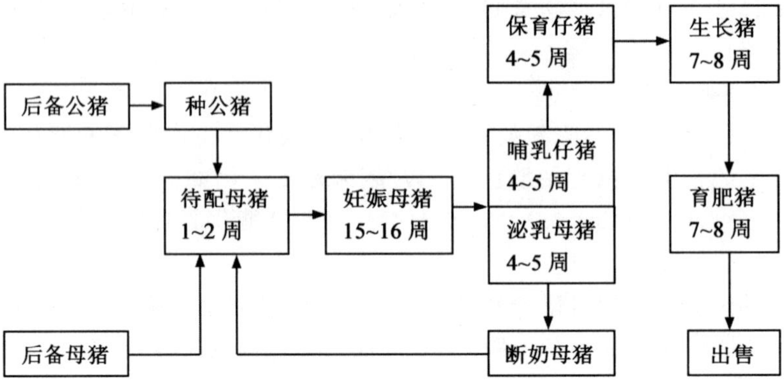

图 10-2　养猪生产工艺流程图

摘自：李立山，张周. 养猪与猪病防治，2006.

(一)三段饲养工艺流程

该工艺流程即配种妊娠期→泌乳期→生长育肥期。它是比较简单的生产工艺流程，猪群调动次数少，猪舍类型不多，节约维修费用，管理较为方便。但仔猪从断奶到出栏划分为一个时段，其营养供应和环境控制等显得较为粗放，不利于生长潜力的充分发挥。

(二)四段饲养工艺流程

该工艺流程即配种妊娠期→泌乳期→保育期→生长育肥期。它的特点是在三段饲养工艺的基础上，将断奶后的仔猪以保育期(5 周)的形式独立起来，待体重达 18 kg 以上，再转入生长育肥舍饲养 14～15 周，体重达 90～110 kg 出栏销售。这样便于采取措施满足断奶后的仔猪对环境条件要求高的特点，有利于提高成活率，但转群增加 1 次，应激增多，会影响猪的生长。

(三)五段饲养工艺流程

该工艺流程即配种期→妊娠期→泌乳期→保育期→生长育肥期。它的主要特点是在四段饲养工艺的基础上，将空怀待配母猪和妊娠母猪分开，单独饲养。空怀种母猪经 1～2 周的配种期和 3 周左右的妊娠鉴定期，转入妊娠舍饲养 12 周，最后 1 周转入分娩哺乳舍。这种安排有利于断奶母猪的复膘、发情鉴定及配种，而且能防止空怀母猪和妊娠母猪之间的争斗引发流产，也便于根据母猪妊娠后的膘情采取合适的饲养方法，但转群多，应激增加，应预防机械性流产的发生。

(四)六段饲养工艺流程

该工艺流程即配种期→妊娠期→泌乳期→保育期→生长期→育肥期。它的主要特点是在五段饲养工艺的基础上，将猪的生长育肥期划分为生长期和育肥期，各饲养 7 周左右。由于仔猪从出生到出栏分成哺乳、保育、生长、育肥 4 个阶段饲养，可以根据猪不同阶段的特点，最大限度地满足其生长发育的营养需要和环境要求，有利于生长潜力的充分发挥，但转群增多，应激增加，影响猪的生长，延长生长育肥期。

(五)多点式养猪生产方式

猪病的传播主要是猪传猪，特别是母猪传给仔猪，仔猪如果在失去母源抗体保护之前转移到与产仔舍具有一定距离的属于单独区域的育仔舍隔离饲养，减少仔猪与母猪直接接触将疾病传给仔猪的概率。育仔期结束后转移到与保育舍具有一定距离的属于单独区域的育肥舍隔离饲养，减少仔猪与肉猪接触造成交叉感染的概率。从而形成一个“多点式”布局的场区格局。此项技术在国内外的猪场都有应用，在生产中使猪群的健康状况和养猪经济效益得到提高。当前主要有两点式生产和三点式生产 2 种类型。

1. 两点式生产

种猪生产阶段和保育、育肥猪阶段分别在不同地点的猪场饲养，猪场之间的距离不小于 1 000 m(图 10-3)。

2. 三点式生产

种猪生产阶段包括哺乳母猪、公猪、空怀母猪、妊娠母猪饲养阶段，该阶段与保育猪阶段、育肥猪阶段分别在不同地点的猪场饲养，猪场之间的距离不小于 1 000 m(图 10-4)。

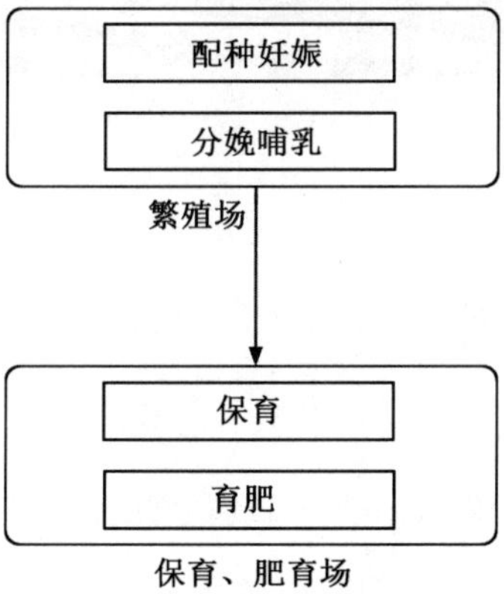

图 10-3　两点式生产示意图

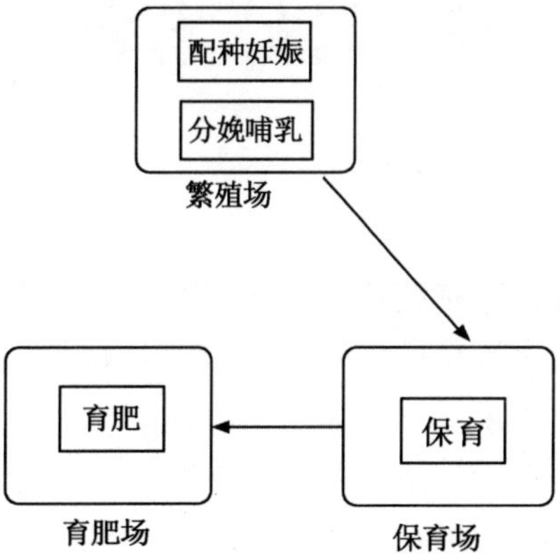

图 10-4　三点式生产示意图

饲养阶段的划分并不是固定不变的，各猪场应该根据各自猪场的性质和规模特点采用适合的方式。

二、现代养猪基本要求

1. 标准化猪群

现代养猪因采用流水式生产作业，全进全出、机械化生产等生产管理需要，必须要求猪群的个体大小、生长速度等均匀，这样的猪群即标准化的猪群。

2. 全价配合饲料

饲养密度大，猪群终年在猪舍内很少见阳光，活动面积小，不能从饲喂之外得到任何营养补充，即需要的营养物质全部由饲料供给，所以必须以全价配合饲料作为营养保障。

3. 合理的机具设备

现代养猪饲养密度大、规模大、全进全出，猪舍内的保温隔热、冬暖夏凉、清洁干燥、空气新鲜等小气候控制均要求配备先进的养猪设施与设备。设备要符合猪的生理要求，方便劳动者的生产操作，并能给猪群创造舒适的生活环境。

4. 专门化猪舍类型

现代养猪必须建立能适应各类猪群生理和生产要求的专用猪舍，如配种妊娠舍、分娩哺乳舍、仔猪保育舍和生长育肥舍等，只有这样，才能保证各生产工艺有序地进行(图 10-5)。

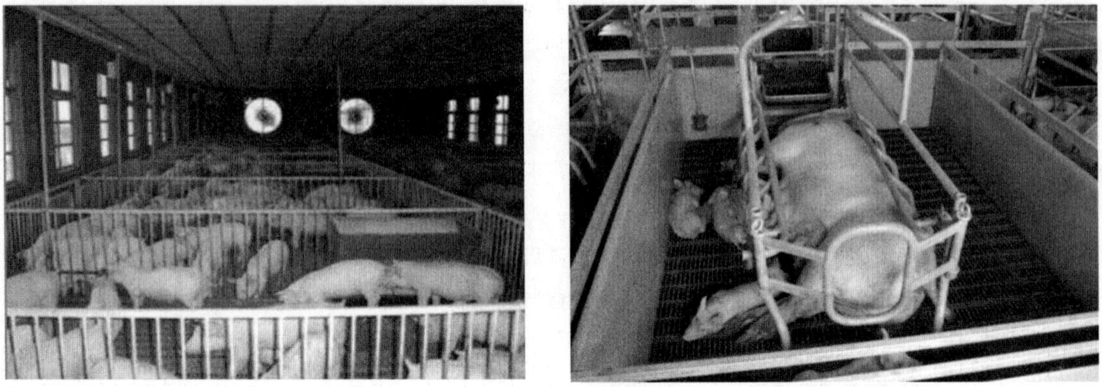

图 10-5　现代化猪舍

5. 严密兽医保健

现代养猪饲养密度大、规模大，疫病暴发以及其损失的风险远大于传统猪场。因此要求建立健全严格的消毒、防疫制度，确保猪群健康。

6. 高效管理体系

现代养猪应利用先进的科学管理技术，合理的劳动组织，充分调动人的劳动积极性，保证企业管理的高水平、高效益。

【知识拓展】

养猪小区的“多点式”饲养模式

一、基本概念

“多点式”隔离饲养技术，即猪场设立种猪繁殖区、断奶仔猪培育区、中猪育成区和办公生活区，各区之间相隔一定的距离，各区之间相互独立，人员、设备和用具分开，减少各区之间疾病的传播，最大限度地避免交叉感染。

二、发展条件

这种合同制分工饲养模式的典型特征：集团运用现代养猪观念与技术大批量生产合格仔猪(15 kg 以上)；签约农户按集团统一技术标准建造生长肥育猪舍，每批饲养 200～1 000 头，这样每年可出栏 3 批；集团统一供销仔猪与饲料(直接食用的配合饲料)、统一免疫注射(集团技术人员操作)、统一培训生猪精细化操作管理、统一现场技术服务、生猪达标出栏时由集团统一收购；收购后的生猪统一由集团屠宰场自宰挂牌上市，或交由签约的大型肉联场代为屠宰挂牌上市，数量不足以形成品牌效应的企业就直接将收购回的生猪按市价卖给肉联企业。

三、技术要点

“多点式”饲养模式的理论基础是早期隔离断奶技术（segregated early weaning，SEW），俗称“多点式”隔离饲养技术。

它包括早期断奶和断奶仔猪隔离饲养 2 部分，通常为 10～14 d 断奶，减少由哺乳母猪垂直传播的疫病；将 SEW 技术应用于规模养猪生产便产生了多点生产模式，即两点式生产模式和三点式生产模式。

其目的是为了维持猪群健康水平、降低疾病带来的风险和去除疾病（病源）。从养猪户的角度考虑，技术难度不大，因为具体的操作都由公司负责；但是从公司的方面看，必须有超强的实力和强大的技术作为支撑。

【职业能力测试】

一、判断题

（　　）1. 现代养猪生产一般能达到稳产、高产、优质。

（　　）2. 现代养猪一般规模大、饲养密度高。

（　　）3. 现代养猪生产水平高，但劳动生产率低。

（　　）4. 现代养猪要求标准化的猪群。

（　　）5. 现代养猪猪群活动范围小，饲喂之外可以得到任何营养补充，所以不须用全价配合饲料。

二、选择题

1. 配种妊娠期→泌乳期→保育期→生长育肥期的生产工艺流程属于________。

A. 三段饲养工艺流程　　　　B. 四段饲养工艺流程

C. 五段饲养工艺流程　　　　D. 六段饲养工艺流程

2. 多点式养猪生产方式主要是为了________。

A. 减少疫病发生　　　　B. 便于生产管理　　　　C. 便于销售

3. 四段饲养工艺流程中，正确的流程顺序是________。

A. 妊娠期→保育期→泌乳期→生长育肥期

B. 妊娠期→泌乳期→保育期→生长育肥期

C. 妊娠期→泌乳期→生长育肥期→保育期

D. 泌乳期→妊娠期→保育期→生长育肥期

三、问答题

1. 现代养猪的特点有哪些？

2. 现代养猪的工艺流程有几种？

任务二 猪群存栏数及栏位数的计算方法

【学习目标】

1. 了解猪场中各猪群存栏数及所用的栏位数计算。

2. 根据存栏数合理安排猪群的栏位或栏舍。

【学习任务】

学习猪场中各猪群存栏数及栏位数的计算。

【必备知识】

1. 成活率

成活率一般指猪群在某生长阶段中成活的百分比，计算公式如下。

$$成活率=\frac{饲养初期猪数-饲养末期猪数}{饲养初期猪数}\times 100\%$$

2. 淘汰率

淘汰率一般是指某猪群在某阶段淘汰的猪数占该猪群该阶段初的猪数的百分比，计算公式如下。

$$淘汰率=\frac{某阶段淘汰的猪数}{该阶段初的猪数}\times 100\%$$

3. 母猪的产仔周期

母猪的产仔周期即母猪生出 1 窝仔猪所用的时间，包括妊娠时间、哺乳时间和空怀时间。

【实践案例】

广西某猪场的生产指标如下。

1. 繁殖

每头母猪平均年产仔 2.2 胎，产活仔 10 头/胎，断奶后 7 d 发情，配种受胎率 85%。公猪年淘汰率 50%，公、母比例 1∶25，后备公猪每年选留 2 批，选 1 留 4；母猪年淘汰率 33%，后备母猪每年选留 4 批，选 1 留 2。

2. 哺乳仔猪

哺乳仔猪 28 日龄断奶，成活率 95%。母猪产前 3 d 转入产房，断奶后洗栏、消毒、空栏需 7 d，以 12 栏为 1 个单元。

3. 保育阶段

保育期 42 d，成活率 95%。以 20 头/栏，转栏后洗栏、消毒、空栏需 7 d。

4. 育肥猪

育肥猪饲养 110 d，达 6 月龄约 110 kg 出栏，成活率 98%。育肥期年出栏 10 000 头商品肉猪计，问题如下。

①该场母猪年产仔胎数及日均产仔胎数？

②该场存栏基础母猪数。

③该场存栏哺乳仔猪数。

④该场各类猪群需要多少分娩栏及母猪单体限位栏？

【制订方案】

表10-2为完成本任务的工作方案。

表10-2 完成本任务的工作方案

步骤	内 容
1	根据猪场的生产指标逐项分析，或分组讨论，计算母猪年产仔胎数、日均产仔胎数
2	根据母猪年产仔胎数和日均产仔胎数进一步计算该场各类猪群的存栏数
3	结合母猪群的存栏位数，进一步计算该场的母猪所用的分娩栏与单体限位栏数

【实施过程】

一、计算猪群存栏数

1.年产仔胎数

10 000/(10×0.95×0.95×0.98)≈1 140(胎)，则日均产仔3.12胎(1 140/365≈3.12)。

2.基础母猪数

10 000/(2.2×10×0.95×0.95×0.98)≈520(头)，其中各种母猪数如下。

(1)哺乳母猪数　28×3.12≈90(头)，以28日龄断奶计算。

(2)妊娠母猪数　114×3.12≈360(头)，妊娠期114 d，在妊娠期间有少量母猪流产。

(3)空怀母猪数　520－90－360＝70(头)。

3.哺乳仔猪数

28×3.12×10×(1＋0.95)/2≈850(头)。

4.保育仔猪数

42×3.12×10×0.95×(1＋0.95)/2≈1 210(头)。

5.生长育肥猪数

110×3.12×10×0.95×0.95×(1＋0.98)/2≈3 070(头)。

6.公猪数

520/25≈21(头)。

7.后备猪

(1)后备公猪　21×0.5×0.5×2≈12(头)。

(2)后备母猪　520×0.33×0.25×1.5≈64(头)。

二、计算各类猪栏位数

根据表 10-3 猪群结构及平均存栏数推算出各类猪栏位数,如表 10-4 所示。

表 10-3　年出栏 1 万头商品肉猪猪场猪群结构估算(参考)

猪群种类	平均存栏数/头	平均饲养时间/周	备注
空怀配种母猪群	70	4	
妊娠母猪群	360	16	
泌乳母猪群	90	4	
哺乳仔猪群	850	4	
保育仔猪群	1 210	6	
生长育肥猪群	3 070	16	
公猪群	21	—	
后备公猪群	12	13	
后备母猪群	64	13	
总存栏数	5 750		

表 10-4　年出栏 1 万头商品肉猪猪场猪栏位数估算(参考)

猪群种类	单元数	每单元栏位数	栏位数	每栏饲养量/(头/栏)	饲养总数/头
公猪群	—	—	21	1	21
空怀配种母猪群	—	—	15	5	70
妊娠母猪群	—	—	370	1	360
泌乳母猪群[1]	11	12	132	1	90
保育仔猪群[2]	13	6	78	18～20	1 210
生长育肥猪群	—	—	170	18～20	3 070
后备母猪群	—	—	8	8	64
后备公猪群	—	—	4	3	12
合计					5 750

注:1.分娩哺乳阶段采用全进全出管理,以每 12 栏为 1 个单元,每单元周转 1 次需 42 d(产前 3 d 转入分娩栏,4 d 分娩完成,28 d 断奶后洗栏、消毒、空栏需 7 d),42 d 分娩 132 胎需 11 个单元。

2.保育阶段采用全进使出管理,与分娩相对应,每 6 栏为 1 个单元,每单元周转 1 次需 49 d(保育期 42 d 结束转出后洗栏、消毒、空栏需 7 d),49 d 分娩 153 胎需 13 个单元。

【职业能力测试】

以年出栏 5 000 头商品肉猪猪场为例,每头母猪平均产活仔 10 头/胎,哺乳仔猪成活率 95%,保育猪成活率 96%,育肥猪成活率 98%。哺乳仔猪 21 日龄断奶,保育猪保育期 42 d,育肥猪育肥期 110 d 出栏。请计算以下指标。

1.该场母猪年产仔胎数及日均产仔胎数。

2. 该场存栏基础母猪数。

3. 该场存栏哺乳仔猪数。

4. 该场需要多少分娩栏及母猪单体限位栏？

任务三　猪场的建设与设备使用

【学习目标】

1. 了解选择猪场场址要点(交通、水电、地势)；初步掌握规模猪场建设设计与布局。

2. 了解猪场场区布局与规划，各种猪舍结构、排列。

3. 能正确安装、使用猪场的各种设备，熟悉各种猪栏使用。

【学习任务】

规模化养猪应该高度重视产品的安全与健康。在场地建设上和种猪生产管理中都要将猪的安全与健康放在首位，选址应远离住宅区，便于防疫，同时避免周围用户受粪便气味影响。养猪场的选址、规划、建设模式等皆有其规律，了解了这些规律，养猪场建设合理、科学的话，可以使投资者减少人力、物力和财力的投入，起到事半功倍的效果。

【必备知识】

2008 年 11 月 1 日，《规模猪场建设》GB/T 17824.1—2008 由中华人民共和国国家质量监督检验检疫总局和中国国家标准化管理委员会发布实施，相关参数如下(表 10-5 至表 10-8)。

表 10-5　猪场建设用地面积　　m^2(亩)

项目	100 头基础母猪规模	300 头基础母猪规模	600 头基础母猪规模
建设用地面积	5 333(8)	13 333(20)	26 667(40)

注：不同规模猪场的建设用地面积不宜低于表中数据。

表 10-6　猪饲养密度

猪群类别	每栏饲养猪数/头	每头占床面积/(m^2/头)
种公猪	1	9.0～12.0
后备公猪	1～2	4.0～5.0
后备母猪	5～6	1.0～1.5
空怀妊娠母猪	4～5	2.5～3.0
哺乳母猪	1	4.2～5.0
保育仔猪	9～11	0.3～0.5
生长育肥猪	9～10	0.8～1.2

表 10-7　猪栏基本参数　　mm

猪栏种类	栏高	栏长	栏宽	栅格间隙
公猪栏	1 200	3 000～4 000	2 700～3 200	100
配种栏	1 200	3 000～4 000	2 700～3 200	100
空怀妊娠母猪栏	1 000	3 000～3 300	2 900～3 100	90
分娩栏	1 000	2 200～2 250	600～650	310～340
保育猪栏	700	1 900～2 200	1 700～1 900	55
生长育肥猪栏	900	3 000～3 300	2 900～3 100	85

注：分娩栏的栅格间隙指上下间距，其他猪栏为左右间距。

表 10-8　自动饮水器的水流速度和安装高度

种类	水流速度/(mL/min)	安装高度/mm
成年公猪、空怀妊娠母猪、哺乳母猪	2 000～2 500	600
哺乳仔猪	300～800	120
保育猪	800～1 300	280
生长育肥猪	1 300～2 000	380

【实践案例】

有人计划建一个猪场，但不知如何建造，如果你是该场技术人员，你有什么建设方案？

【制订方案】

表 10-9 为完成本任务的工作方案。

表 10-9　完成本任务的工作方案

步骤	内容
1	正确选择养猪场的场址、猪场场区布局与规划
2	根据该场的性质、规模、生产条件及技术水平合理选择使用猪场各种设备

【实施过程】

一、学会选择养猪场的场址

场址选择应根据猪场的性质、规模和任务，考虑场地的地形、地势、水源、土壤、当地气候等自然条件，同时应考虑饲料及能源供应、交通运输、产品销售，与周围工厂、居民点及其他畜牧场的距离，当地农业生产、猪场粪污处理等社会条件，进行全面调查，综合分析后再做决定。

(一)地形地势

地形要求开阔整齐，有足够面积。地形狭长或边角多都不便于场地规划和建筑物布局；

猪场生产区面积一般可按繁殖母猪每头 45～50 m² 或上市商品育肥猪每头 3～4 m² 考虑，猪场生活区、行政管理区、隔离区另行考虑，并须留有发展余地。猪场地势要求较高、干燥、平坦、背风向阳、有缓坡(但坡度以不大于 25°为宜)。有缓坡的场地便于排水，但坡度不能过大，以免造成场内运输不便，坡度应不大于 25°。在坡地建场宜选背风向阳坡，以利于防寒和保证场区较好的小气候环境(图 10-6)。

图 10-6　猪场地势

建场土地面积依猪场的任务、性质、规模和场地的具体情况而定，一般一个年出栏 10 000 头育肥猪的大型商品猪场，占地面积 30 000 m²(40～50 亩)为宜。

(二)水源水质

猪场一般要求水量充足，水质良好，便于取用和进行卫生防护，并易于净化和消毒。猪群需水标准见表 10-10。

表 10-10　猪群需水标准　　L/(头・d)

类别	总需水量	饮用量
种公猪	25～40	10
空怀及妊娠母猪	25～40	12
泌乳母猪	60～75	20
断奶仔猪	5	2
育成猪	15	6
育肥猪	15～25	6

(三)土壤特性(沙壤土)

一般情况下，猪场土壤要求透气性好，易渗水，热容量大，这样可抑制微生物、寄生虫和蚊蝇的滋生，并可使场区昼夜温差较小。

为避免与农争地，少占耕地，选址时不宜过分强调土壤种类和物理特性，应着重考虑化学和生物学特性，注意地方病和疫情的调查。应避免在旧猪场场址或其他畜牧场场地上重建或改建。

(四)周围环境

猪场周围交通方便，供电稳定，有利于防疫。一般来说，猪场距铁路、国家一、二级公路应不少于 300～500 m，距三级公路应不少于 150～200 m，距四级公路不少于 50～100 m。与居民点间的距离，一般猪场应不少于 300～500 m，大型猪场（如万头猪场）则应不少于 1 000 m。猪场应处在居民点的下风向和地势较低处。与其他畜禽场间距离，一般畜禽场应不少于 150～300 m，大型畜禽场间应不少于 1 000～1 500 m。此外，还应考虑电力和其他能源的供应。

二、猪场场区布局与规划

猪场场地选定后，需根据有利于防疫、改善场区小气候、方便饲养管理、节约用地等原则，考虑当地气候、风向、场地的地形地势、猪场各种建筑物和设施的尺寸及功能关系，规划全场的道路、排水系统、场区绿化等，安排各功能区的位置及每种建筑物和设施的朝向、位置。

（一）场地规划

1. 场地分区

猪场一般可分为 4 个功能区，即生产区、生产管理区、隔离区、生活区。为便于防疫和安全生产，应根据当地全年主风向和场址地势，顺序安排以上各区。生产管理区对外联系密切，应建在生产区大门之外。病猪隔离舍和粪污处理区应置于位置最低的下风向，距生产区至少 50 m（图 10-7）。

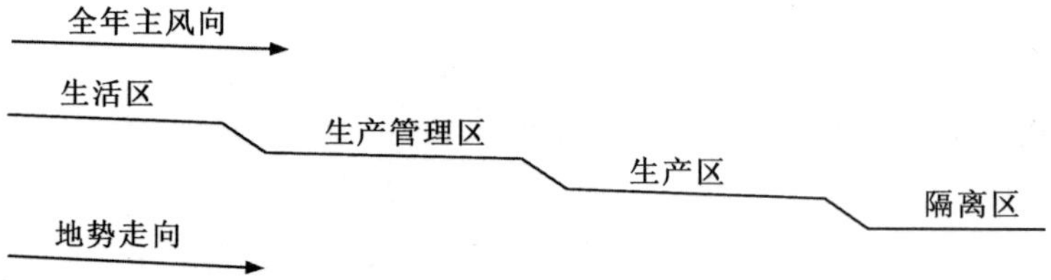

图 10-7　猪场场区布局

2. 场内道路和排水

场内道路应分设净道、污道，互不交叉。净道（图 10-8）用于运送饲料、产品等，污道（图 10-9）则专运粪污、病猪、死猪等。场内道路要求防水防滑，生产区不宜设直通场外的道路，而生产管理区和隔离区应分别设置通向场外的道路，以利于卫生防疫。排水设施为排除雨水而设，一般可在道路一侧或两侧设明沟排水，也可设暗沟排水，但场区排水管道不宜与舍内排水系统的管道通用。

图 10-8　净道

图 10-9　污道

3. 场区绿化

绿化可以美化环境，重要的是，可以吸尘灭菌、降低噪声、净化空气、防疫隔离、防暑防寒。场区绿化可按冬季主风的上风向设防风林，在猪场周围设隔离林，猪舍之间、道路两旁进行遮阳绿化，场区裸露地面上可种花草。在场区绿化植树时，需考虑其树干高低和树冠大小，防止夏季阻碍通风和冬季遮挡阳光。

(二)建筑物布局

猪场建筑物的布局在于正确安排各种建筑物的位置、朝向、间距。在布局时需考虑各建筑物间的功能关系、卫生防疫、通风、采光、防火、节约用地等。

1. 生活区和生产管理区

生活区和生产管理区宜设在猪场大门附近，门口分设行人和车辆消毒池，两侧设值班室和更衣室。

2. 生产区

生产区内各类猪舍应考虑配种、转群方便，有利于卫生防疫。种猪舍设在高处，位于上风向；仔猪舍应设在猪场中心；育肥舍应设在低处，位于下风向。由高到低或自上而下的排列顺序：繁殖猪舍(包括后备、待配、怀孕母猪及种公猪舍)→分娩舍→仔猪培育舍→育成猪舍→育肥舍。装猪台靠近育成和育肥猪舍，便于运猪车在场外装猪(图 10-10)。繁殖区(包括繁殖猪舍、分娩舍、仔猪培育舍)的栋间距应为 8 m 以上，繁殖区与育成育肥舍间应有较宽的隔离带，距离应为 30 m 以上。围墙内侧设装猪台，运输车辆停在围墙外装车。

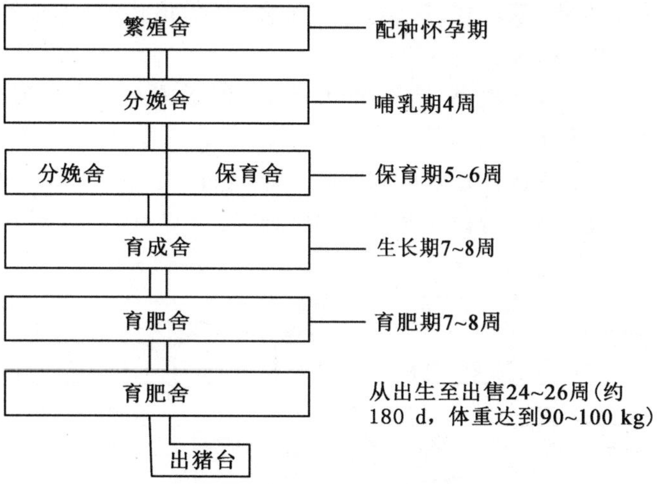

图 10-10　生产区猪舍布局

3. 隔离区

病猪和粪污处理应置于全场最下风向和地势最低处，距生产区宜保持至少 50 m 的距离。

4. 猪舍的朝向

一般以冬季或夏季主风向与猪舍长轴有 30°～60°夹角为宜，应避免主风方向与猪舍长轴垂直或平行。以利于防暑和防寒，猪舍朝向一般以南向或南偏东、南偏西 45°以内为宜。

5. 猪舍的间距

猪舍之间的距离以能满足光照、通风、卫生防疫和防火的要求为原则。猪舍间距一般以15 m左右为宜。

三、猪舍建筑

(一)猪舍建筑考虑的因素

①舍顶要有一定的厚度，隔热性好。

②圈舍方向最好东西方向、背北向南，留有游圈，以利于采光。

③搞好防疫卫生，场门口、生产区门口建有消毒池，与门口等宽，长度不少于出入车轮周长的1.5倍，深度15～20 cm。在生产区门口要建有专用更衣室、紫外线消毒间及消毒水池等。

④饲养密度要合理，后备母猪每头占地1～1.2 m^2、后备公猪每头占地2.5～3.5 m^2、妊娠母猪每头占地2～2.2 m^2、哺乳母猪每头占地7.5～8.5 m^2、断奶仔猪每头占地0.3～0.4 m^2、育肥猪每头占地0.8～1.2 m^2、成年公猪每头占地6～7 m^2。

(二)猪舍类型

猪舍按屋顶形式、墙壁结构与窗户以及猪栏排列等分为多种。

1. 按屋顶形式分

猪舍类型可分为单坡式、双坡式、钟楼式、半钟楼式、平顶式、拱顶式等(图10-11)。在南方猪场中，多采用双坡式的猪舍。

(1)单坡式猪舍　一般跨度较小，结构简单，省料，便于施工。舍内光照、通风较好，适合于小型猪场。

(2)双坡式猪舍　可用于各种跨度的猪舍。一般跨度大的双列式、多列式猪舍常采用这种屋顶。双坡式猪舍保温性好，若设吊顶则保温隔热性能更好，但其对建筑材料要求较高，投资较多。

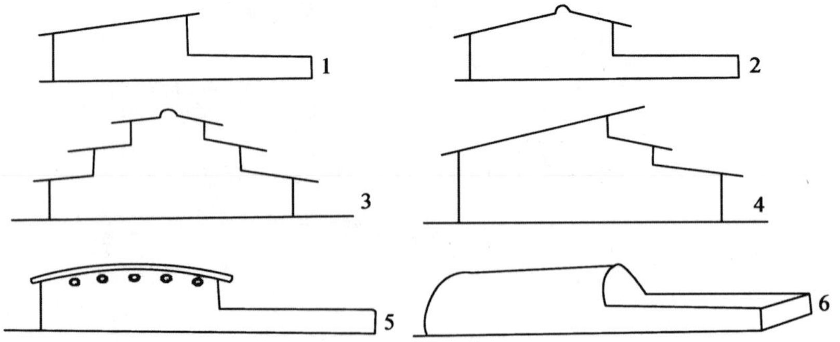

1. 单坡式　2. 双坡式　3. 钟楼式　4. 半钟楼式　5. 平顶式　6. 拱顶式

图10-11　屋顶形式

2. 按墙壁结构与窗户分

猪舍类型可分为开放式、半开放式和密闭式。密闭式猪舍又可分为有窗式和无窗式。

南方猪场多用开放式猪舍，密闭式猪舍一般用于分娩舍。

(1)开放式猪舍　我国南方炎热地区常用两面设墙、两面无墙的开放式猪舍，即只设东西山墙，南北设卷帘，夏季帘子卷起，通风效果好，冬季放下帘子挡风防寒。

(2)半开放式猪舍　三面设墙，一面设半截墙，其保温性能略优于开放式，冬季若在半截墙上挂草帘或钉塑料布，能明显提高其保温性能。

3. 按猪栏排列分

猪舍类型可分为单列式、双列式和多列式。

(1)单列式猪舍　猪栏排成一列，靠北墙一般设饲喂道，舍外可设或不设运动场，跨度较小，省工、省料，结构简单，生产中多用。

(2)双列式猪舍　猪栏排成两列，中间设走道，有的还在两边设清粪通道，保育舍、肉猪舍有时采用。

(3)多列式猪舍　在生产中较少采用。

(三)猪舍的结构

一列完整的猪舍，主要由地基、猪床、粪尿沟、墙壁、门窗、屋顶、隔栏等部分构成。而地面、墙壁、门窗、屋顶又统称为猪舍的外围护结构。猪舍的小气候状况，在很大程度上取决于外围护结构的性能。

1. 地基

地基要求坚固耐久，有适当的抗机械能力及抗震、防潮、抗冻能力。基础一般比墙壁宽10～15 m，一般深度为50～70 m。

2. 猪床

猪床即猪舍地面，是猪活动、采食、躺卧和排粪尿的地方，它对猪舍的保温性能及猪的生产性能有较大的影响。猪舍地面要求保温、坚实、不透水、平整、不滑，便于清扫和消毒，应向排尿沟方向倾斜3%～4%的坡度，以利于保持地面干燥。目前猪舍多采用水泥地面和水泥漏缝地板。

3. 粪尿沟

采用漏缝地板的猪舍，粪尿沟设在漏缝地板的下方，深度为70～80 cm。采用非漏缝地板的猪舍，粪尿沟设在猪栏与清粪通道结合处，宽度为13～15 cm，深度为10～12 cm。粪尿沟应向粪水池方向倾斜3%～5%的坡度。

4. 墙壁

猪舍墙壁要求坚固耐用，墙内表面要便于清洗和消毒，地面以上0.8～1.0 m高的内墙应设水泥墙裙，以防冲洗消毒时溅湿墙面和防止猪弄脏、损坏墙面。同时，墙壁应具有良好的保温隔热性能，这直接关系到舍内的温度、湿度状况。比较理想的墙壁材料是砖墙，水泥勾缝。

5. 门与窗

门供人与猪出入，外门一般高2.0 m，宽1.2～1.5 m，门外设坡道，便于猪和手推车出入。开放式猪舍运动场前墙有门，高0.8～1.0 m，宽0.6 m，要求结实，尤其是种猪舍；半开放式猪舍则于运动场的隔墙上开门，高0.8 m，宽0.6 m；密闭式猪舍仅在饲喂通道侧设门，高0.8～1.0 m，宽0.6 m。

窗户主要用于采光和通风换气。密闭式猪舍的前窗窗台距地面1.1 m，后窗一般按前窗面积的 1/2～1/4 设置。

6. 屋顶

屋顶起遮挡风雨和保温隔热的作用，要求坚固，有一定的承重能力，不漏水、不透风。由于夏季接受太阳辐射和冬季失热较多，因此，要求屋顶必须具有良好的保温隔热性能。

7. 猪栏

在一般密闭猪舍内均需建隔栏。隔栏材料基本上是 2 种：砖砌墙水泥抹面及钢栅栏。纵隔栏应为固定栅栏，横隔栏可为活动栅栏，以便进行舍内面积的调节。

四、养猪设备

猪场设备主要包括各种猪栏、地板、喂饲设备、饮水设备、清粪设备、环境控制设备以及运输设备等。在选择设备时，应遵循经济实用、坚固耐用、方便管理、设计合理、符合卫生防疫要求等原则。

(一)猪栏

根据饲养猪的类群，猪栏可分为公猪栏、配种栏、母猪栏、妊娠栏、分娩栏、保育栏、育成育肥栏等。按栏内饲养数量可分为单栏和群栏。

根据排粪区的位置和结构分地面刮粪猪栏、部分漏缝地板猪栏、全漏缝地板猪栏、前排粪猪栏、侧排粪猪栏。

1. 公猪栏和配种栏

公猪栏主要用于饲养公猪，一般为单栏饲养，单列式或双列式布局。

2. 母猪栏

常用的母猪栏有 3 种形式。

①母猪的整个空怀期、妊娠期采用单体限位栏(图 10-12)饲养。

②母猪的整个空怀期、妊娠期采用群栏饲养，一般每栏 3～5 头。它克服了单栏饲养母猪活动量不足的缺点，但容易发生因母猪间相互争斗或碰撞而引起流产。

③在空怀期和母猪妊娠前期采用群栏饲养，妊娠后期母猪则采用单栏限位饲养。

3. 分娩栏

分娩栏也称产仔栏(图 10-13)。猪场中，对分娩栏的要求最高。

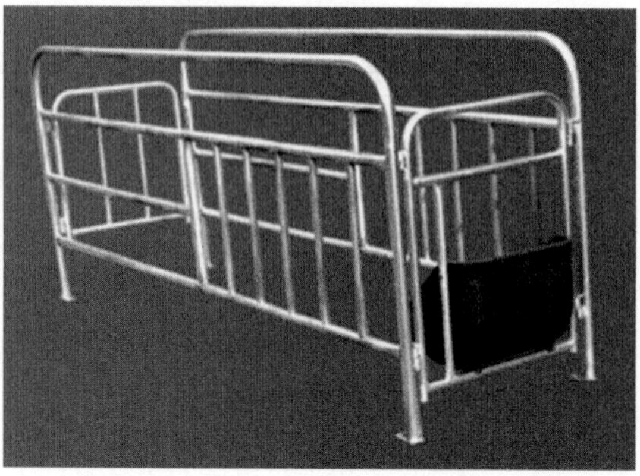

图 10-12　母猪单体限位栏

图 10-13　母猪分娩栏

4. 仔猪保育栏

仔猪保育栏也是猪栏设备中要求较高的一种。仔猪保育栏多为高床全漏缝地板饲养，猪栏采用全金属栏架，配塑料或铸铁漏缝地板、自动饲槽和自动饮水器(图 10-14)。

5. 育成育肥栏

实际生产中，为了节约投资，所用的育成育肥栏相对比较简易，常采用全金属圈栏或砖墙间隔、金属栏门(图 10-15)。

图 10-14 保育舍

图 10-15 育成育肥舍

(二)漏缝地板

现代养猪生产中，为保持猪场栏内卫生，改善环境，减少清扫的工作量，普遍采用在粪沟上铺设漏缝地板。

对漏缝地板的要求：耐腐蚀、不变形、表面平、不滑，导热性小，坚固耐用，漏粪效果好，易冲洗消毒。地板缝隙宽度必须适合各种猪龄猪的行走站立、不卡猪蹄。

常用的漏缝地板：水泥混凝土板块、钢筋编织网、焊接网等金属编织网地板，工程塑料地板以及铸铁、陶瓷地板等。

1. 水泥混凝土漏缝地板

水泥混凝土漏缝地板在配种妊娠舍和育成育肥舍应用最为常见，可做成板状或条状。这种地板成本低、牢固耐用，但对制作工艺要求严格，水泥标号必须符合设计图纸要求。

2. 金属漏缝地板

金属漏缝地板可以用金属条排列焊接而成，也可用金属条编织成网状。由于缝隙占的比例较大，粪尿下落顺畅，缝隙不易堵塞，不会打滑，栏内清洁、干燥，在集约化养猪生产中普遍采用。

3. 塑料漏缝地板

塑料漏缝地板采用工程塑料模压而成，拆装方便，质量轻，耐腐蚀，牢固耐用，较混凝土、金属和石板地面暖和，但容易打滑，体重大的猪行动不稳，适用于仔猪保育栏地面或产仔哺乳栏仔猪活动区地面。

4. 调温地板

调温地板是以换热器为骨架、用水泥基材料浇筑而成的便于移动和运输的平板，设有进水口和出水口与供水管道连接。

(三)饲喂设备

养猪生产中,饲料成本占50%～70%,喂料工作量占30%～40%,因此,饲喂设备对提高饲料利用率、减轻劳动强度、提高猪场经济效益有很大影响。

人工喂料设备比较简单,主要包括加料车、食槽;自动喂饲系统由贮料塔、饲料输送机、输送管道、自动给料设备、计量设备、食槽等组成。

(四)饮水设备

猪用自动饮水器的种类很多,主要有鸭嘴式、乳头式、吸吮式和杯式等,每一种又有多种结构形式。

鸭嘴式猪自动饮水器为规模化猪场中使用最多的一种饮水设备;乳头式猪自动饮水器由壳体、顶杆和钢球3部分构成;吸吮式猪自动饮水器由顶杆、钢球、壳体3部分组成;杯式猪自动饮水器供水部分的结构与鸭嘴式大致相同,杯体常用铸铁制造,也可以用工程塑料或钢板冲压成形(图10-16)。

(五)清粪设备

常用的清粪机械有链式刮板清粪机、往复刮粪板清粪机等(图10-17)。

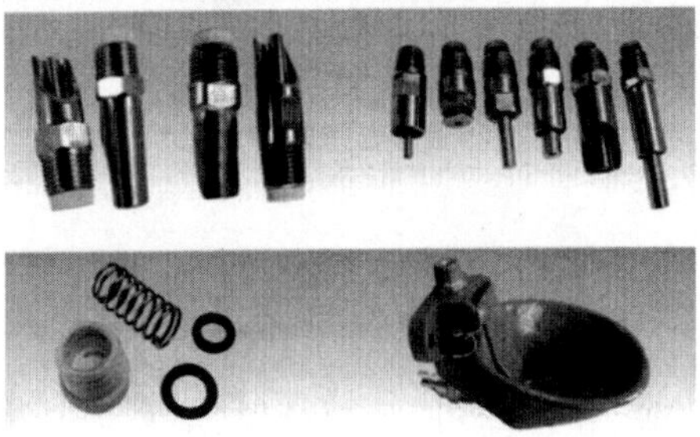

图10-16　自动饮水器

图10-17　刮粪设备

【知识拓展】

规模猪场生产技术规程

一、范围

GB/T 17824.2—2008规定了规模猪场的生产工艺和环境要求、引种和留种、饲料要求、猪群管理、兽医防疫和记录等技术要求。本部分适用于规模猪场的生产技术管理,也可供其他类型猪场参考使用。

二、规范性引用文件

GB 13078—2017　饲料卫生标准

GB/T 17824.1—2022　规模猪场建设

GB 16567—1996　种畜禽调运检疫技术规范

GB/T 17823—2009　集约化猪场防疫基本要求

GB/T 17824.3—2008　规模猪场环境参数及环境管理

NY/T 65—2004　猪饲养标准

【职业能力测试】

一、判断题

(　　)1. 为有利于防疫，生产区一般设在猪场的上风向。

(　　)2. 为有助于通风，猪舍间距一般为猪舍廊檐高的 3～5 倍。

(　　)3. 安装自动饮水器时最好有 45°的倾斜角。

(　　)4. 为有助于饮水，饮水器最好与水压合适的供水系统连接。

(　　)5. 炕道保温方法的保温效果优于红外线灯保温。

二、选择题

1. 猪舍的形式中，按__________分，可以分为单坡式、双坡式、钟楼式和圆拱式等。

A. 屋顶形式　　B. 走道　　C. 猪栏排列　　D. 猪栏多少

2. 猪舍的形式中，按__________分，可以分为单列式、双列式和多列式。

A. 屋顶　　B. 走道　　C. 猪栏排列　　D. 猪栏多少

3. 目前猪场使用最多的饮水器是__________。

A. 乳头式饮水器　　B. 鸭嘴式饮水器　　C. 杯式饮水器　　D. 吸吮式饮水器

4. 使用网床(高床)饲养保育猪，每头占地__________ m^2。

A. 1.2～1.8　　B. 4～5　　C. 0.4～0.5　　D. 2～3

5. 在猪场中，饮水器高度一般为 __________ cm。

A. 5～75　　B. 55～65　　C. 15～60　　D. 1～45

三、问答题

设计猪舍应遵循的原则是什么？

项目十一

安全生态养猪

任务一　猪场生物安全体系的构建

【学习目标】

1. 了解生物安全体系构建对养猪业的重要性。
2. 掌握猪场生物安全体系构建的概念。
3. 学会如何构建养猪生物安全体系。

【学习任务】

1. 学习生物安全体系的概念，为构建安全体系明确方向。
2. 学会构建养猪安全体系应开展的工作，为安全养猪提供保障。

【必备知识】

现代养猪有限的饲养空间与高密度的饲养模式进一步加剧降低猪群的抵抗力。因此，猪群的健康问题是养猪业发展的主要障碍。随着健康养殖理念的逐渐深入，生物安全体系构建的重要性越来越被人们重视。健全的生物安全体系能够最大限度地降低猪场暴发疾病的风险，能够建立完善的生物安全体系并长期严格执行具体生物安全措施的猪场，很少发生重大疫病，反之，则损失惨重。

生物安全体系是指实现或达到生物安全目的的一切举措或内容，猪场生物安全的内容应该包括 3 个方面：防止病原微生物进入猪场、控制病原微生物在猪场内流行、防止病原微生物扩散至其他猪场。

【实践案例】

假如你是一个猪场的技术人员，怎么构建猪场生物安全？

【实施方案】

表 11-1 为完成本任务的工作方案。

表 11-1　完成本任务的工作方案

步骤	内容
1	选择适宜场地建猪场，做好猪场布局规划
2	制订严格消毒制度并实施
3	做好引种管理，建立猪群免疫体系，做好疫病的监测
4	做好车辆、人员管理
5	控制好有害生物及其他动物

【实施过程】

一、选合适地址建猪场

猪场的选址对于猪场生物安全体系的构建至关重要，因为场址一旦确定，成本等因素将难以改变，直接影响着猪场将来能否顺利健康地发展。因此，猪场选址需考虑以下方面因素。一是选择人烟稀少，远离人群集中的地方，降低人员流动造成的疾病传播风险。二是选择水源获取安全、方便的地段。三是最好建立在干燥、向阳、通风的山坡上，便于获取阳光和通风，及时排除雨水，防止潮湿滋生微生物。四是远离高速公路，降低高速公路上托运牲畜的车辆传播疾病的风险。五是远离集贸市场或屠宰场。六是最好有天然屏障，如青山绿水环绕。以上因素确立后不是永久不变的，而是随着猪场所在区域的社会经济发展而不断变化。因此，建立场址生物安全风险评估标准很有必要，要定期量化、考核和评估已建立猪场的场址生物安全风险，以降低对猪群健康造成的影响。

二、合理规划、布局场区及猪舍

猪场场址一旦确定下来，紧接着便是划分各功能区，主要包括办公区、隔离区、生活区和生产区。生产区与生活区的间距至少在 50 m 以上，之间设有洗澡间、更衣室和消毒通道。

目前，规模化猪场的栏舍布局多采用分区多点式，目的是便于实行“全进全出制”的生产方式。生产区根据猪群的健康等级逐级降低，由内至外依次划分为种猪区、保育区、生长区和待售区等，整个生产区的地势最好能表现出高低起伏的态势，原因是空气流通较好，便于通风。因保育猪消化系统和免疫系统的特殊性，保育区要建立在生产区的最高地段，位于分娩舍与生长舍之间。栋别的间隔至少在 5 m 以上，并设有绿化隔离措施。设立隔离舍，及时将病猪隔离至隔离舍，进行单独的护理与治疗，同时切断传播源，防止疾病进一步传播与蔓延。隔离舍选择在猪场生产核心的外延位置，位于猪场的边缘地带。

设立病死猪无害化处理区。位于生产区的外缘，病死猪尸体要统一深埋或化制处理，防止污染环境。设立猪粪发酵池和污水处理区。将猪粪集中到发酵池进行热发酵处理，生产中产生的污水经管道排至污水处理区，收集发酵产生的沼气，用作猪舍保温、发电等能源。各生产区分别单独设立猪粪暂时存放点，定期用场内的拉粪车将其拉至发酵池。设立展示厅于待售区的外侧，将待售的猪群赶至展示厅，供客户参观选购。杜绝客户直接进入场内参观，避免引发生物安全问题。设立装猪台于生产区与外界交界的边缘处，是生产区与外界接触的窗口。因此，装猪台的位置十分重要，必须严格划分净区与脏区，严禁生产线员工到达脏区。建立装猪中转站，严禁外场购猪车进入场内（图 11-1）。

图 11-1　猪场中转站

三、做好车辆管理

场内的车辆，只能在场内行驶，严禁驶出场外，每次使用完毕要进行清洗与消毒，并放置在指定地点。场外的车辆包括载人的车、装饲料的车和装猪粪的车。在离猪场 1 km 以外的地点设立消毒点，对进入的车辆实施全方位的消毒，到达猪场的边缘再一次进行消毒(图 11-2)，并详细登记消毒记录与车辆信息。严禁场外的车辆驶入生产区内。在办公区设立停车点，消毒后的车辆停放在指定的停车位置。

图 11-2　车辆清洗消毒

四、制订严格的消毒制度并实施

1. 消毒前的清洁

采用清扫或冲洗的方式消除待消毒物体表面的污渍。实践证明，未实施清洁的消毒作用将大打折扣，甚至起不到任何的预期消毒效果。

2. 消毒液的选择

针对不同的消毒对象选择合适的消毒液，如地面消毒选用烧碱或生石灰水，手部消毒选择没有腐蚀性的温和型消毒液。

3. 消毒液的配比

每种消毒液使用目的和实施对象不同，其最佳的配比浓度也不尽相同。如卤族类的消毒液，在疫病暴发时的使用浓度与正常空栏清洗消毒及饮水消毒的浓度是不同的。应根据具体的使用目的和实施对象，从而配比最佳的使用浓度，达到最佳的消毒效果。

4. 消毒方式的选择

消毒方式包括喷撒、喷雾、熏蒸等，因消毒药物种类不同而不同。如生石灰要喷洒消毒，戊二醛稀释后要喷雾消毒，过氧乙酸稀释后要熏蒸消毒等。

5. 消毒时间的确立

根据消毒对象，换算需要的消毒液用量，然后按照配比浓度进行配制。有时进行短时间的喷洒消毒，有时进行长时间的熏蒸消毒，要依据不同情况而定。但是无论采取何种消毒方式和时间，消毒都要彻底、全方位、不留死角。

6. 消毒制度的建立

构建规模化猪场的生物安全体系，应建立完善的消毒制度，具体内容应包括大环境消毒、猪场分区入口处消毒、栏舍消毒、猪群猪体消毒等。

五、建立猪群免疫体系

免疫体系的建立在整个猪场生物安全体系构建中占据着重要的位置。提供充足的营养，增强猪群的体质，能提高抵御疾病的非特异性抵抗力。而接种疫苗，则是为猪群穿上坚实的“铠甲”，增强抵抗疾病的特异性免疫力。因此，需要综合各方面的因素，建立适合本场的、科学的免疫程序，并严格执行。

六、做好疫病的监测

定期对全场猪群开展疫病监测，一般为一个季度开展一次。监测内容包括疫病的病原监测与抗体监测、特定疫病在猪群中的流行情况、抗体在猪群的分布水平等。病毒性疫病主要有猪瘟、猪繁殖与呼吸综合征、猪口蹄疫、猪伪狂犬病、猪圆环病毒病等，细菌性疫病有布鲁氏菌病、猪支原体肺炎、猪链球菌病、副猪嗜血杆菌病等。对病原体监测为阳性的猪群，要立即隔离，15 d 后复检，如果仍为阳性，实施淘汰处理。

七、加强人员管理

人员管理包括对猪场工作人员和外来访问者的管理，主要管理内容：未经猪场管理者的同意，任何人员不得擅自进入场区；新员工到猪场报到，先在办公区隔离 2 d，沐浴更衣，再在生活区隔离 2 d，隔离时间未到，禁止进入生产区；请假外出返场的员工，必须在生活区隔离 2 d，沐浴更衣；所有员工在食堂统一就餐，严禁将饭菜带回宿舍，指定地点收集剩饭剩菜以及清洗餐具；员工不准在其他有猪的区域居住，进场前至少 1 周未接触其他猪。

八、做好引种管理

种源提供场的健康等级必须高于引种场。引种之前，通过实验室检测等方法了解种源提供场的猪群基本健康状况，严禁从烈性传染病病原检测结果为阳性的种猪场引种，严禁从健康等级低于本场的种源提供场引种。引进的种猪必须经过至少 45 d 的隔离适应，隔离期全部进行抽血化验，确保重大传染病病原的检测结果均为阴性，方能混群。混群后根据本场的免疫程序，接种疫苗。

九、控制好有害生物及其他动物

图 11-3　猪场防虫纱网

有害生物及其他动物(包括畜禽、宠物、野生动物、鸟类、苍蝇、蚊子及啮齿类动物)的具体控制措施如下:禁止在场内饲养畜禽和宠物;饲料房和圈舍安装防虫网(图 11-3),防止鸟类、苍蝇及蚊虫进入栏舍内部;猪场的大门及围墙能够阻止动物进入场内;常年实施灭鼠及灭蚊蝇的措施。

【职业能力测试】

一、判断题

(　　)1. 生物安全体系是指实现或达到生物安全目的的一切举措或内容。

(　　)2. 要定期量化、考核和评估已建立猪场的场址生物安全风险,以减少对猪群健康造成的影响。

(　　)3. 提供充足的营养,增强猪群的体质,能提高抵御疾病的特异性抵抗力。

(　　)4. 严禁从健康等级低于本场的种源提供场引种。

二、选择题

1. 猪场生物安全的内容,应该包括________方面。

A. 1　　B. 2　　C. 3　　D. 5

2. 引进的种猪必须经过至少________ d 的隔离适应,方能混群。

A. 7　　B. 30　　C. 45　　D. 90

3. 针对不同的消毒对象选择合适的消毒液,手部消毒不能选择________。

A. 生石灰水　　B. 温和型消毒液　　C. 没有腐蚀性的消毒液　　D. 酒精

三、问答题

猪场怎样加强人员管理来确保养猪生物安全?

任务二　无公害养猪技术

【学习目标】

1. 了解无公害养猪技术的概念。
2. 初步了解无公害生猪饲养管理准则。
3. 能正确树立无公害养猪的观念。

【学习任务】

学习无公害养猪的概念、意义,以及无公害生猪饲养管理准则,掌握无公害养猪的关键技术。

【必备知识】

无公害生猪养殖要求：一是合格的饮用水，要定期采集水样送检，确保水质符合农业农村部《无公害食品　畜禽饮用水水质》要求，猪场要配有污水处理净化设施；二是要对饲料原料、饲料添加剂及配合饲料进行严格监控；三是建立并保存免疫和全部用药记录，包括生猪编号、发病时间及症状、治疗用药物名称、给药途径、给药剂量、疗程、治疗时间等，从而建立药物使用追溯制度。

【实践案例】

有人计划建一个无公害养猪场，但不知如何筹建，如果你是该场技术人员，你该如何进行筹建？

【制订方案】

表11-2为完成本任务的工作方案。

表 11-2　完成本任务的工作方案

步骤	内容
1	了解无公害养猪的概念、意义，以及无公害生猪饲养管理准则
2	根据无公害养猪的关键技术进行生产，并制订防止养猪污染的措施

【实施过程】

熟悉无公害养猪技术与防止养猪污染的知识。

一、无公害养猪的概念

(1)概念　产地符合一定条件、生产符合一定规范、养猪符合一定标准、认证符合一定程序的，取得合法环境品质优良特征标志的肉猪以及产品。

(2)无公害养猪的要求　在规模化养殖的基础上，无公害生猪养殖要求是：一是合格的饮用水，要定期采集水样送检，确保水质符合农业农村部《无公害食品　畜禽饮用水水质》要求；猪场要配有污水处理净化设施；二是要对饲料原料、饲料添加剂及配合饲料进行严格监控；三是建立并保存免疫和全部用药记录，包括生猪编号、发病时间及症状、治疗用药物名称、给药途径、给药剂量、疗程、治疗时间等，从而建立药物使用追溯制度。

(3)无公害养猪的核心　限制抗生素在养猪生产中的应用，禁止使用激素；农牧结合，合理设计规划生态猪场建设；重视环境保护，综合利用，防止环境污染；利用病原体净化的养猪生产技术、生态日粮的配制技术，提高日粮的消化利用率，减少氮磷和微量元素对环境的污染。

二、无公害养猪的意义

我国是一个养猪大国，也是猪肉消费大国。我国生猪存栏数约占世界总存栏量的1/2，猪肉产量占世界猪肉总量的46.7%，生猪饲养量、猪肉产量位居世界第一。加入世界贸易组织(WTO)后，中国养猪业直接参与国际竞争，有广阔的发展空间，这些有利因素为我们的养猪业带来了无限生机，养猪业近年来呈现蓬勃发展之势。

目前，我国猪肉出口量仅占我国猪肉产量的0.7%，占世界猪肉贸易量的3%，导致这一现象的原因就是我国猪肉食品安全度达不到国际标准要求。同时随着我国规模化养猪的发展，猪场对环境带来的污染也日益严重。

因此，中国的养猪业必须要进一步转变观念，发展无公害生态养猪，创造绿色效益，这是我们养猪从业者共同的使命。重视养猪全过程的管理，优化生产工艺，实现猪场粪污无害化处理与资源化利用，实行农牧结合，实施无公害生态养猪是实现养猪可持续发展的方向。

三、无公害生猪饲养管理准则

(一)范围

本标准规定了无公害生猪生产过程中引种、环境、饲养、消毒、免疫、废弃物处理等涉及生猪饲养管理的各环节应遵循的准则。

(二)按以下规范性文件生产

NY/T 65—2004 猪饲养标准

农医发〔2017〕25号 病死及病害动物无害化处理技术规范

NY/T 388—1999 畜禽场环境质量标准

NY 5027—2008 无公害食品　畜禽饮用水水质

NY/T 5030—2016 无公害农产品　兽药使用准则

NY 5031—2001 无公害食品　生猪饲养兽医防疫准则

NY 5032—2006 无公害食品　畜禽饲料和饲料添加剂使用准则

(三)全进全出制的管理制度

全进全出，即将同一时间处于同一阶段的猪群，按流水式生产工艺，统一转入下一阶段的生产方式。全进全出制是规模化猪场的基本管理制度。

(四)猪场环境与工艺

①猪舍应建在地势高燥，排水良好、易于组织防疫的地方，场址用地应符合当地土地利用规划的要求。

②猪场距离干线公路、铁路、城镇、居民区和公共场所1 km以上，猪场周围有围墙或防疫沟，并建立绿化隔离带。

③猪场生产区布置在管理区的上风向或侧风向处，污水粪便处理设施和病死猪处理区应在生产区的下风向或侧风向处。

④场区净道和污道分开，互不交叉。

⑤推荐实行小单元式饲养，实施“全进全出制”饲养工艺。

⑥猪舍应能保温隔热，地面和墙壁应便于清洗，并能耐酸、碱等消毒药液清洗消毒。

⑦猪舍内温度、湿度环境应满足不同生理阶段猪的需求。

⑧猪舍内通风良好，空气中有毒有害气体含量应符合NY/T 388—1999的要求。

⑨饲养区内不得饲养其他畜禽动物。

⑩猪场应设有废弃物储存设施，防止渗漏、溢流、恶臭对周围环境造成污染。

（五）引种

①需要引进种猪时，应从具有种猪经营许可的种猪场引进，可参照 GB 16567—1996 进行检疫。涉及境外交易的，应按照 SN/T 1696—2006 进行检疫。

②只进行育肥的生产场，在引进仔猪时，应先从达到无公害标准的猪场引进。

③引进的种猪，隔离观察 30～45 d，经兽医检查确定为健康合格后，方可供繁殖使用。

④不得从疫区引进种猪。

（六）饲养条件

①饲料原料和添加剂应符合 NY 5032—2006 的要求。

②在猪的不同生长时期和生理阶段，根据营养需求，配制不同的配合饲料。营养水平不低于 NY/T 65—2004 的要求，不应给肥育猪使用高铜、高锌日粮，建议参考使用饲养品种的饲养手册标准。

③禁止在饲料中额外添加 β-兴奋剂、镇静剂、激素类、砷制剂。

④当使用含有抗生素的添加剂时，在商品猪出栏前，按有关准则执行休药期。

⑤不使用变质、霉败、生虫或被污染的饲料。不应使用未经无害处理的泔水、其他畜禽副产品。

⑥经常保持有充足的饮水，水质符合 NY 5027—2008 的要求。经常清洗、消毒饮水设备，避免细菌滋生。

⑦猪群的免疫符合 NY 5031—2001 的要求；免疫用具在免疫前后应彻底消毒；剩余或废弃的疫苗以及使用过的疫苗瓶要做无害化处理，不得乱扔；控制兽药使用，保持良好的饲养管理，尽量减少疾病的发生，减少药物的使用量；仔猪、生长猪必须治疗的，药物的使用要符合 NY/T 5030—2016 的要求；育肥后期的商品猪，尽量不使用药物，必须治疗的，根据所用药物执行停药期，达不到停药期的不能作为无公害生猪上市；发生疾病的种公猪、种母猪必须用药治疗的，在治疗期或达不到停药期时，不能作为食用淘汰猪出售。

（七）卫生消毒

1. 消毒剂

消毒剂要选择对人和猪安全、没有残留毒性、对设备没有破坏、不会在猪体内产生有害积累的。选用的消毒剂应符合 NY/T 5030—2016 的规定。

2. 消毒方法

喷雾消毒法：用一定浓度的次氯酸盐、有机碘混合物、过氧乙酸等，用喷雾装置进行喷雾消毒，主要用于猪舍清洗完毕后的喷洒消毒，带猪消毒，猪场道路和周围、进入场区车辆的消毒。

浸液消毒法：此法用于手、工作服或胶靴的消毒。

熏蒸消毒：每立方米用福尔马林（40%甲醛溶液）42 mL、高锰酸钾 21 g，温度 21℃以上、相对湿度 70%以上，封闭熏蒸 24 h。甲醛熏蒸猪舍应在进猪前进行。

紫外线消毒：在猪场入口、更衣室，用紫外线灯照射，可以起到杀菌效果。

喷洒消毒：在猪舍周围、入口、产床和培育床下面撒生石灰或火碱，可以杀死大量细菌、病毒。

火焰消毒：用酒精、汽油、柴油、液化气喷灯，在猪栏、猪床等猪经常接触的地方，用火焰依次瞬间喷射，对产房、培育舍使用效果更好。

3. 消毒制度

环境消毒：猪舍周围环境每2～3周用2%火碱消毒或撒生石灰1次；场周围及场内污水池、排粪坑、下水道出口，每个月用漂白粉消毒1次。在大门口、猪舍入口设消毒池，注意定期更换消毒液（图11-4）。

图 11-4 猪场入口消毒池

人员消毒：工作人员进入生产区净道和猪舍要经过洗澡、更衣、紫外线消毒。严格控制外来人员，必须进生产区的，要洗澡，更换场区工作服和工作鞋，并遵守场内防疫制度，按指定路线行走。

猪舍消毒：每批猪调出后，要彻底清扫干净，用高压水枪冲洗，然后进行喷雾消毒或熏蒸消毒。

用具消毒：定期对保温箱、补料槽、饲料车、料箱、针管等进行消毒，可用0.2%～0.5%过氧乙酸消毒，然后在密闭的室内进行熏蒸。

带猪消毒：定期进行带猪消毒，有利于减少环境中的病原微生物。可用于带猪消毒的消毒药有0.1%新洁尔灭、0.3%过氧乙酸、0.1%次氯酸钠。

（八）饲养管理

①场内管理人员、饲养员应定期进行健康检查，传染病患者不得从事养猪工作。

②场内兽医人员不准对外诊疗猪及其他动物的疾病，猪场配种人员不准对外开展猪的配种工作。

③在饲喂饲料时，每次添加量要适当，少喂勤添，防止饲料污染腐败。在根据饲养工艺进行转群时，按体重、大小、强弱分群，分别进行饲养，饲养密度要适宜，保证猪有大的躺卧空间。

④每天打扫猪舍卫生，保持料槽、水槽、用具干净，地面清洁。经常检查饮水设备，观察猪群健康状况。灭鼠、驱虫，定期投放灭鼠药，及时收集死鼠和残余鼠药，并做无害化处理。

⑤选择高效、安全的抗寄生虫药进行寄生虫控制，控制程序符合NY 5031—2001的要求，在运输商品猪上市前，应经兽医卫生检疫部门根据相关要求检疫，并出具检疫证明，合格者方可上市屠宰。运输车辆在运输前和使用后要用消毒液彻底消毒。运输途中，不应在疫区、城镇和集市停留、饮水和饲喂。

（九）病、死猪及废弃物处理

①淘汰、处死的可疑病猪，应采取不会把血液和浸出物散播的方法进行扑杀，传染病猪尸体应按《病死及病害动物无害化处理技术规范》（农医发〔2017〕25号）进行处理；猪场不得出售病猪、死猪；有治疗价值的病猪应隔离饲养，由兽医进行诊治。

②猪场废弃物处理遵循减量化、无害化、资源化原则；粪便经堆积发酵后应作为农业用肥；猪场污水应经发酵、沉淀后才能作为液体肥使用。

（十）资料记录

第一，认真做好日常生产记录，记录内容包括引种、配种、产仔、哺乳、断奶、转群、饲料消耗等；第二，种猪要有来源、特征、主要生产性能记录；第三，做好饲料来源、配方及各种添加剂使用情况的记录;第四,兽医人员应做好免疫、用药、发病和治疗情况记录;第五,每批出场的猪应有出场猪号、销售地记录,以备查询;第六,资料应尽可能长期保存,最少保留 2 年。

四、无公害养猪的关键技术

1. 优化生产环境,建立养殖小区

选择无工业废物,无农药污染,无大气、土壤和水质污染,符合无公害食品生态环境标准的地区,建立优质安全猪肉的生产小区。在选址和栏舍建筑上,要符合动物防疫要求,对小区内的饲养专业户进行生产技术培训,严格按照优质安全猪肉生产技术规程操作,采用无污染的绿色饲料,从引种、产仔、育成到出栏,整个过程尽量不用药或少用药。

2. 引导品牌经营,培育养猪龙头企业

采取招商引资、加大扶持力度等优惠措施,培育和引导一些能提供优质安全饲料、良种、防疫技术、屠宰加工一条龙的养猪龙头企业,统一技术标准,统一产品收购、加工和销售,统一品牌,统一检测手段,树立自己的市场形象和品牌。

3. 选择优良品种,提高猪的抗病性和生产性能

优良猪种是办好猪场的基础,好的品种或杂交组合,生产性能高、规格一致、卖价高,适合于规模化猪场的全进全出式生产。除了有良好的肉质、较快的生长速度和较高的繁殖性能外,还应考虑对疾病的抵御能力,尽量选择适应当地条件的优良品种。

4. 加强疫病防治,规范兽药使用

各种疾病的侵袭会给养猪业带来严重危害,常常使猪场陷入困境。因此,必须加强防疫卫生措施,严格执行预防免疫程序,坚持以防为主,保证猪群的健康,坚决克服麻痹大意思想,这样才能保证养猪生产顺利进行。

无公害养猪应严格控制药物残留,采用休药期生产。休药期的确定取决于猪肉产品中有害物质含量的代谢速度。在休药期内完全使用无污染、无残留、无公害的绿色饲料。合理使用兽药和药物添加剂。根据兽药种类及成分,对症下药,不滥用药物。宜选择疗效高、作用强、代谢快、副作用小的药物。

强化对兽药的使用管理,严格兽药生产、经营许可证制度,选用通过国家 GMP 认证的专业兽药企业生产的药品。建立完善的兽药残留、违禁药物、肉品屠宰上市检测体系。

5. 依法规范饲料生产

猪肉产品的质量要好,饲料必须来自无公害食品产地。饲料和饲料添加剂,必须符合《饲料和饲料添加剂管理条例》。对饲料和饲料添加剂生产厂家,要严格审批制度,经常进行监督检查,公布产品质量。

饲料配制不仅要考虑营养物质的种类和数量,还要注意各种营养物质的比例及生产成本。饲料中严禁添加各种违禁的激素、化学防腐剂等有害于人体健康的物质,保证畜产品质量。加强新型环保饲料产品(如寡糖、糖萜素、微生态制剂、饲用酶制剂和中草药等)的研发。

6. 实施无公害行动计划,建立生猪安全准入制度

农业农村部已经推出“无公害行动计划”,试点推行农产品安全市场准入制度,这是农产品包括生猪市场发展的必然趋势,也是国际惯例。因此,未来的养猪生产,应狠抓安全质量管理,建立优质产品认证制度,对生产环节建立 HACCP 生物安全保证体系,以确保生产优

质安全猪肉。

【知识拓展】

NY/T 1568—2007　标准化规模养猪场建设规范

广西生猪标准化规模养殖场(小区)建设项目管理暂行办法

【职业能力测试】

一、判断题

(　　)1. 无公害生猪的养殖主要取决于3个关键环节。

(　　)2. 限制抗生素在养猪生产中的应用,禁止使用激素是无公害生猪生产的要求。

(　　)3. 无公害养猪应严格控制药物残留,采用休药期生产。

二、选择题

1. 定期进行带猪消毒,有利于减少环境中的病原微生物。不能用于带猪消毒的消毒药是________。

A. 0.1%新洁尔灭　　B. 0.3%过氧乙酸　　C. 4%烧碱　　D. 0.1%次氯酸钠

2. 无公害养猪,资料应尽可能长期保存,最少保存________年。

A. 1　　B. 2　　C. 3　　D. 5

3. 选择优良品种,不一定要求________。

A. 有良好的肉质　　B. 有较快的生长速度

C. 有较高的繁殖性能　　D. 从国外优质猪场引入

4. 无公害养猪的关键技术有________个。

A. 1　　B. 2　　C. 3　　D. 6

三、问答题

1. 无公害生猪饲养管理准则有哪些?

2. 无公害养猪的核心包括哪些?

任务三　防止养猪污染

【学习目标】

1. 了解养猪生产污染的来源。

2. 了解养猪污染物的危害。

3. 能控制养猪污染物的产生。

4. 能够合理处理粪污。

【学习任务】

养猪污染的来源有粪、尿、污水、病原微生物和有害气体。养猪污染物会危害水、土、空气及人体健康。控制污染物应合理规划布局猪舍、合理供给养猪饲料等综合措施,将猪粪合理处理，变废为宝。

【必备知识】

随着社会的日益发展和人民生活水平的不断提高，规模化、集约化养猪场数量将日趋增多，养猪生产对环境造成的污染日益突出。在发展养猪的同时，要增强环保意识，完善养猪对环境污染的治理，保证社会效益、生态效益和经济效益的兼顾，以保持养猪业健康可持续发展。

一、养猪生产中的污染来源

一个万头猪场每年至少排粪 1.26 万 t、尿 1.74 万 t，年排污总量在 3 万 t 以上。粪便及废水中含有大量的病毒、细菌等致病微生物。同时，还产生 CO_2、H_2S、NH_3、CH_4 等有害气体。

二、养猪污染物的危害

1. 污染水源

未经处理的粪便污水排入水体后，可造成水体富营养化，导致水质恶化。进入鱼塘后会导致鱼因缺氧而死，其有毒有害成分渗入地下，还可导致地下水的硝酸盐含量过高，溶解氧减少，使水体发黑发臭，不能饮用。严重污染地下水源。

2. 污染土壤

养猪生产中的粪便若随意外排，超出土壤的消纳能力，可引起土质过肥、土壤结构遭受破坏。农作物需要动物的有机粪肥，但是过量施用则会导致农作物生长受阻，病虫害多发，严重影响农作物产量。尤其是目前多数养殖场户滥用各种药物、抗生素情况时有发生，生产的有机肥施用于农作物，在其产品中的累积会对人们的健康产生影响。

3. 污染空气

畜禽粪便在堆放过程中，由于有机物腐败分解出来的有机酸、氨、甲烷、硫化氢等物质使空气恶臭难闻，造成大气污染，影响周围居民生活。

4. 传播疾病

粪便及废水中的很多病原微生物能在粪便及废水中存活较长时间，造成疫病传播与扩散。

减少养猪污染的危害应先从减少污染物的排出入手，核心工作是合理处理养猪产生的污粪。

【实践案例】

有人计划建一个猪场，如果你是该场技术人员，你怎么协助猪场做好养猪污染的控制？

【制订方案】

表 11-3 为完成本任务的工作方案。

表 11-3　完成本任务的工作方案

步骤	内容
1	控制和减少养猪污染物的排出
2	合理处理养猪污粪

【实施过程】

一、控制和减少养猪污染物的排出

1. 严格养猪准入制度，减少污染物产生

科学划定禁养区、限养区、适养区。养猪场首先应选择在远离村庄、城区、居民点的地方，必须保证不对饮用水源产生污染。其次要保证水源充足，场内设施安排合理，建造与养殖规模相配套的粪污处理设施。对新建、改建和扩建规模化养猪场者，应严格审查，不符合养殖污染防治规划一律不得办理环保审批手续。

2. 合理规划布局猪场，减少污染物排放

科学合理地规划设计养殖场地可以有效减少规模化养猪可能造成的环境污染。养猪场还应实现生产区、生活管理区的隔离，粪污处理设施应设在养殖场的生产区、生活管理区的常年主导风向的下风向或侧风向处。

推行“干湿分离”与“雨污分流”工艺。“干湿分离”就是要求畜禽养殖场采用干法清粪工艺，采取有效措施将粪污及时、单独清理，不可与尿、污水混合排放，将产生的粪渣及时运至储存或处理场所，实现日产日清，以减轻粪污后续处理强度。“雨污分流”就是要求养殖场埋设专门的污水管道，将雨水和污水分别排放，养殖过程中产生的污水需经无害化处理，达标后方可向外排放。

3. 控制养猪饲料，减少氮、磷排出猪体

通过营养调控降低畜禽排泄物对环境的污染。在配制饲料时要综合考虑动物的生产性能、环境污染和资源利用情况，采用“理想蛋白质模型”平衡饲料中的各种营养成分，以有效地提高饲料转化率，减少粪便中氮的排出。如在饲料中加入植酸酶可以提高畜禽对磷的利用率，减少粪便中磷的含量。在配制饲料时，微量元素添加剂应选择生物效价高的，减少畜禽粪尿重金属等的排放。饲喂发酵饲料，把 EM 制剂投放于饲料或污水中，可起到一定的去污除臭作用。

4. 做好病死猪无害化处理，防止疾病传播

强化病死猪无害化处理工作，杜绝乱扔及偷卖死猪现象，积极执行及宣传无害化处理的相关政策。

二、合理处理养猪粪污

养猪产生的污染物，大部分是猪粪，合理处理粪污，能将其用作有机肥及能源，变废为宝。

1.采用干法清粪工艺，粪便堆积发酵

干清粪工艺是将粪便单独清出，不与尿、污水混合排出，这种工艺固态粪便含水量低，粪中营养成分损失小，肥料价值高，便于堆肥和其他方式处理，还可以节约用水，减少废水和污染物排放量，易于净化处理，是目前理想的清粪工艺。粪便经过堆积发酵后，能大量降解有机碳、杀死有害微生物和寄生虫等，可相对较大量地用于农业生产。以万头规模化养猪场为例，将水冲粪工艺改为干清粪工艺，每年可减少污水排放 5 万 t，既节约了用水，又减少了污染。也可在猪舍内铺上垫料，将猪的粪尿吸附混合，生物处理后进行二次发酵，并经工艺处理合成生态有机肥，既可以有效减少对周围环境的污染排放，也降低猪群疾病的发生率，加快生长速度，提高饲养效益以达到较好的社会效益及经济效益。

2.废水的固液分离

猪场废水悬浮物质浓度很高，过高浓度的悬浮物质将会影响后续生化处理的效果，所以在养猪场废水进行生化处理之前需进行固液分离处理。固液分离可用专用的固液分离机进行。通过固液分离方法分离出的固形物，可用于制成优质有机复合肥。分离出的液体经厌氧池发酵，可产生沼气，用于发电、燃气、保温等。再下一级液体发酵可适量用于浇灌，如需达标排放则还需进一步进行沉淀、消毒等一系列物理、化学方法处理。

3.推行生物发酵床养猪法或异位发酵床养猪法

生物发酵床养猪法是根据微生态理论和生物发酵理论，在猪舍内铺设一定厚度的谷壳、锯末和含特定微生物添加剂等混合有机物垫料的养猪方法，排出的粪尿在有机物垫料内经微生物发酵后迅速降解、消化，达到免冲洗猪栏、无臭味、零排放目的(图 11-5)。

图 11-5 生物发酵床养猪

异位发酵床养猪模式是在传统发酵床养殖的基础上进行改进，垫料不直接与生猪接触，猪正常在舍内养殖，发酵槽建在离猪舍不远的地方。在新建的发酵槽中铺入垫料，混入发酵床菌种。也可在同一幢猪舍内，上层养猪，下层铺发酵床垫料。猪舍免冲洗，粪污通过漏缝地板排放，转移到舍外铺设垫料的发酵槽中，或直接转入下层垫料。粪便、尿液经发酵分解和无害化处理，经过一段时间后可直接作为有机肥料在农田中利用。

采用该法，饲养过程不产生污水，处理成本低。但大面积推广垫料收购难；粪便和尿液混合含水量高，发酵分解时间长，寒冷地区使用受限；高架发酵床猪舍建设成本较高。

4. 应用专用的微生物剂处理

一些厂家生产的微生物粪污处理剂，产品中含有由好氧菌、兼氧菌、厌氧菌组合的物质，能降低粪水中的化学需氧量（COD）、氨氮、总磷。可以使鱼塘中大量存留的养殖粪水达到环保标准或达农灌水标准排放。也可将养殖场存留的高浓度粪水快速处理成液态有机肥。

5. 沼气利用

应用沼气池，对粪便进行发酵处理产生沼气，可以减少污染，变废为宝。将养猪粪便投入沼气池中，经过发酵处理，可开发沼气等再生能源。经过发酵的粪便，还能够消灭 90% 以上的畜禽寄生虫卵、大肠杆菌等。粪便产生的沼气用来取暖、照明，粪渣用来为蔬菜田地施肥。但经沼气池发酵处理的污水并未达到净化标准，不能直接排放。

【知识拓展】

粪便的蚯蚓消化

用粪便养蚯蚓消化猪粪是充分利用畜禽粪便的一个重要途径。国外早已有利用蚯蚓处理各种垃圾的技术。通过蚯蚓的物理和化学作用，以及体内的生化作用，消除大量的碳素，可防止对动物的“二次污染”，其残留物是极好的有机肥，微量元素也实现循环利用。同时，与其他发酵措施相比，养蚯蚓处理粪便成本要低得多，蚯蚓还是高蛋白产品，此法在一定程度上是废物综合利用的良好措施。但猪粪不能直接进行蚯蚓养殖，必须对粪便进行化学和物理处理，才能适用于蚯蚓的生长，产生可观的经济效益。

【职业能力测试】

一、判断题

（　　）1. 防止污染的对策之一：推行“干湿分离”与“雨污分流”工艺。

（　　）2. 提高蛋白质和微量元素等的利用率或适当降低日粮中粗蛋白质水平，可以减少污染。

（　　）3. 经沼气池发酵处理的污水并未达到净化标准，不能直接排放。

二、选择题

1. 万头猪场每年至少排粪 1.26 万 t，尿 1.74 万 t，年排污总量，在________ 万 t 以上。

A. 3　　B. 7　　C. 13　　D. 6

2. 防止养猪场污染的对策是________。

A. 合理规划、适度规模、注重生态效益　　B. 不养猪，改养其他家畜

C. 修建大水池　　D. 往江河里排放污水

3. 养猪产生的污染物不包含有________。

A. 病原微生物　　B. 粪尿　　C. 污水　　D. 氧气

三、问答题

控制和减少养猪污染物排出的措施有哪些？

任务四　发酵床养猪技术

【学习目标】

1. 掌握发酵床养猪技术的基本原理，了解社会上广泛宣称的“自然养猪法”“发酵床养猪法”“生物环保养猪法”“零排放养猪法”等，都是现行的生物发酵舍零排养猪法在不同地区的不同名称，其基本技术原理都一样。

2. 能够初步利用生物发酵原理处理粪尿，解决环境污染问题。

3. 了解发酵床垫料制作技术的注意事项。

【学习任务】

掌握发酵床养猪技术的基本原理以及现行的生物发酵舍零排放养猪法在不同区域的不同名称。熟悉技术关键与核心技术，了解生物发酵床的建筑设计与注意事项。

【必备知识】

现代化规模养猪在提高生产率的同时，也带来了大量的畜禽粪便，难以处理，由此造成严重的环境污染。目前中国每年畜禽粪便产生量已达 19 亿 t，超过了工业固体废弃物排放量的 2 倍多。现有的各种畜禽粪便处理技术效果都不尽如人意，巨额的粪便处理投资，使本来就微利的畜禽养殖企业（农户）难以承受。在这种情况下，迫切需要寻找一种更为理想、行之有效的粪便处理技术，发酵床技术正是这样一种畜禽粪便处理技术。

发酵床养猪技术是一种无污染、零排放的有机农业技术，是利用我们周围自然环境的生物资源，即采集本地土壤中的多种有益微生物，通过对这些微生物进行培养、扩繁，形成具有相当活力的微生物母种，再按一定比例将微生物母种、锯木屑以及一定量的辅助材料和活性剂混合、发酵形成有机垫料。在经过特殊设计的猪舍里，填入上述有机垫料，再将仔猪放入猪舍。猪从小到大都生活在这种有机垫料上面，猪的排泄物被有机垫料里的微生物迅速降解、消化，不再需要对猪的排泄物进行人工清理，达到零排放，生产有机猪肉，同时减少对环境污染的目的。

【实践案例】

有人计划建一个发酵床猪场，但不知如何建造，如果你是该场的技术人员，你该如何修建与保养？

【制订方案】

表 11-4 为完成本任务的工作方案。

表 11-4 完成本任务的工作方案

步骤	内容
1	了解生物发酵床的基本原理、建筑设计与注意事项
2	根据发酵床垫料制作的原理，制作好发酵垫料，做好发酵床养猪管理

【实施过程】

一、熟悉发酵床养猪基本原理

发酵床养猪技术就是在土壤中采集出多种微生物菌落，经过特定营养剂的培养形成白色土著微生物原种，将原种按一定比例掺拌到锯屑、稻皮或泥土中，利用生猪的拱翻习性，使猪粪、尿和垫料充分混合，以此作为猪圈的垫料。

当前，社会上广泛宣称的“自然养猪法”“发酵床养猪法”“生物环保养猪法”“零排放养猪法”等，都是现行的生物发酵舍零排放养猪法在不同地区的不同名称，其基本技术原理都一样。

发酵床养猪技术关键是垫料碳氮比与发酵微生物的选择。核心技术在于发酵床的铺设和管理，可以说，发酵床效率的高低决定了生物发酵舍零排放养猪法经济效益的高低。

(一)利用空气对流和太阳高度角原理，因地制宜地建设猪舍

充分利用不同季节空气流向建设猪舍。猪舍多设置卷帘机等可调节通风的设施，用以控制猪舍空气的流向和流速。猪舍层顶及窗户充分考虑太阳日照规律。

(二)利用生物发酵原理处理粪尿，解决环境污染问题

发酵床成为发酵微生物高效的繁殖场，通过发酵微生物的生长繁殖，迅速分解不断产生的粪尿，从而达到处理粪尿的效果。

(三)利用温室效应，改善猪体感温度

冬季将保温卷帘放下，整个猪舍成为一个温室，同时利用发酵床产生的生物热，使猪腹感温度有很好的改善。

(四)利用有益菌占位原理，增强猪抗病力，提高饲养效率和猪肉品质

病原菌致病的基础是病原菌达到相当的浓度，采用生物发酵舍零排放养猪，可使发酵微生物等有益菌大量繁殖在垫床上、空气中甚至猪舍的各个角落，使有益菌成为优势菌群，成为阻挡病原菌的天然屏障。

生物发酵舍养猪法的现行基本饲养模式：在舍内设置一定深度(60 cm 以上，一般 90～100 cm)的地下式或地上式垫料池，填充锯末、谷壳或秸秆等，接种高效的有益菌种，对垫料进行发酵，形成有益菌繁殖的发酵床；猪粪尿直接排泄在垫料上，不在舍外排放，真正实现粪污零排放；猪的生存环境明显改善，不适合蝇蛆生长，臭味减少；猪的抗病力增强，生产效益提高；垫料较长时间(一般 2～3 年)清理 1 次，成为高档有机肥料。

发酵床养猪技术从一个全新的角度对猪舍建设、饲养管理、生物安全体系建设、日粮配制、疾病防控等方面提出了新的要求。一方面要为有益发酵微生物提供良好的培养条件，使其迅速消纳猪的排泄物；另一方面也要保证为猪提供良好的生活环境，以满足不同季节、不同生理阶段猪的需要，达到增加养殖效益的目的。

二、生物发酵床的建筑设计与注意事项

一般要求猪舍呈东西走向，坐北朝南，这样的圈舍采光好，利于发酵；而且南北可以敞开，通风良好，不臭也没蚊蝇。如果建造成投资少、造价低、见效快、转产快的温室大棚养殖模式，那就是既省事又省钱。因为大棚造价低，而且小气候更容易调节。冬天采光好、保暖，猪可以安全越冬；夏天顶棚放上遮阳板，把四周裙膜摇起，可以通风、降温。一般散养户可因陋就简，可以向地面以下深挖 50～90 cm，填满有机垫料后将猪放入(图 11-6)。

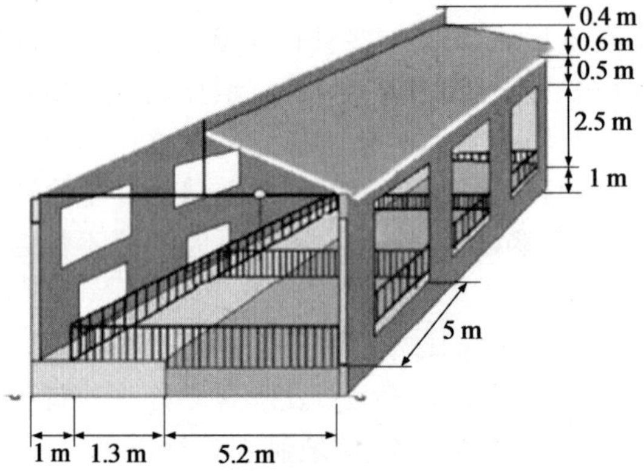

图 11-6　猪舍设计

(一)建筑设计

1. 猪舍

猪舍一般宽 4～6 m，长 8～20 m，立柱高 1.8～2 m，顶高 3 m 左右。坐北朝南，屋顶要做好保温隔热设计，以利于冬季保温及夏季隔热，房顶设有可自由开闭的窗子，阳光可照射整个猪床面积 1/3，南北墙可设大窗或使用卷帘，并且从太阳升起至太阳落下，可照射整个猪床的每个角落，这样可使猪舍内部的微生物适宜地生长繁殖。如果用温室大棚模式，养猪大棚跨度一般为 4～5 m，长度为 20～25 m，四周围栏高 1.0～1.2 m，支撑大棚可用空心砖等材料砌成，棚高一般为 2.7～3.0 m(图 11-7)。

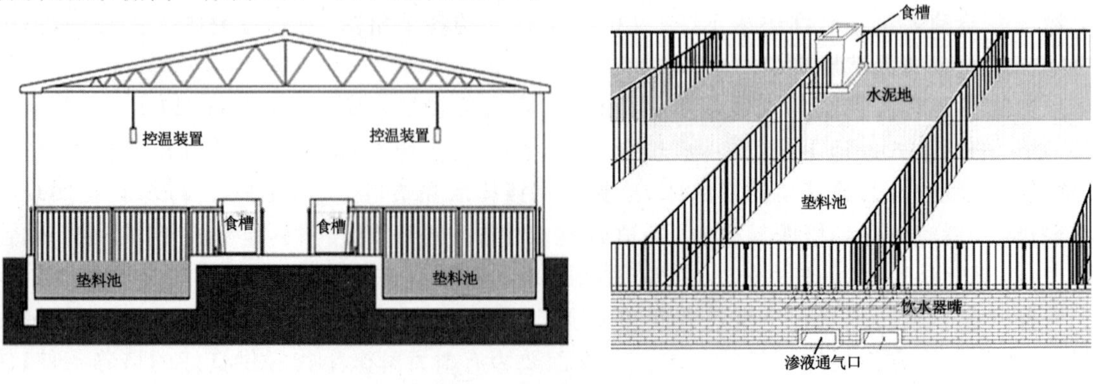

图 11-7　发酵床猪栏

猪舍大棚的材料可选用钢筋、水泥等材料，顶部覆盖塑料薄膜、编织布、草帘等。大棚四周不设围墙，夏天等于是个凉棚，冬季放下塑料薄膜就成为一个暖圈，冬暖夏凉，可为猪提供一个良好的生长环境。

2. 猪圈

通常每间猪圈净面积约 25 m^2，可饲养肉猪 15～20 头。一般每头猪占地 1.2～1.5 m^2。

(二)建造发酵床的注意事项

1. 通气

每个猪栏都要开窗，一般来说，要相对而开，便于空气流通，夏季打开，冬天太冷需要用东西盖起来。一般情况下，还是需要定期打开。

2. 阳光

屋顶需要设置透明亮瓦，要让阳光照进来，这个对发酵床菌种粪便发酵剂非常重要，亮瓦的多少以阳光自东向西移动时可照到猪圈全部为最佳，尽量做到阳光普照。屋顶现在主要用的是水泥瓦。

3. 分区(猪栏)

广西地区中小猪场分区主要是用竹子，这是因为考虑到价格比较便宜，家里种植，就地取材。但是竹子太松，猪会啃咬它们，导致猪圈围栏看起来参差不齐。如果资金较充裕，建议用钢管，耐用且美观。

4. 猪槽

猪槽多用水泥制作。猪栏可设计在两个猪槽的中间，猪吃东西的地方可以宽些，喂食的地方可以窄些，但是过窄会遇到问题，就是人喂食的地方太小了，导致喂食的时候食料外流，造成浪费，所以也可以与猪栏同样宽。槽不要太深，否则猪采食比较困难。

5. 施工成本

计算总施工面积，估算猪栏部分的面积。施工成本包括人工和砖、水泥、瓦、土等建筑材料以及水电等，可以根据猪场规模及当地实际情况计算施工成本。

6. 养猪密度

根据猪的大小来分，考虑猪群密度。从仔猪饲养就要思考，每头猪大概 1 m^2 左右，大猪以每头 1.2～1.5 m^2 为宜。如果饲养的密度太小，微生物营养不够，发酵不好，就失去效果了；密度过大，对圈地造成很大的影响，猪的活动空间也不够，垫料吸收不了这么多猪粪尿，导致圈底潮湿。

三、发酵床垫料制作

(一)垫料原料选择

1. 发酵床养猪技术的重要环节是垫料的制作

垫料一般选择秸秆、树叶、杂草、稻谷壳粉、锯末、粪便及粪便秸秆发酵剂(发酵床菌种之一)等，有条件的加入少量的米糠、酒糟等糟渣饲料发酵效果更好。

2. 垫料作用

垫料中的秸秆、树叶、杂草、稻谷壳粉主要起蓬松透气作用，使得垫料中有充足的氧气，锯末、粪便、米糠、酒糟等糟渣饲料则是起增加垫料的保水性及作为微生物营养源的作用。

(二)注意事项

1. 秸秆、树叶、杂草的处理

需事先切成 5～8 cm 长的小段。

2. 锯末的处理

锯末如经防腐剂处理过则不得使用，如三合板等高密板材的锯末。

3. 垫料配比及用量

垫料配比：锯末 50%，稻谷壳粉 40%（若无，可用锯末全部代替），粪便 10%，发酵床菌种粪便秸秆发酵剂 0.2%，水 60%～70%。如添加 5%～10%米糠、酒糟等糟渣饲料发酵效果更好，可代替等量稻谷壳粉。

以 25 m^2 的猪圈，填垫料总厚度 90 cm，每平方米用垫料 170 kg 计算，垫料原料用量如下。

锯末：25×170×50%＝2 125(kg)。

稻谷壳粉：25×170×40%＝1 700(kg)。

粪便：25×170×10%＝425(kg)。

发酵床菌种粪便秸秆发酵剂：25×170×0.2%＝8.5(kg)。

如果有条件，可先铺 30～40 cm 深的木椴，然后再铺上发酵垫料。如果锯末不充分，可先铺 50 cm 深的秸秆、树叶、杂草，然后再铺上发酵垫料。

4. 垫料发酵方法

垫料发酵根据制作场所不同一般可分为集中统一制作和猪舍内直接制作 2 种。

集中统一制作发酵垫料是在舍外场地统一搅拌、发酵制作垫料。这种方法可用较大的机械操作，效率较高，适用于规模较大的猪场，新制作垫料的情况下通常采用该方法。猪舍内直接制作垫料是十分常用的一种方法，即在猪舍内逐栏把秸秆、树叶、杂草铺上，然后把稻谷壳粉、锯末、粪便、米糠、酒糟等糟渣饲料混合均匀后使用。这种方法效率低些，适用于规模不大的猪场。

5. 垫料发酵操作

①将发酵垫料、粪便秸秆发酵剂（发酵床菌种之一）和水按配比准备待用。粪便秸秆发酵剂倒入水中稀释，搅拌均匀，浸泡 2～12 h 活化菌种，增强菌种活性，稀释用水最好为井水或河水，若为自来水须放置 24 h 后再用。

②搅拌发酵。如有搅拌机，可以先将发酵原料混合 2 min 后，再倒入菌种稀释液，搅拌 4 min；没有搅拌机，在地面上铺上发酵垫料，翻倒两次混合均匀，再浇发酵床菌种粪便秸秆发酵剂稀释液，翻倒两次混合均匀。堆成高约 0.6 m、宽 2 m 的长方形物料堆，并在堆顶打孔通气。最后用塑料布将肥堆覆盖保温、保湿、保肥，塑料布与地面相接，隔 1 m 压一重物，使膜内既通风又避免被大风鼓起。发酵过程中应特别注意翻堆通风换气，夏、秋季节早晚要揭膜通风翻堆 1 次（1～2 h），天气晴朗时可在前 1 d 傍晚揭膜，次日早上覆盖。堆沤 4～6 d 后，堆温可升至 60～70℃。注意：如发酵失败，可查垫料有否加入防腐剂、杀虫剂，水分是否过高或不足。视发酵混合物水分多少增减配比，发酵混合物的总水分应控制在 60%～70%，过高或过低均不利于发酵，水过少，发酵慢；水过多，会导致通气差、升温慢并产生臭味。水分合适与否的判断办法：手紧抓一把物料，指缝见水印但不滴水，落地即散。

四、发酵床养猪管理

(一)猪的饲养密度

单位面积饲养猪的数量过多床的发酵效果就会降低，一般以每头猪占 1.2～1.5 m^2 为宜，小猪可适当增加密度。

(二)发酵床的床面

床面不能过于干燥，具备一定的湿度有利于微生物的繁殖，若过于干燥，还有可能引起猪的呼吸系统疾病，可定期向发酵床喷洒活性剂溶液(图 11-8)。

图 11-8　发酵床床面

(三)驱虫

入圈生猪应提前彻底清除体内寄生虫，避免将其带入发酵床，使其他猪在啃食菌丝时将虫卵吞入肚内而感染。

(四)微生物菌群的活性

要密切注意土壤中微生物菌群的活性，必要时要加入活性剂进行调节，以保证发酵的正常进行。若猪舍中木屑变少，应适当补充微生物原种和活性剂溶液。

(五)饲喂量

为使猪方便拱翻地面，饲料喂量应控制在正常量的 80%。

(六)地面湿度

经常检查猪舍地面湿度，将其控制在 60%左右，水分过多时可打开通风口，利用空气流动调节湿度。

(七)用药注意事项

猪舍内不得使用化学药品和抗生素类药物，因其对土壤微生物具有杀灭作用，会使微生物活性降低。

【知识拓展】

发酵床养猪的优缺点

一、优点

①发酵床养猪可以减轻对环境的污染。不需要对猪粪进行清扫、排放，也不会形成大量的冲圈污水，从而没有排泄物排出养猪场，基本上实现了污染物“零排放”标准，减轻了养猪业对环境的污染。

②相对节省劳动力。由于不需要清粪，按常规饲养，能增强每人的饲养猪数量。人均饲养量可以达到 800 头左右。

③正常情况下可节省药费。猪摄入微生物以后，能帮助消化，还能在一定程度上提高猪群的抵抗力。并且发酵床养猪法减少了药物的使用，同时减少了猪肉的药物残留问题。

④节约水和能源。常规养猪需大量的水来冲洗，而采用此法只需提供猪的饮用水，能省水 80%～90%；发酵床产生热量，猪舍冬季无须耗煤耗电加温，节省能源支出。

⑤节省饲料。原理是粪便给菌类提供丰富的营养，促使有益菌不断繁殖，形成菌体蛋白，猪通过拱食圈底填充料中的菌体蛋白，补充了营养，因而在一定程度上可以相对节省一部分饲料。

⑥垫料在使用 1 年后，形成生物有机肥，可直接用于果树、农作物，达到循环利用、变废为宝的效果。

二、缺点

①发酵床垫料主要采用锯末，需求量大。并且要求是天然的，没有经过化学处理的。但是市场供应的锯末不能满足这么大的需求量，并且很大一部分锯末都被压制成三合板，另有他用，且锯末价格比较高。

②由于垫料中存在菌种，这也是发酵成败的关键因素。要求不能对猪舍进行消毒，一旦暴发疾病，对于整个疾病的控制非常不利。

③垫料中的温度（40～70℃）难以对病原菌进行彻底杀灭，显然这个温度达不到灭菌要求。

④对于菌种活性的保持，有些发酵床养殖推广者强调一次性喷洒菌液可以维持很长时间。实际上，菌种的生长是和垫料的组成以及温湿度直接相关，需要定期喷洒，但菌液的成本代价又是非常高的，因为对浓度要求比较高，势必会增加成本。

⑤对发酵床的日常维护要求较高。发酵床温湿度不易控制，湿度低了，可以洒水，但是湿度高了呢，怎么处理？尤其是夏季，猪舍高温湿热的环境对于猪的危害是显而易见的。

⑥每天需要维持垫料的湿度均衡，以及猪粪的均匀性，猪是不会均匀排粪的，它们往往有一个排粪的集中点。每隔一段时间，要全面翻动垫料一次，工作量也不小。

⑦垫料可以维持 1 年左右的时间。

⑧建设成本高，猪舍占地面积大，100 m^2 只能养 50～70 头猪。

【职业能力测试】

一、判断题

( )1. 发酵床养猪法是一种以发酵床技术为核心，不给自然环境造成污染的养猪技术。

( )2. 发酵床养猪法利大于弊，适合秋冬季养猪。

( )3. 发酵床养猪，可以大量用水冲猪栏。

( )4. “自然养猪法”“发酵床养猪法”“生物环保养猪法”“零排放养猪法”等，都是现行的发酵床养猪法在不同地区的不同名称。

( )5. 生物发酵床养猪，生存环境明显改善，不适合蝇蛆生长，臭味减少；猪抗病力增强。

二、选择题

1. “自然养猪法”就是“发酵床养猪法”________“零排放养猪法”。

A. 生物环保养猪法　B. 工厂化养猪法　C. 生物现代养猪法　D. 完美养猪法

2. 发酵床养猪法的核心技术在于________的铺设和管理。

A. 发酵床　B. 水泥地板　C. 垫料　D. 微生物

3. 发酵床养猪是一种________养猪法。

A. 无公害　B. 添加抗生素　C. 世界通用的　D. 淘汰的

4. 发酵床养猪技术关键是________与发酵微生物的选择。

A. 垫料碳氮比　B. 氧碳比　C. 抗生素　D. 锯末

5. 建造发酵床的注意事项：________阳光、分区、猪槽、养猪密度、施工成本。

A. 通气　B. 湿度　C. 排污　D. 猪只

三、问答题

1. 什么是发酵床养猪？

2. 根据本地实际，你认为发酵床养猪是否适合广西的情况，为什么？

任务五　猪的动物福利

【学习目标】

1. 掌握猪的动物福利基本概念、了解欧盟国家的动物福利法律。

2. 能够初步将养猪福利技术用于管理猪，要善待不加害，体恤不粗暴，做到人与猪的“亲和”，使猪生存舒适；在宰杀时尽量减轻它们的痛苦，在做实验时减少它们无谓的死亡。

3. 明确福利养猪的基本要求。

【学习任务】

目前，动物疫源性疾病暴发与流行的严峻现实告诫我们，人类必须改变一些旧的观念，革除对待动物的某些不适当行为。在福利养猪方面，还有大量亟待完善和改进之处，应该改善猪的养殖环境和生存空间，顺应动物的自然生长规律，尽可能少使用添加剂，更要拒绝使用危害生态安全、公共安全、动物健康、人类安全的违禁添加剂，抗生素的使用必须严格监管控制。在畜牧业领域，应提倡顺应动物的自然生长和发育规律，摒弃短视行为，在科学合理的密度下饲养动物，在一定程度上考虑动物的福利。

【必备知识】

福利养猪的概念、含义、意义、基本要求，影响动物福利的主要因素，福利养猪措施，动物福利对我国养猪业的影响。

【实践案例】

作为猪场的畜牧兽医技术人员，你该如何进行生猪福利养殖？

【制订方案】

表 11-5 为完成本任务的工作方案。

表 11-5 完成本任务的工作方案

步骤	内容
1	了解福利养猪的意义与福利养猪的基本要求
2	通过学习掌握影响动物福利的主要因素，了解国外福利养猪措施，做好猪场福利养猪

【实施过程】

一、了解福利养猪的意义与福利养猪的基本要求

(一)福利养猪的含义

所谓福利养猪，就是让猪在饲养、运输、宰杀过程中，确保其不受饥渴的自由以及生活舒适的自由，不受痛苦伤害和疾病威胁的自由，生活无恐惧的自由以及表达天性的自由。不因它们是动物，而人为虐待或加害，按照人道主义的原则，创造各种条件满足其生存(采食、休息、健康、习性等)的需要(足够的食物、饮水，适宜的温度、湿度，清新的空气，符合习性要求的饲喂、管理方法等)；在管理猪时，要善待而不加害，体恤而不粗暴，做到人与猪的"亲和"，使猪生存舒适；在宰杀时尽量减轻它们的痛苦，在做实验时减少它们无谓的死亡。

(二)福利养猪的意义

从某种意义上来说，动物疫源性疾病与人类的生活方式、行为有很大关系。人与动物之间有着相互依存的"潜规则"，如果不遵守规则，人类就会受到自然界的惩罚。

目前，在畜牧业中多采用高密度养殖，为提高养殖的经济效益，有些场主大量使用危害生态安全、公共安全、动物健康、人类安全的多种添加剂，违背动物的自然生长和发育规律；为防范某些疾病，广泛使用抗生素，最终陷入防病—抗病—再防—再抗的恶性循环中；让畜禽生活在肮脏污浊的环境中，有些人为节省饲养成本，甚至用厨余垃圾来喂养动物。其结果是，动物的健康水平普遍降低，养殖环境中和动物体内各类致病菌的耐药性不断增强，使人

类自己在不知不觉中一步步陷入了各类新、老病毒和细菌的包围之中。

畜牧业从业者应该清醒地认识到，人类在与病毒、细菌等致病微生物“斗争”中常常是居于下风的，而且这种斗争的成本和代价极高。人类应该从忽视动物的基本生存需求逐步转向善待动物，满足、顺应动物健康的各类基本需求。否则，病毒、细菌包围人类的形势必将加速发展。实际上，人类在关怀、善待动物的同时，也是在关怀、善待自身。

因此，动物的健康与安全是人类都应予以关注的，最睿智的选择是将我们的才智、投资、精力、研究方向集中于那些能够促进动物健康，同时又有益于人类本身的基础性工作上。只有提高了动物群体健康水平，才能从根本上阻断病毒、细菌包围人类态势的蔓延，使我国畜牧大产业从此走上良性循环和可持续发展的道路。

动物疫源性疾病暴发与流行的严峻现实告诫我们人类必须改变一些旧的观念，革除对待动物的某些不适当行为。

目前，在野生动物的保护方面，业已取得了较好的效果，但在家养动物方面，还有大量亟待完善和改进之处，例如，应该改善动物的养殖环境和生存空间，顺应动物的自然生长规律，尽可能少使用添加剂，尤其要拒绝使用违禁添加剂，抗生素的使用必须严格监管。在畜牧业领域，应提倡顺应动物的自然生长和发育规律，摒弃短视行为，在科学合理的密度下饲养动物，在一定程度上考虑动物的福利。

(三)福利养猪的基本要求

给猪创造一个良好的生活生产环境；饮水要清洁、新鲜；给猪创造一个舒适、干燥、清洁的内环境；不能粗暴对待猪，给猪创造一个稳定的环境(图 11-9)；定期的药物保健和预防以及合理的免疫程序。

图 11-9　猪群福利

二、影响动物福利的主要因素

社会对动物福利的重视程度、国家的经济发展程度、国民整体的素质和福利水平，动物养殖水平和管理水平、动物养殖外部环境和内部畜舍条件、管理人员的技能与管理质量、饲养人员的道德敏感度、是否善待动物，对动物的熟悉程度与管理动物的精心程度，动物饲料和食品的生产水平等等，都是影响动物福利的重要因素。因此，我们应该树立正确的动物福利观念，在畜禽养殖及生产的各个环节制订适宜的生产技术指标和管理措施，从而改善动物福利。

三、福利养猪措施

针对我国养猪业的状况和水平，我们提出的是，猪的“环境福利”和“饲养福利”。“环境福利”指的是猪舍环境，主要针对不同生理阶段的猪，给予不同的温度、湿度、风量和风速等小范围的气候条件，或猪舍环境条件及人为管理条件等。

①采用水暖地坪式控温保育技术。

②哺乳母猪水料同槽设施。

③架高漏缝地板与配套卷帘。

④提倡大区分割饲养。有效地实施“动物福利”；仔猪断乳后，尽快运到另一个专门饲养断奶仔猪的猪场，远离母猪和育成猪，切断疾病传播源，提高仔猪成活率。

⑤改善舍内环境。

⑥改革饲料类型，把颗粒料变为干粉料或液体料。

⑦提供母猪自由活动空间(散养)增加母猪饲料粗纤维含量。

⑧断乳仔猪地面饲养。

⑨采用舍外料塔，散装饲养。

四、国外动物福利对我国养猪业的影响

(一)欧盟动物福利政策对我国养猪业的影响

瑞典早在1986年就规定不得在饲料中使用抗生素生长促进剂。只有根据兽医的处方才能在饲料中使用抗生素和化学治疗物质，并且只有在以疾病的预防和治疗为目的时，才允许使用。

新法规于1986年1月生效后，促使饲料工业不断寻求抗生素的代用品。而乳酸菌、酵母、酸化剂、寡聚糖、功能性纤维、饲用酶制剂等的使用对改进断奶仔猪健康状况和性能有良好作用。瑞典农场主们制订了一个目标——世界最干净的农业，即限制抗生素在畜牧生产中的利用，禁止利用激素，高度的动物福利状况，无沙门菌的畜牧生产，在饲料生产过程中将细菌数量限制在最低。现在无沙门菌饲料，已占瑞典配合饲料生产量的90%以上。

欧盟的一些动物福利政策对我国养猪业会产生一定的影响，从而促进我国福利养猪的进步和发展。

(二)动物福利对国际贸易的影响

欧盟正在将动物福利与国际贸易联系起来，将动物福利加入国际贸易条款中，形成一道贸易壁垒。目前，这一壁垒已经对我国的畜产品出口产生影响。例如，欧盟国家进口商已经开始关注我国动物的圈舍是否宽敞、舒适；饲养、运输、屠宰是否符合福利要求。我国当前养猪业福利状况堪忧，小型养猪企业和个体户饲养条件差，屠宰方式落后。面对国外日益严重的贸易壁垒，质量安全问题备受关注，另外，发达国家已经开始将动物福利与国际贸易紧密

挂钩，使我们很难进入国际市场，我国的贸易优势将受到严峻的考验。

(三)动物福利在我国养猪业的发展状况

我国对动物福利的概念引进较晚，我国为保证猪肉及其产品质量，也相继颁布了一系列有关政策和法规，均不同程度体现了动物福利。目前，我国养猪业在日常饲养过程中，已经考虑到猪的饲养环境、饲养技术等方面的福利，但我国在生产技术、资金投入与发达国家仍存在较大差距。同时，我国在贯彻实施这些现行法律、法规方面也存在一定的问题和阻力。过去在养猪生产中偏重于挖掘猪的生产潜能和经济效益，而忽视了给猪提供一个良好的生活、生长环境，这也不利于优良猪种生产性能的发挥。目前，养猪生产中还存在抗生素的过量使用，药物的残留、耐药性致病微生物造成疾病的传播等较为严重的问题。

五、福利养猪初步探索

中国尽管是世界养猪大国，但福利养猪才刚刚起步。国内许多学者专家从场址选择、猪场规划设计、栏舍建筑、舍内设施、饲料饲养等方面进行了综合性的尝试。如水暖地坪式控温保育技术；哺乳母猪水料同槽设施；架高漏缝地板与配套卷帘；生物安全空间等技术(图11-10)。

总而言之，运用“动物福利”的概念，为猪提供好的环境，好的生长条件，形成我们设计生猪生产工艺的原则，将提高我国养猪水平，为养猪生产者提供更好的回报。

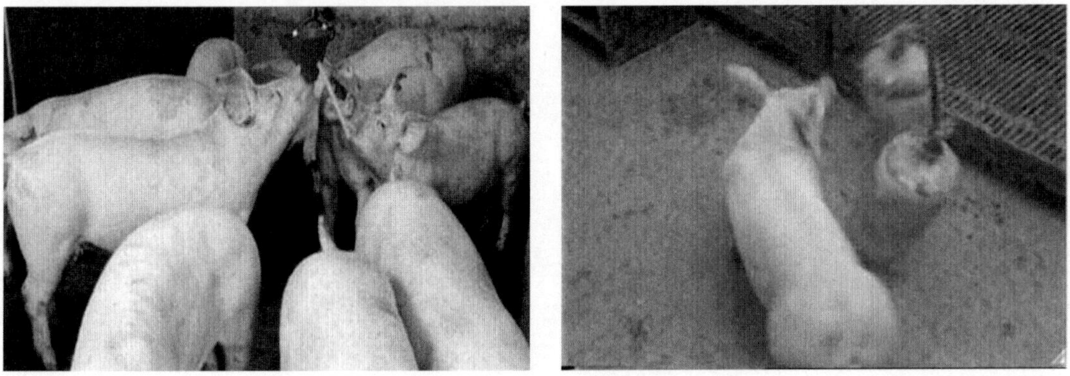

图 11-10　我国福利养猪

【职业能力测试】

一、判断题

(　　)1. 福利养猪就是让猪在饲养、运输、宰杀过程中，确保其不受饥渴的自由，生活舒适的自由，不受痛苦伤害和疾病威胁的自由，生活无恐惧的自由以及表达天性的自由。

(　　)2. 影响动物福利的主要因素有 7 个。

(　　)3. 无公害生猪的养殖主要取决于 3 个关键环节。

(　　)4. 限制抗生素在养猪生产中的应用，禁止使用激素是无公害生猪的组成。

(　　)5. 福利养猪技术的基本准则是满足猪对环境的需求，满足猪的正常行为需求，保持猪的健康心情。

二、选择题

1. 所谓福利养猪，就是让猪在饲养、运输、宰杀过程中，确保其________，生活舒适的自由，不受痛苦伤害和疾病威胁的自由，生活无恐惧的自由以及表达天性的自由。

A. 不受饥渴的自由　B. 很自由　C. 听音乐的自由　D. 自由采食

2. 水暖地坪式控温保育技术是一种________。

A. 福利养猪设施　B. 无用设备　C. 世界通用的　D. 淘汰的

3. 万头猪场每年至少排粪 1.26 万 t，尿 1.74 万 t，年排污总量在________万 t 以上。

A. 3　B. 7　C. 13　D. 6

三、问答题

1. 什么是福利养猪？

2. 福利养猪有哪些意义？

项目十二

养猪经营管理

现代养猪生产要取得优质、高产、高效，不仅要提高养猪科学技术水平，更要提高养猪者的经营管理能力。猪场管理主要包括生产管理、经济核算、劳动管理、销售管理、财务管理等。

本项目简要介绍养猪投资概算、规模猪场劳动定额与工资分配、猪场管理软件的应用及智能化养猪。

任务一　养猪投资概算

【学习目标】

1. 了解猪场中饲养猪所需资金的计算项目。

2. 根据养猪生产经营需投入土地、猪舍、设备、人工及流动资金等生产要素，合理安排资金。

【学习任务】

猪场中土地、宿舍、设备、人工及流动资金等生产要素所需资金的计算。

【必备知识】

猪场生产要素包括各类猪舍（如配种妊娠舍、分娩舍、保育舍、育肥猪舍等）和办公室、仓库、生活用房、饲料加工设备、生产工具、兽药等。

【实践案例】

拟建存栏基础母猪 100 头的猪场，请你计算应投入哪些生产要素及资金数额？

【制订方案】

表 12-1 为完成本任务的工作方案。

表 12-1　完成本任务的工作方案

步骤	内容
1	参观小规模猪场，咨询了解养猪投入概况
2	讨论列出猪场养猪投入项目、数量及资金情况
3	按 100 头基础母猪的规模，分步计算出猪场各种投入及数量

【实施过程】

养猪生产经营需投入土地、猪舍、设备、人工及流动资金等生产要素，现以存栏 100 头基础母猪的猪场为例进行计算。

一、占地与建筑物

(一)占地面积

1. 建筑物占地面积

建筑物主要有猪舍、办公室、仓库、职工生活用房等,共计 1 850 m^2。100 头存栏基础母猪猪场各类猪舍建筑估算见表 12-2。

表 12-2　100 头存栏基础母猪猪场各类猪舍建筑估算

猪舍类别	猪舍面积 /m^2	猪栏数量 /栏	每栏饲养数量 /头	可饲养数量 /头
妊娠舍	305	90	1	82
公猪舍	—	6	1	4
分娩舍	200	24	1	18
哺乳仔猪舍	—	—	—	180
保育舍	164	16	18	250
育肥猪舍	900	32	20	630
合计	1 569			1 164

2. 场内道路、隔离绿化带和污池塘等占地面积

猪场内的道路、隔离绿化带和污池塘等占地面积一般为建筑面积的 2.5 倍左右,约需 4 600 m^2。

以上两项共计 6 500 m^2 左右(约 10 亩)。租金按每亩每年 800 元计,10 亩需 0.8 万元/年。

(二)建筑物

1. 猪舍、猪栏

(1)配种妊娠母猪舍和分娩舍　存栏 100 头母猪,其中哺乳母猪 18 头,空怀和妊娠母猪 82 头(以每头母猪年平均产仔 2.2 胎、仔猪 28 d 断奶推算)。因猪场规模小和考虑到生产高峰因素,一般猪栏数应比实际饲养量多 10%左右。所以应建定位栏 90 套、公猪栏 6 栏、分娩栏 24 套。

配种妊娠母猪舍和分娩舍采用双列式(即舍内安排两列猪栏,中间一条净道,两边各一条污道),定位栏规格 0.60 m×2.10 m,分娩栏为 3.60 m×2.15 m(2 栏),中间净道宽 1.40 m,两边污道宽 1.30 m,两头走道宽各 1.30 m,妊娠母猪舍内含 6 个 2.50 m×3.40 m 的公猪栏。则配种妊娠母猪舍的长为 37.10 m(6/2×2.50+90/2×0.6+1.30×2=37.10),宽 8.30 m(2.15×2+1.30×2+1.40=8.30),面积约 307 m^2;分娩舍的长为 24.20 m(3.60×6+1.30×2+1.40=24.20),宽 8.20 m(2.10×2+1.30×2+1.40=8.20),面积约 200 m^2。

(2)保育舍　采用双列式,舍内安排两列猪栏,规格 2.50 m×3.40 m,中间的净道宽 1.40 m,则保育舍长 20 m(2.50×8=20),宽 8.20 m(3.40×2+1.40=8.20),面积 164 m^2。

(3)育肥猪舍　采用单列式，舍内安排一列猪栏，规格为3.60 m×6.60 m，旁边一条走道宽1.20 m，则猪舍长为115.2 m(3.60×32=115.2)，宽7.80 m(6.60+1.20=7.80)，面积约900 m^2。可根据地形分为2栋。

2.办公室、仓库

办公室、仓库面积约140 m^2。

3.职工生活用房

职工生活用房面积约140 m^2。

以上建筑物总面积约为1 849 m^2，以每平方米造价350元计(包括配套的场内道路、水电)，需投入约65万元。

二、生产设备

(一)猪栏设备

1.定位栏

90套，310元/套，约需2.8万元。

2.高床分娩栏

24套，2 500元/套，需6万元。

3.高床保育栏

16套，2 000元/套，需3.2万元。

以上3种猪栏设备共约需12万元。

(二)饲料加工设备

饲料加工机组1套，需1万元。

(三)生产工具

喂饲料手推车、高压清洗机、铁铲、扫帚等，需0.5万元。

以上3项生产设备共计投入约13.5万元。

三、存栏猪

根据100头母猪的猪场存栏猪约为1 000头，按一般水平，平均每头猪占用成本约1 200元计，1 000头共占用成本120万元。

四、饲料、兽药

猪场一般要求有10～15 d的饲料储备才能较好地应付下雨天、节假日等因素造成的饲料供应流通环节异常的影响。存栏猪约为1 000头的猪场日均消耗饲料1.5 t，则需储备15～22.5 t饲料，假设储备19 t饲料，按3 500元/t，则需6.7万元。

五、人工

在猪场设计合理的前提下，存栏 100 头母猪的猪场需雇用 3 名工人，人工费按 4 万元/年计算。人工费计入存栏猪，不再单独列出。

六、资金预算

根据以上一至四项计算，投资 1 个存栏 100 头母猪的养猪场需投入 195 万元。其中猪舍和生产设备等固定资产 77.5 万元，存栏猪投入 120 万元，饲料储备 6.7 万元，土地租金 0.8 万元。

【知识拓展】

养一头母猪一年的投入与成本计算

①乳猪从开食到改用小猪饲料的 7～50 日龄期间：共消耗教槽料 5.8 kg，乳猪饲料 15.28 kg。

②小猪从 50～87 日龄(体重 15～35 kg 阶段)：共消耗小猪饲料 35.65 kg。

③中猪从 87～125 日龄(体重 35～65 kg 阶段)：共消耗中猪饲料 80.8 kg。

④大猪从 125～168 日龄(体重 65～108 kg 阶段)：共消耗大猪饲料 118.8 kg。

⑤中小型猪场以一头母猪年产 20 头仔猪的保守估计来计算成本，一头母猪年消耗饲料 1 100 kg，母猪饲料成本主要为妊娠母猪饲料和哺乳母猪饲料，平均价格为：2.56 元/kg，所以，一头母猪年饲料成本：1 100×2.56＝2 816(元)，加上药物免疫和人工成本 484 元，则一共为 3 300 元。

另外，购置母猪时的成本一般为 1 800 元，至于购置成本，则淘汰母猪可以出售，也大约就是 1 800 元，母猪目前可以按国家有关规定进行销售，所以，购置成本可以用这项收入来抵消。

刚引进的后备母猪约 4 月龄，需要继续饲养 3 个月才能配种，这中间消耗后备母猪饲料 240 kg，成本：240×2.49＝598 元，加上期间的药费 42 元，运输和人工 200 元，共 840 元，以后进入生产期成本计算期，生产期大约为 5 年(中小型猪场护理得好，可以达到 5 年使用期限)，则每年摊入后备母猪饲养成本 840÷5＝168 元。

所以，母猪一年的成本为 3 300＋168＝3 468 元。

【职业能力测试】

1. 拟投资一个存栏 50 头母猪的小型猪场，试计算需投资多少生产要素，并填写表 12-3 至表 12-5。

表 12-3　存栏 50 头母猪规模小猪场所需的建筑及成本

猪舍类别	猪舍面积/m^2	猪栏数量/栏	每栏饲养数量/头	存栏猪/头	猪舍投资/元
配种妊娠舍					
分娩舍					
哺乳仔猪					
保育舍					
育肥猪舍					
办公室、仓库					
生活用房					
合计					

表 12-4　存栏 50 头母猪规模小猪场所需的生产设备及成本

猪舍类	数量/套	单价/元	金额/元
定位栏			
高床分娩			
高床保育栏			
饲料加工设备			
生产工具			
合计			

表 12-5　存栏 50 头母猪规模小猪场投资预算

类别	数量	金额/元
建筑物		
生产设备		
存栏猪		
饲料、兽药		
人工		
合计		

2. 试计算购买一头后备母猪到产第 1 胎仔猪出售，需投入多少成本？

任务二　规模猪场劳动定额与工资分配

【学习目标】

1. 了解制订猪场劳动定额及工资分配方案的一些依据。
2. 了解猪场按养猪生产成绩计算工资的一些方法。
3. 树立努力养好猪，通过提高养猪生产水平来提高经济效益的理念。

【学习任务】

1. 学习猪场养猪分环节管理，各环节的关键控制点、生产指标及人员安排。

2. 熟悉不同环节养猪人员的工作任务。

3. 参考某猪场的经营管理方案，学习其制订养猪工作奖罚的依据。调动员工积极性，提高养猪生产成绩。

【必备知识】

劳动定额与工资分配一直是规模养猪场管理的重点，也是猪场总经理和员工关心的问题，它关系到猪场效益和员工劳动积极性。在制订制度时，应充分考虑以下因素及流程。

一、提出猪场的生产任务

提出猪场的生产任务，如该场养猪规模、出栏任务以及经济效益等。

二、确定猪场生产工艺流程，明确各环节中的关键节点

确定猪场生产工艺流程，如配种妊娠期→泌乳期→保育期→生长育肥期四阶段工艺流程，各环节的关键节点如表 12-6 所示。

表 12-6 猪场各环节的关键节点

片区	节点	内容
配怀区	工作目标	母猪淘汰少、空怀少、产仔多
	关键环节	公猪管理，后备猪及一胎猪管理
	关键数据	分娩率、年产胎次、产活仔数
产房区	工作目标	成活率高、断奶后发情快、下一胎次产仔多
	关键环节	接生管理、母猪消炎、仔猪寄养
	关键数据	窝均断奶数、断奶后 7 d 内发情率
保育区	工作目标	活得多、长得快、成本低
	关键环节	弱仔管理
	关键数据	成活率、料肉比、头均成本
育肥区	工作目标	活得多、长得快、成本低
	关键环节	病弱管理
	关键数据	成活率、料肉比、头均成本

三、明确猪场劳动定额

猪场的劳动定额应根据猪场的性质、任务、设备设施等条件来确定。种猪场比商品猪场工作细致，需要的工人也较多，设备设施先进的猪场比落后的猪场需要工人少。

条件一般的猪场，劳动定额大致如下：育肥猪 280～300 头/人；保育猪 300～330 头/人；空怀母猪 130 头/人；妊娠母猪 150 头/人；分娩母猪 30～35 头/人。一个年出栏 1 万头肉猪(存栏种母猪约 600 头)的猪场，需要养猪生产人员大致如下：空怀配种车间 4 人，分娩车间 4 人，保育车间 2 人，育肥车间 4 人。如果采用机械化饲养(指环境控制、供水、喂料、除粪采用机械操作)，需要的养猪生产人员相当于以上人员的 1/2 即可。此外，猪场应该有相应的管理人员及后勤保障人员，如场长、生产场长、会计、出纳、销售员、供料人员、水电维修工等。

四、建立猪场工资制度

工资制度制订是否合理是关系到猪场生产能否高效运转的关键措施之一。目前较符合我国小型猪场实际的工资制度为基础工资＋职务工资＋奖励工资的结构工资制度(即工资由固定部分和变动部分两部分组成)。基础工资是较为稳定的收入，其数额主要根据岗位的重要性、岗位的工作量而定；职务工资也是相对稳定的收入，其数额主要根据所任职务的责任大小、地位高低而定；奖励工资是工资的变动部分，其数额主要根据其岗位工作完成的数量和质量、全场总体经济效益的多少而定。让职工明确其计算方法，使职工心中有数，激发劳动积极性。

五、建立猪场经济责任制

建立猪场经济责任制的基本内容主要有以下 4 项：岗位名称、岗位范围责任、考核指标和奖励办法。岗位名称就是指定某范围工作的名称，例如场长、会计、技术员和母猪饲养员等；岗位范围责任就是规定某岗位的工作与责任范围，例如母猪饲养员负责母猪舍的卫生、饲喂、正常供水、观察母猪发情及配种、转移猪群、做好记录等，每项任务的具体操作要求依据饲养管理规程；考核指标就是规定每项工作达到的标准，能用数据表示的尽量用数据指标，它是衡量工作质量的尺度，例如母猪配种受胎率、仔猪成活率和断奶体重等；奖励办法就是根据考核指标制订的奖励工资的具体方法、数量和发放时间。例如年仔猪成活率以 88％为基础，每上升 1％对母猪饲养员每人奖励 150 元等。在制订考核指标时，参考国内的生产技术指标，结合本猪场的生产成绩来拟定(表 12-7)。

表 12-7　国内先进的生产技术指标参考表

项目	指标	项目	指标
配种分娩率/%	95	24 周龄个体重/kg	93
胎均活产仔数/头	11.0	哺乳期成活率/%	95
初生重/kg	1.3～1.5	保育期成活率/%	97
胎均断奶活仔数/头	9.5	育成期成活率/%	99
21 日龄个体重/kg	6.3	全期成活率/%	93
9 周龄个体重/kg	24.0	全期全场料肉比	3.1
母猪年产窝数/胎	2.4	种群死亡率/%	2.0

【知识拓展】

某猪场 2017 年经营管理方案(节选)

一、目标及任务

1.2017 年主要经济指标

2017 年经济指标：实现利润 50 万元。

2.2017 年生产任务

全年出栏生猪 18 000 头，12 月 31 日经产母猪存栏 1 200 头以上。

二、人员的配置

配种技术员 1 人，妊娠技术员 1 人；妊娠饲养员 3 人，产房 6 人(技术员 1 人，白班饲养员 3 人，中、夜班各 1 人)；洗栏兼产房妊娠顶班 1 人；保育舍 2 人，育肥按 1 000 头安排 1 人，防疫员 1 人(负责保育及育肥)，顶班 1 人(负责保育及育肥)；饲料厂 2 人(打料 1 人，送料 1 人)。管理人员 5 人(场长、生产场长、母猪主管、销售员兼出纳、会计)。

三、计酬方案

这里只节选养猪生产人员。

(一)配种技术员 1 人

1. 指标

①分娩率 85%。②平均窝产活仔 10 头。③每月产仔>180 窝。

2. 报酬

出生活仔按>7 头的每头给予 2.1 元(说明：合格仔猪数<7 头，该窝不计报酬)。

3. 奖罚

①月平均产活仔达到 10.5 头的奖 300 元，达到 11 头的奖 600 元，达到 11.5 头以上的奖 1 000 元。

②做好配种记录、淘汰记录、盘点表、母猪流动卡等生产记录，缺一项扣 50 元。

(二)妊娠母猪饲养员 3 人

1. 指标

①仔猪出生合格率 97%。②分娩率>85%。③活产 10 头/胎。

2. 报酬

按出生合格仔猪 1 头给予 3.1 元计酬。

3. 奖罚

①空怀母猪，按要求喂料，控制好母猪膘情。每月每头活仔给 30 kg 的饲料，超过罚 50 元。

②活产 10 头以上，合格仔猪达到 10.5 头的奖 500 元；合格仔猪达到 11 头以上的奖 1 000 元。

(三)后备母猪、公猪、断奶母猪饲养员 1 人

1. 指标及报酬

①月窝产达到 10 头活产的奖 1 000 元(10 头以下的给予 800 元)，达到 10.5 头奖 1 200 元，达到 11 头以上奖 1 500 元。

②断奶母猪每月断配率>85%的奖 1 000 元，>90%的奖 1 200 元，<85%的奖 800 元。

③饲养的后备猪每配上 1 头奖 30 元。

2. 奖罚

①每调教好 1 头后备公猪奖 50 元。

②每月为自己所管辖猪群做体表驱虫 1 次，没完成的罚 50 元。

(四)产房技术员 1 人

1. 指标(按当月断奶仔猪结算)

①成活率 95%。②断奶重，21 d 断奶，7—9 月份断奶重 6.2 kg/头；10 月份至翌年 6 月份 6.5 kg/头(后备母猪降 0.3 kg)。

2. 报酬

每断奶合格 1 头仔猪给报酬 1.8 元(体重低于 6 kg 不给报酬)。

3. 奖罚

①产房仔猪成活率 96%，低于或高于罚 5 元或奖 10 元，每月断奶母猪子宫炎低于 5%，超过的罚 50 元，低于的奖 50 元。

②每月母猪淘汰率不能高于 0.16%，超过罚 50 元 1 头，低于的奖 50 元 1 头。

(五)产房饲养员

设白班 3 人，中夜班 2 人，洗栏顶班 1 人，包含妊娠 3 人的顶班。

1. 责任

负责自己饲养母猪及仔猪的治疗、保健，及时调整猪群均匀度；做好隔离、预防疥癣；做好防寒保暖、防暑降温工作。

2. 指标(按批结算)

①断奶重。按 21 d 核算，7—9 月份断奶，断奶时体重增加 6.2 kg/头；10 月份至翌年 6 月份断奶，断奶时体重增加 6.5 kg/头，提前或退后依此增减(不扣除初生重)。

②成活率 96%。

③产房后备母猪 21 d 断奶，以保护好后备母猪。

3. 报酬

①增重报酬。按 21 d 断奶核算：每年 7—9 月份，每断奶合格仔猪增重 6.2 kg 以上，10 月份至翌年 6 月份，每断奶合格仔猪增重 6.5 kg 以上，按 1 元/kg 计算(不扣除初生重)。

②每断奶 1 头合格的仔猪，给予 0.2 元治疗保健费。

③每月头断奶仔猪给 15 kg 的饲料，超过罚 50 元/月。

4. 奖罚

①每超成活 1 头奖励 10 元，少成活 1 头罚 5 元。

②断奶母猪断奶 1 周内断配率要达到 85%以上，超过的罚 100 元，低于的奖 200 元。

③每月母猪死亡率不能高于 0.16%，超过罚 50 元 1 头，低于的奖 50 元 1 头。

(六)保育舍饲养员 2 人

1. 责任

①及时调整猪群均匀度。②做好隔离、预防疥癣。③做好防寒保暖、防暑降温工作。④做好卫生，保持栏舍清洁等工作。⑤做好病猪治疗工作。⑥给瘦弱的仔猪喂水料。

2. 指标(按批结算)

①成活率 95.0%，转出 11 kg 以上为合格猪(有病、漏肠者不合格)，不合格猪不计成活，但按质量计酬。②保育料重比 1∶1.7。

3. 报酬

①增重，每千克 0.23 元。②每销售 1 头仔猪，每头补助 1 元。③防疫治疗费，每转群或销售 1 头奖 0.2 元。

4. 奖罚

①每超成活率 1 头奖 10 元，少成活 1 头罚 5 元(按批结算)。

②料肉比 1∶1.7，节约的奖 500 元，超过的罚 500 元(按批结算)。

(七)育肥猪饲养员

1. 责任

①及时调整猪群均匀度。②做好隔离、预防疥癣。③做好防寒保暖、防暑降温工作。④做好卫生，保持栏舍清洁。⑤做好病猪的治疗工作。⑥转群 1 个月内喂湿料。

2. 指标

①成活率 98%。②淘汰率 2%。③育肥猪料比 1∶3.0。

3. 报酬

①每千克增重 0.23 元，出售种母猪每头补助 5 元，出售种公猪每头补助 10 元，仔猪出售每头补助 1 元。

②治疗费补助，每出栏 1 头 70 kg 以上的补贴 0.2 元。

4. 奖罚

①每超成活 1 头奖 40 元，少成活 1 头罚 40 元。

②料肉比 1∶3.0，节约每批奖 500 元，超过的每批罚 500 元。

(八)育肥、保育防疫员

1. 任务

主管育肥、保育、后备猪群的免疫工作，打好防疫针，做好防疫记录工作。

2. 报酬

①基本工资 1 000 元。②每出栏 1 头补贴 1 元。

3. 奖罚

①保育猪死亡率 5%以下，料肉比 1∶1.7 以下，达标每个指标奖 250 元。

②育肥猪死淘率 4%以下，料肉比 1∶3 以下，达标每个指标奖 250 元。

【职业能力测试】

一、判断题

(　　)1. 配种区的关键数据主要看分娩率、年产仔胎数和活产仔数。

(　　)2. 猪场工作人员应包括有相应的管理人员、养猪生产人员及后勤保障人员。

(　　)3. 相同规模的猪场，种猪场比商品猪场需要的人少。

(　　)4. 保育猪的饲养任务只是提高成活率。

二、选择题

1. 产房区的主要工作目标是________。

A. 仔猪成活率高　　B. 仔猪耗料少　　C. 母猪哺乳期能发情　　D. 母猪体重不下降

2. 21 日龄断奶，仔猪的个体质量应达________ kg。

A. 5　　B. 6　　C. 7　　D. 8

3. 通常情况下，育肥猪的成活率应达到__________%。

A. 90　　B. 95　　C. 98　　D. 100

三、问答题

建立猪场经济责任制，应包含哪些内容？

任务三　猪场管理软件的应用及智能化养猪

【学习目标】

1. 学会选用管理猪场的软件。

2. 了解智能化养猪的含义，体会智能化养猪优势，树立采用智能化养猪的意识。

【学习任务】

1. 学习猪场管理软件的应用方向、种类，如何选择应用软件。

2. 学习智能化养猪的概念、原理、特点及优势，进一步认识智能化养猪。

【必备知识】

一、猪场管理软件的应用

随着养殖的进步，信息化技术在养猪业越来越重要，猪场管理软件也得到开发，在猪场推广应用取得较好的效果。

(一)猪场管理软件的应用方向

①核算猪场生产成本。

②建立科学养殖体系：帮助企业由传统经验型养殖向现代养殖规范体系转变。以耳号或电子耳标为每头公猪和母猪的电子档案，可以跟踪到公猪采精，母猪转群、配种、分娩等流程，同时为建立猪只系谱、饲料和药品耗用提供追溯。

③实现养猪一体化平台管理：消除信息孤岛，打通种猪引种—查情—配种—妊娠—分娩—保育—育肥—上市全过程，实现全业务周期的精细化管理与溯源。

④应用数据分析和对比，总结养猪经验：通过分娩率、产健仔率、年产窝数、死淘率、养殖成本等的计算，应用图表实现各项技能指标的对比，帮助养猪管理人员以“数据说话”总结养殖经验，逐步提高养殖水平。

(二)猪场管理软件的种类

现在猪场使用的管理软件，有国内研发的，也有国外引入的。国内软件研发大多是在近几年，价格较低，很多企业可以让猪场试用，在试用中不断改进，体验效果也越来越好。国外引入的软件，相应来说比较成熟，但价格较高，很少有试用版。

从软件操作端来分，有手机版，也有电脑版，数据同步。手机版适用于一线养猪生产人员；电脑版则多适用于饲料、财务等后勤人员。

从软件的功能来分，有较单一、针对某特定养猪任务的软件，如繁殖版、饲料版、经济版等，也有功能齐全的软件，包括生产管理(母猪管理、公猪管理、仔猪管理、保育育肥猪管理)、物料管理、成本核算、猪场预算管理、集团管理、公司＋农户(养户管理、合同管理、猪苗发放、物品发放、巡场 APP、猪只回收结算)等。

(三)猪场管理软件的选用

选择哪款软件，应根据使用者的应用能力、猪场的规模大小、经济能力来定。

如养殖户自己亲自参与养猪过程、自身对每头猪很熟悉，养猪数量不多、电脑办公软件应用较熟练，用 Excel 表就可以解决养猪生产中的很多技术问题，如预产期推算，饲料配方计算等，用不着再去找软件。如果超过 100 头，可以考虑应用生产管理软件，这个时候猪场的一切都应该围绕着怎么提高猪场生产力转。超过 500 头母猪，则应该采用综合型软件了。这时，猪场正在向规模化、标准化、企业化的方向发展，想让管理更加标准、规范，这时应该更细致地考虑信息化工作，实现场内资源互通，有利于成本的分析、企业运作、生产情况反馈、部门配合等。

在选择养猪管理软件时，应选有实力的专业软件研发企业，选择操作简捷、实用简单、系统安全、全面高效、有价值的，框架比较成熟的、更新比较快的，更适合自己企业的、完全满足猪场管理需求的软件。

值得注意的是，应用养猪管理软件，不是为了虚夸，而是要真正为企业创造更好的经济价值。通过对母猪的管理提高断奶仔猪数，提升母猪的繁殖性能；通过对种猪的管理促进遗传进展，科学育种。通过对猪的管理可显著提升利润空间，用人的无限潜能开发猪的有限潜能。

二、智能化养猪

(一)智能化养猪的含义

智能化养猪，就是将传统养猪与互联网、大数据、云计算、AI技术等相结合，实现人工智能化养殖，达到高效养猪的目的。通俗而言，就是使用全自动的饲养仪器、自动分离器、发情鉴定器以及环境控制设备等比较先进的电脑自动化控制手段，对猪体状况及生活环境进行有效改善，实施更加精细的管理，从而达到高效养猪的目的。

(二)智能化养猪的原理

智能养殖系统主要由计算机系统、终端阅读器、检签(猪耳标、猪脸等识别标志)、栅栏、控制终端(喂料器、自动分离器等)组成。图12-1和图12-2展示了智能巡检仪和猪脸识别系统。先在计算机系统编制好养猪工序，当有标签的母猪进入栅栏时，安放在栅栏附近的终端阅读器就能通过无线电信号自动识别特定的母猪并读写相关数据。与此同时，已经被激活的终端，将在计算机的控制下实现自动操作(饲养终端会自动投料，发情鉴定终端会识别发情母猪等)，而不需要人工干预。

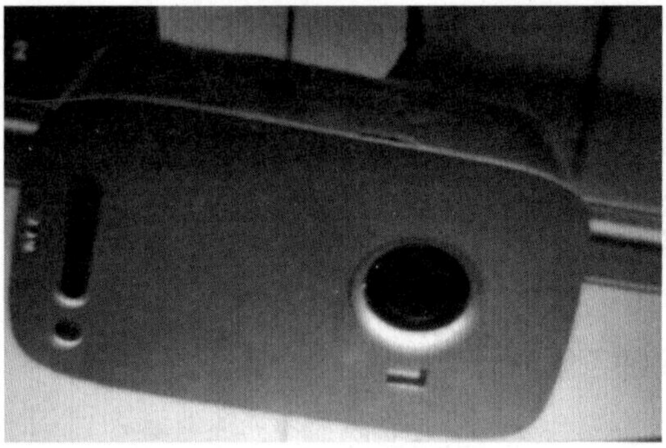

图12-1　智能巡检仪

图12-2　猪脸识别系统

(引自：京东农牧技术)

现在应用较广泛的智能化养猪系统主要包括母猪大群智能饲喂系统、母猪发情自动监测鉴别系统、全自动种猪测定系统及全自动环境控制系统，使生产和管理的很多方面实现自动化。

(三)智能化养猪的特点及优势

智能化养猪，不仅能让猪场在减少劳动力的情况下提高生产成绩，还能为生猪提供最佳的个体饲喂、精心的呵护和良好的饲养环境。促进猪的健康生长，同时还能兼顾劳动力、利润和动物福利之间的有利平衡。

1. 实现整个生产过程的高度自动化控制

通过将先进的信息技术，将通信技术和物联网技术引入生猪养殖中来，对猪场可以实现整个生产过程的高度自动化控制。以母猪智能化饲喂系统为例，首先，是实现自动供料。系统通过储料塔，实现从自动下料、自动识别到自动控制供料量的全自动控制。其次，是实现自动管理。通过设定中心计算机控制系统，可以完成猪舍内温湿度、采光、通风、卷帘开闭及母猪发情鉴定等生产要素的全自动管理。再次，是实现数据自动传输。猪生产过程中的所有数据都可以实时传输，并显示在管理人员或技术人员的个人手机终端上。最后，是实现自动报警。猪场内配备由电脑控制的自动报警系统，出现任何问题电脑都会自动报警。

2. 实现生产数据的高度智能化

使用猪场大数据管理服务平台、智能化饲喂系统的猪场，能够自动完成对猪体重、采食情况等生产所需数据的监控，并在显示终端反馈给管理者，从而为猪场管理人员提供精确的管理数据。这些智能化的管理系统还可以通过中心控制电脑完成对猪群每一个阶段生产数据的辅助分析，并制作出各种生产统计分析报表，为管理者决策提供依据。

养猪协会或联盟建立猪生产大数据，协调管理与市场相关的各种供销信息。猪联网里猪场的数据，通过数据清洗和加工，就能得到一个全国猪场存栏结构的样本，以此为基础进行出栏的预测，可以有效地指导未来几个月应该如何调整生产，让每一个猪场都可以提前做出生产方面的判断。

根据猪场大数据管理平台，可以给猪建立档案，内容包括猪的品种、体重、日龄、采食状况、运动轨迹及频次，以及免疫状况等"猪数据"，并用于分析行为特征、料重比等。同时其借助音频特征和红外线测温技术，可通过"猪数据"中的体温、咳嗽、叫声等判断猪是否患病，以及预警疫情等。还可提取种母猪在发情期的一些声音、发情前后的采食量、身体状态等变化，实现对种母猪的智能化管理。

3. 实现生产效率大幅度提升

人工智能技术可以使规模化养猪场生产效率得到大幅度提升，有效解决人工大规模养殖的深度拓展和降本增效问题，还能够形成更智能、更精细的养殖模式。一是可减少猪场饲养管理人员，降低人工成本，并且管理人员的工作效率得到极大提高，两人就可以管理一个存栏 500 头母猪的种母猪场。二是减轻了猪场管理人员的工作负荷。如使用了母猪智能饲喂系统的猪舍，场内饲养管理人员进行配种、转群、观察及处理等操作时间将不超过 1 h。

4. 实现生产性能大幅度提升

采用智能化养猪技术，能够破解配种难题。传统的配种计划大都是靠人工经验来定制的，而利用人工智能科技能够挖掘掌握任意一头种母猪在历史上的配种效果、可动态匹配最适合的公猪与其配种，以便提高母猪的繁殖效率。有采用智能化养猪的猪场，母猪平均年产胎次达到 2.40 胎，平均窝产活仔数达到 12.32 头，母猪利用年限平均提高 1.5 年。

智能化养猪可以减少饲料在运输和饲喂过程中产生的各种污染，减少饲养人员进入猪舍的次数，减少饲养人员与猪的直接接触，从而降低猪群暴发疾病的风险。一些养猪集团，利用人工智能技术将母猪 PSY（每头母猪每年提供的断奶仔猪数）提升到国际顶尖的 32 头。

5. 充分考虑了福利养猪的要求

人工智能饲喂系统遵循了动物生命活动规律，提高了动物福利，具体体现在以下几个方面：一是场舍全面放弃使用定位栏，采用大群养殖模式，让每头母猪的活动面积有所扩大，让母猪能够随意运动（图 12-3），一套智能化群养系统能够担负 50～70 头母猪的饲养任务，每头母猪的生活面积扩大到 2.2 m^2 左右，实际活动区域达到 100 m^2 以上，母猪活动范围的增加使其肢蹄病减少，利用年限增加，同时还可以减少死胎率，提高产仔数；二是群内母猪实行随意组合、自由分群，能够在大群饲养模式下精确定制个性化供料时间，从而实现对母猪个体的精确控制；三是在母猪智能饲喂管理系统中，能够自动实现特殊猪的识别及隔离，通过对母猪个体特定行为学特征的自动监控，辅以特殊的个体识别系统，可以实现对发情母猪、返情母猪、流产母猪等特殊个体的自动隔离，可大大减少人工观察的工作量及主观原因产生的误差；四是能为猪营造温馨的生活环境。母猪智能饲喂系统大大降低了猪的应激反应(图 12-4)，在此基础上，猪舍内通过播放轻音乐等方式来为猪营造一个温馨的生活环境，从而确保生产效率能够提高。

图 12-3　智能群养母猪

图 12-4　自动饲喂终端

6. 实现养猪安全可追溯

通过猪生产质量可追溯信息系统，可记录猪肉食品各个环节的食品质量安全，保证广大消费者吃上放心肉。

7. 实现养殖整体经济效益大幅度提升

智能化养猪，由于大大降低了劳力等生产成本，提高了猪的生产性能，从而使养殖整体经济效率得到大幅度提升，养殖一头断奶仔猪，比传统养殖可以多盈利 20～80 元。以一个存栏基础母猪 500 头的智能化猪场计，一年可提供断奶仔猪超过 13 000 头，多盈利约 60 万元。大致 3 年可收回多投入的智能化设备费用(存栏 500 头基础母猪，需多投入智能化养猪设备约 180 万元)。

【职业能力测试】

一、判断题

(　　)1. 选择猪场管理软件，根据自己经济能力来选定就行。

(　　)2. 应用养猪管理软件，不是为了虚夸，而是要真正为企业创造更好的经济价值。

(　　)3. 智能化养猪就是养猪自动喂料。

(　　)4. 智能化养猪，能促进猪只的健康生长，同时还能兼顾劳动力、利润和动物福利之间的有利平衡。

(　　)5. 智能化养猪，投入大，只降低了劳动生产力，无利可图。

二、选择题

1. 选择养猪管理软件时，不应该选________ 的软件。

A. 不用更新　　B. 操作简捷　　C. 实用　　D. 系统安全

2. 智能化养猪的优点不包括________。

A. 生产效率提高　　B. 建立人与猪的亲和关系

C. 经济效益提高　　D. 猪的福利待遇提高

三、问答题

智能化养猪系统由哪几部分构成？

参考文献

[1] 张永泰.实用养猪学[M].北京:中国农业出版社,1992.

[2] 张登辉.畜禽生产[M].北京:中国农业出版社,2010.

[3] 刘国艳.动物营养与饲料[M].北京:中国农业出版社,2009.

[4] 李立山,张周.养猪与猪病防治[M].北京:中国农业出版社,2006.

[5] 吴建华.猪的生产与经营[M].北京:高等教育出版社,2002.

[6] 王伟国.规模猪场的设计与管理[M].北京:中国农业科学技术出版社,2006.

[7] 黄雪泉.猪生产[M].北京:科学出版社,2015.

[8] 谢守玉,文崇利,杨厚德,等. 规模化猪场生物安全体系的构建[J].今日畜牧兽医,2013(10):21-25.

[9] 王怀禹.人工智能化养猪的优势、劣势及发展趋势探析[J].猪业科学,2019(4):42-44.

[10] 李志强,张婧,贾青,等.现代养猪业的环境污染分析及治理建议[J].畜牧业环境,2019(4):21-24.

[11] 李和国,彭少忠.猪生产[M].3版.北京:中国农业出版社,2016.

[12] 杨仁群,魏光河,曾饶琼.养猪与猪病防治[M].北京:中国轻工业出版社,2016.

[13] 李军成,任德云.养猪与猪病防治[M].2版.北京:中国农业出版社,2015.

[14] 李华慧.动物营养与饲料加工[M].北京:科学出版社,2016.

[15] 孙德欣,娜日娜,车璐,等.环保新形势下的畜牧业发展思路[J].浙江畜牧兽医,2017(3):25-26.

[16] 甄梦莹,用楼房猪场打赢猪业保卫战[J].猪业科学,2019(11):66-67.

附　录

附录一 瘦肉型猪饲养标准(NY/T 65—2004)节选

附表 1-1 瘦肉型生长肥育猪每千克饲粮养分含量(自由采食,88%干物质)[a]

体重/kg	3～8	8～20	20～35	35～60	60～90
平均体重/kg	5.5	14.0	27.5	47.5	75.0
日增重/(kg/d)	0.24	0.44	0.61	0.69	0.80
采食量/(kg/d)	0.30	0.74	1.43	1.90	2.50
饲料/增重(F/G)	1.25	1.59	2.34	2.75	3.13
饲粮消化能含量/[MJ/kg(kcal/kg)]	14.02 (3 350)	13.60 (3 250)	13.39 (3 200)	13.39 (3 200)	13.39 (3 200)
饲粮代谢能含量/[MJ/kg(kcal/kg)][b]	13.46 (3 215)	13.06 (3 210)	12.86 (3 070)	12.86 (3 070)	12.86 (3 070)
粗蛋白质/%	21.0	19.0	17.8	16.4	14.5
能量蛋白比/[kJ/% (kcal/%)]	668 (160)	716 (170)	752 (180)	817 (195)	923 (220)
赖氨酸能量比/[g/MJ(g/Mcal)]	1.0 (4.24)	0.85 (3.56)	0.68 (2.83)	0.61 (2.56)	0.53 (2.19)
氨基酸[c]/%					
赖氨酸	1.42	1.16	0.90	0.82	0.70
蛋氨酸	0.40	0.30	0.24	0.22	0.19
蛋氨酸+胱氨酸	0.81	0.66	0.51	0.48	0.40
苏氨酸	0.94	0.75	0.58	0.56	0.48
色氨酸	0.27	0.21	0.16	0.15	0.13
异亮氨酸	0.79	0.64	0.48	0.46	0.39
亮氨酸	1.42	1.13	0.85	0.78	0.63
精氨酸	0.56	0.46	0.35	0.30	0.21
缬氨酸	0.98	0.80	0.61	0.57	0.47
组氨酸	0.45	0.36	0.28	0.26	0.21
苯丙氨酸	0.85	0.69	0.52	0.48	0.40
苯丙氨酸+酪氨酸	1.33	1.07	0.82	0.77	0.64

续附表 1-1

体重/kg	3～8	8～20	20～35	35～60	60～90
矿物元素[d]/(%或每千克饲粮含量)					
钙/%	0.88	0.74	0.62	0.55	0.49
总磷/%	0.74	0.58	0.53	0.48	0.43
非植酸磷/%	0.54	0.36	0.25	0.20	0.17
钠/%	0.25	0.15	0.12	0.10	0.10
氯/%	0.25	0.15	0.10	0.09	0.08
镁/%	0.04	0.04	0.04	0.04	0.04
钾/%	0.30	0.26	0.24	0.21	0.18
铜/mg	6.00	6.00	4.50	4.00	3.50
碘/mg	0.14	0.14	0.14	0.14	0.14
铁/mg	105	105	70	60	50
锰/mg	4.00	4.00	3.00	2.00	2.00
硒/mg	0.30	0.30	0.30	0.25	0.25
锌/mg	110	110	70	60	50
维生素和脂肪酸[e]/(%或每千克饲粮含量)					
维生素 A/IU[f]	2 200	1 800	1 500	1 400	1 300
维生素 D_3/IU[g]	220	200	170	160	150
维生素 E/IU[h]	16	11	11	11	11
维生素 K/mg	0.50	0.50	0.50	0.50	0.50
硫胺素/mg	1.50	1.00	1.00	1.00	1.00
核黄素/mg	4.00	3.50	2.50	2.00	2.00
泛酸/mg	12.00	10.00	8.00	7.50	7.00
烟酸/mg	20.00	15.00	10.00	8.50	7.50
吡哆醇/mg	2.00	1.50	1.00	1.00	1.00
生物素/mg	0.08	0.05	0.05	0.05	0.05
叶酸/mg	0.30	0.30	0.30	0.30	0.30
维生素 B_{12}/μg	20.00	17.50	11.00	8.00	6.00
胆碱/g	0.60	0.50	0.35	0.30	0.30
亚油酸/%	0.10	0.10	0.10	0.10	0.10

a. 瘦肉率高于56%的公、母混养猪群(阉公猪和青年猪各一半)。

b. 假定代谢能为消化能的96%。

c. 3～20 kg猪的赖氨酸百分比是根据试验和经验数据的估测值,其他氨基酸需要量是根据其与赖氨酸的比例(理想蛋白质)的估测值;20～90 kg猪的赖氨酸需要量是结合生长模型、试验数据和经验数据的估测值,其他氨基酸需要量是根据其与赖氨酸的比例(理想蛋白质)的估测值。

d. 矿物质需要量包括饲料原料中提供的矿物质量,对于发育公猪和后备母猪,钙、总磷和有效磷的需要量应提高0.05～0.1个百分点。

e. 维生素需要量包括饲料原料中提供的维生素量。

f. 1 IU维生素 A=0.344 μg 维生素 A 醋酸酯。

g. 1 IU维生素 D_3=0.025 μg 胆钙化醇。

h. 1 IU维生素 E=0.67 mg *D-α*-生育酚或1 mg *DL-α*-生育酚醋酸酯。

附表 1-2　瘦肉型生长肥育猪每日每头养分需要量(自由采食,88%干物质)[a]

体重/kg	3～8	8～20	20～35	35～60	60～90
平均体重/kg	5.5	14.0	27.5	47.5	75.0
日增重/(kg/d)	0.24	0.44	0.61	0.69	0.80
采食量/(kg/d)	0.30	0.74	1.43	1.90	2.50
饲料/增重(F/G)	1.25	1.59	2.34	2.75	3.13
饲粮消化能摄入量/[MJ/d(Mcal/d)]	4.21(1 005)	10.06 (2 405)	19.15(4 575)	25.44 (6 080)	33.48 (8 000)
饲粮代谢能摄入量/[MJ/d (Mcal/d)][b]	4.04(965)	9.66 (2 310)	18.39 (4 390)	24.43 (5 835)	32.15 (7 675)
粗蛋白质/(g/d)	63	141	255	312	363
氨基酸[c]/(g/d)					
赖氨酸	4.3	8.6	12.9	15.6	17.5
蛋氨酸	1.2	2.2	3.4	4.2	4.8
蛋氨酸＋胱氨酸	2.4	4.9	7.3	9.1	10.0
苏氨酸	2.8	5.6	8.3	10.6	12.0
色氨酸	0.8	1.6	2.3	2.9	3.3
异亮氨酸	2.4	4.7	6.7	8.7	9.8
亮氨酸	4.3	8.4	12.2	14.8	15.8
精氨酸	1.7	3.4	5.0	5.7	5.5
缬氨酸	2.9	5.9	8.7	10.8	11.8
组氨酸	1.4	2.7	4.0	4.9	5.5
苯丙氨酸	2.6	5.1	7.4	9.1	10.0
苯丙氨酸＋酪氨酸	4.0	7.9	11.7	14.6	16.0
矿物元素[d]/(g 或 mg/d)					
钙/g	2.64	5.48	8.87	10.45	12.25
总磷/g	2.22	4.29	7.58	9.12	10.75
非植酸磷/g	1.62	2.66	3.58	3.80	4.25
钠/g	0.75	1.11	1.72	1.90	2.50
氯/g	0.75	1.11	1.43	1.71	2.00
镁/g	0.12	0.30	0.57	0.76	1.00
钾/g	0.90	1.92	3.43	3.99	4.50
铜/mg	1.80	4.44	6.44	7.60	8.75
碘/mg	0.04	0.10	0.20	0.27	0.35
铁/mg	31.50	77.70	100.10	114.00	125.00
锰/mg	1.20	2.96	4.29	3.80	5.00
硒/mg	0.09	0.22	0.43	0.48	0.63
锌/mg	33.00	81.40	100.10	114.00	125.00

续附表 1-2

体重/kg	3～8	8～20	20～35	35～60	60～90
维生素和脂肪酸[e]/(IU、g、mg 或 μg/d)					
维生素 A/IU[f]	660	1 330	2 145	2 660	3 250
维生素 D_3/IU[g]	66	148	243	304	375
维生素 E/IU[h]	5	8.5	16	21	28
维生素 K/mg	0.15	0.37	0.72	0.95	1.25
硫胺素/mg	0.45	0.74	1.43	1.90	2.50
核黄素/mg	1.20	2.59	3.58	3.80	5.00
泛酸/mg	3.60	7.40	11.44	14.25	17.50
烟酸/mg	6.00	11.10	14.30	16.15	18.75
吡哆醇/mg	0.60	1.11	1.43	1.90	2.50
生物素/mg	0.02	0.04	0.07	0.10	0.13
叶酸/mg	0.09	0.22	0.43	0.57	0.75
维生素 B_{12}/μg	6.00	12.95	15.73	15.20	15.00
胆碱/g	0.18	0.37	0.50	0.57	0.75
亚油酸/g	0.30	0.74	1.43	1.90	2.50

a. 瘦肉率高于 56%的公、母混养猪群(阉公猪和青年母猪各一半)。

b. 假定代谢能为消化能的 96%。

c. 3～20 kg 猪的赖氨酸每日需要量是用附表 1-1 中百分率乘以采食量的估测值,其他氨基酸需要量是根据其与赖氨酸的比例(理想蛋白质)的估测值;20～90 kg 猪的赖氨酸需要量是根据生长模型的估测值;其他氨基酸需要量是根据其与赖氨酸的比例(理想蛋白质)的估测值。

d. 矿物质需要量包括饲料原料中提供的矿物质量,对于发育公猪和后备母猪,钙、总磷和有效磷的需要量应提高 0.05～0.1 个百分点。

e. 维生素需要量包括饲料原料中提供的维生素量。

f. 1 IU 维生素 A=0.344 μg 维生素 A 醋酸酯。

g. 1 IU 维生素 D_3=0.025 μg 胆钙化醇。

h. 1 IU 维生素 E=0.67 mg *D-α*-生育酚或 1 mg *DL-α*-生育酚醋酸酯。

附表 1-3　瘦肉型妊娠母猪每千克饲粮养分含量(自由采食,88%干物质)[a]

妊娠期	妊娠前期			妊娠后期		
配种体重/kg[b]	120～150	150～180	>180	120～150	150～180	>180
预期窝产仔数/头	10	11	11	10	11	11
采食量/(kg/d)	2.10	2.10	2.00	2.60	2.80	3.00
饲粮消化能含量/[MJ/kg(kcal/kg)]	12.75(3 050)	12.35(2 950)	12.15(2 950)	12.75(3 050)	12.55(3 000)	12.55(3 000)
饲粮代谢能含量/[MJ/kg(kcal/kg)][c]	12.25(2 930)	11.85(2 830)	11.65(2 830)	12.25(2 930)	12.05(2 880)	12.05(2 880)
粗蛋白质/%[d]	13.0	12.0	12.0	14.0	13.0	12.0
能量蛋白比/[kJ/%(kcal/%)]	981(235)	1 029(246)	1 013(246)	911(218)	965(231)	1 045(250)
赖氨酸能量比/[g/MJ(g/Mcal)]	0.42(1.74)	0.40(1.67)	0.38(1.58)	0.42(1.74)	0.41(1.70)	0.38(1.60)
氨基酸/%						
赖氨酸	0.53	0.49	0.46	0.53	0.51	0.48
蛋氨酸	0.14	0.13	0.12	0.14	0.13	0.12
蛋氨酸+胱氨酸	0.34	0.32	0.31	0.34	0.33	0.32
苏氨酸	0.40	0.39	0.37	0.40	0.40	0.38
色氨酸	0.10	0.09	0.09	0.10	0.09	0.09
异亮氨酸	0.29	0.28	0.26	0.29	0.29	0.27
亮氨酸	0.45	0.41	0.37	0.45	0.42	0.38
精氨酸	0.06	0.02	0.00	0.06	0.02	0.00
缬氨酸	0.35	0.32	0.30	0.35	0.33	0.31
组氨酸	0.17	0.16	0.15	0.17	0.17	0.16
苯丙氨酸	0.29	0.27	0.25	0.29	0.28	0.26
苯丙氨酸+酪氨酸	0.49	0.45	0.43	0.49	0.47	0.44

续附表 1-3

妊娠期	妊娠前期			妊娠后期		
配种体重/kg[b]	120～150	150～180	>180	120～150	150～180	>180
矿物元素[e]/(%或每千克饲粮含量)						
钙/%	0.68					
总磷/%	0.54					
非植酸磷/%	0.32					
钠/%	0.14					
氯/%	0.11					
镁/%	0.04					
钾/%	0.18					
铜/mg	5.0					
碘/mg	0.13					
铁/mg	75.0					
锰/mg	18.0					
硒/mg	0.14					
锌/mg	45.0					
维生素和脂肪酸[e]/(%或每千克饲粮含量)[f]						
维生素 A/IU[g]	3 620					
维生素 D_3/IU[h]	180					
维生素 E/IU[i]	40					
维生素 K/mg	0.50					
硫胺素/mg	0.90					
核黄素/mg	3.40					
泛酸/mg	11					
烟酸/mg	9.05					
吡哆醇/mg	0.90					
生物素/mg	0.19					
叶酸/mg	1.20					
维生素 B_{12}/μg	14					
胆碱/g	1.15					
亚油酸/%	0.10					

a. 消化能、氨基酸是根据国内试验报告、企业经验数据和 NRC(1998)妊娠模型得到的。

b. 妊娠前期指妊娠前 12 周，妊娠后期指妊娠后 4 周；“120～150 kg”阶段适用于初产母猪和因泌乳期消耗过度的经产母猪，“150～180 kg”阶段适用于自身尚有生长潜力的经产母猪，“180 kg 以上”指达到标准成年体重的经产母猪，其对养分的需要量不随体重增长而变化。

c. 假定代谢能为消化能的 96%。

d. 以玉米-豆粕型日粮为基础确定的。

e. 矿物质需要量包括饲料原料中提供的矿物质。

f. 维生素需要量包括饲料原料中提供的维生素量。

g. 1 IU 维生素 A=0.344 μg 维生素 A 醋酸酯。

h. 1 IU 维生素 D_3=0.025 μg 胆钙化醇。

i. 1 IU 维生素 E=0.67 mg *D*-*α*-生育酚或 1 mg *DL*-*α*-生育酚醋酸酯。

附表 1-4　瘦肉型泌乳母猪每千克饲粮养分含量(88%干物质)[a]

分娩体重/kg	140～180		180～240	
泌乳期体重变化/kg	0.0	−10.0	−7.5	−15
哺乳窝仔数/头	9	9	10	10
采食量/(kg/d)	5.25	4.65	5.65	5.20
饲粮消化能含量/[MJ/kg(kcal/kg)]	13.80 (3 300)	13.80 (3 300)	13.80 (3 300)	13.80 (3 300)
饲粮代谢能含量/[MJ/kg(kcal/kg)][b]	13.25 (3 170)	13.25 (3 170)	13.25 (3 170)	13.25 (3 170)
粗蛋白质/%[c]	17.5	18.0	18.0	18.5
能量蛋白比/[kJ/%(kcal/%)]	789 (189)	767 (183)	767 (183)	746 (178)
赖氨酸能量比/[g/MJ(g/Mcal)]	0.64 (2.67)	0.67 (2.82)	0.66 (2.76)	0.68 (2.85)
氨基酸/%				
赖氨酸	0.88	0.93	0.91	0.94
蛋氨酸	0.22	0.24	0.23	0.24
蛋氨酸+胱氨酸	0.42	0.45	0.44	0.45
苏氨酸	0.56	0.59	0.58	0.60
色氨酸	0.16	0.17	0.17	0.18
异亮氨酸	0.49	0.52	0.51	0.53
亮氨酸	0.95	1.01	0.98	1.02
精氨酸	0.48	0.48	0.47	0.47
缬氨酸	0.74	0.79	0.77	0.81
组氨酸	0.34	0.36	0.35	0.37
苯丙氨酸	0.47	0.50	0.48	0.50
苯丙氨酸+酪氨酸	0.97	1.03	1.00	1.04
矿物元素[d]/(%或每千克饲粮含量)				
钙/%	0.77			
总磷/%	0.62			
有效磷/%	0.36			
钠/%	0.21			
氯/%	0.16			
镁/%	0.04			
钾/%	0.21			
铜/mg	5.0			
碘/mg	0.14			
铁/mg	80.0			
锰/mg	20.5			
硒/mg	0.15			
锌/mg	51.0			

续附表 1-4

分娩体重/kg	140～180	180～240
维生素和脂肪酸/(%或每千克饲粮含量)[e]		
维生素 A/IU[f]	2 050	
维生素 D_3/IU[g]	205	
维生素 E/IU[h]	45	
维生素 K/mg	0.5	
硫胺素/mg	1.00	
核黄素/mg	3.85	
泛酸/mg	12	
烟酸/mg	10.25	
吡哆醇/mg	1.00	
生物素/mg	0.21	
叶酸/mg	1.35	
维生素 B_{12}/μg	15.0	
胆碱/g	1.00	
亚油酸/%	0.10	

a. 由于国内缺乏哺乳母猪的试验数据，消化能、氨基酸是根据国内一些企业的经验数据和 NRC(1998)泌乳模型得到的。

b. 假定代谢能为消化能的 96%。

c. 以玉米-豆粕型日粮为基础确定的。

d. 矿物质需要量包括饲料原料中提供的矿物质。

e. 维生素需要量包括饲料原料中提供的维生素量。

f. 1 IU 维生素 A=0.344 μg 维生素 A 醋酸酯。

g. 1 IU 维生素 D_3=0.025 μg 胆钙化醇。

h. 1 IU 维生素 E=0.67 mg *D-a*-生育酚或 1 mg *DL-a*-生育酚醋酸酯。

附表 1-5 配种公猪每千克饲粮和每日每头养分需要量(自由采食,88%干物质)[a]

饲粮消化能含量/[MJ/kg (kcal/kg)]	12.95 (3 100)	12.95 (3 100)
饲粮代谢能含量/[MJ/kg[b] (kcal/kg)]	12.45 (2 975)	12.45 (2 975)
消化能摄入量/[MJ/kg (Mcal/kg)]	21.70 (6 820)	21.70 (6 820)
代谢能摄入量/[MJ/kg (Mcal/kg)]	20.85 (6 545)	20.85 (6 545)
采食量/(kg/d)[d]	2.2	2.2
粗蛋白质/%[c]	13.50	13.50
能量蛋白比/[kJ/%(kcal/%)]	959 (230)	959 (230)
赖氨酸能量比/[g/MJ(g/Mcal)]	0.42 (1.78)	0.42 (1.78)
营养	每千克饲料中含量	每日需要量
氨基酸		
赖氨酸	0.55%	12.1 g
蛋氨酸	0.15%	3.31 g
蛋氨酸+胱氨酸	0.38%	8.4 g
苏氨酸	0.46%	10.1 g
色氨酸	0.11%	2.4 g
异亮氨酸	0.32%	7.0 g
亮氨酸	0.47%	10.3 g
精氨酸	0.00%	0.0 g
缬氨酸	0.36%	7.9 g
组氨酸	0.17%	3.7 g
苯丙氨酸	0.30%	6.6 g
苯丙氨酸+酪氨酸	0.52%	11.4 g

续附表 1-5

营养	每千克饲料中含量	每日需要量
矿物元素[e]		
钙	0.70%	15.4 g
总磷	0.55%	12.1 g
有效磷	0.32%	7.04 g
钠	0.14%	3.08 g
氯	0.11%	2.42 g
镁	0.04%	0.88 g
钾	0.20%	4.40g
铜	5 mg	11.0 mg
碘	0.15 mg	0.33 mg
铁	80 mg	176.00 mg
锰	20 mg	44.00 mg
硒	0.15 mg	0.33 mg
锌	75 mg	165 mg
维生素和脂肪酸[f]		
维生素 A[g]	4 000 IU	8 800 IU
维生素 D_3[h]	220 IU	485 IU
维生素 E[i]	45 IU	100 IU
维生素 K	0.50 mg	1.10 mg
硫胺素	1.0 mg	2.20 mg
核黄素	3.5 mg	7.70 mg
泛酸	12 mg	26.4 mg
烟酸	10 mg	22 mg
吡哆醇	1.0 mg	2.20 mg
生物素	0.20 mg	0.44 mg
叶酸	1.30 mg	2.86 mg
维生素 B_{12}	15 μg	33 ug
胆碱	1.25 g	2.75 g
亚油酸	0.1%	2.2 g

a. 需要量的制定以每日采食 2.2 kg 饲粮为基础，采食时根据公猪的体重和期望的增重进行调整。

b. 假定代谢能为消化能的 96%。

c. 以玉米-豆粕型日粮为基础。

d. 配种前 1 个月采食量增加 20%～25%，冬季严寒期采食量增加 10%～20%。

e. 矿物质需要量包括饲料原料中提供的矿物质。

f. 维生素需要量包括饲料原料中提供的维生素量。

g. 1 IU 维生素 A=0.344 μg 维生素 A 醋酸酯。

h. 1 IU 维生素 D_3=0.025 μg 胆钙化醇。

i. 1 IU 维生素 E=0.67 mg D-α-生育酚或 1 mg DL-α-生育酚醋酸酯。

附录二 中国饲料营养成分及营养价值表(2020 年第 31 版,中国饲料数据库,节选)

附表 2-1 饲料描述及常规成分*

%

序号	中国饲料号 CFN	饲料名称 Feed Name	饲料描述 Description	干物质 DM	粗蛋白质 CP	粗脂肪 EE	粗纤维 CF	无氮浸出物 NFE	粗灰分 Ash	中性洗涤纤维 NDF	酸性洗涤纤维 ADF	淀粉 Starch	钙 Ca	总磷 P	有效磷 A-P
1	4-07-0278	玉米 corn grain	成熟,高蛋白,优质	88.0	9.0	3.5	2.8	71.5	1.2	9.1	3.3	61.7	0.01	0.31	0.09
2	4-07-0288	玉米 corn grain	成熟,高赖氨酸,优质	86.0	8.5	5.3	2.6	68.3	1.3	9.4	3.5	59.0	0.16	0.25	0.05
3	4-07-0279	玉米 corn grain	成熟,GB 1353—2018 1 级	86.0	8.7	3.6	1.6	70.7	1.4	9.3	2.7	65.4	0.02	0.27	0.05
4	4-07-0280	玉米 corn grain	成熟,GB 1353—2018 2 级	86.0	8.0	3.6	2.3	71.8	1.2	9.9	3.1	63.5	0.02	0.27	0.05
5	4-07-0272	高粱 sorghum grain	成熟,GB 8231—87	88.0	8.7	3.4	1.4	70.7	1.8	17.4	8.0	68.0	0.13	0.36	0.09
6	4-07-0270	小麦 wheat grain	混合小麦,成熟, GB 1351—2008 2 级	88.0	13.4	1.7	1.9	69.1	1.9	13.3	3.9	54.6	0.17	0.41	0.21
7	4-07-0274	大麦(裸)naked barley grain	裸大麦,成熟, GB/T 11760—2008 2 级	87.0	13.0	2.1	2.0	67.7	2.2	10.0	2.2	50.2	0.04	0.39	0.12
8	4-07-0277	大麦(皮)barley grain	皮大麦,成熟, GB 10367—89 1 级	87.0	11.0	1.7	4.8	67.1	2.4	18.4	6.8	52.2	0.09	0.33	0.10
9	4-07-0281	黑麦 rye	籽粒,进口	88.0	9.5	1.5	2.2	73.0	1.8	12.3	4.6	56.5	0.05	0.30	0.14
10	4-07-0273	稻谷 paddy	成熟,晒干 NY/T 2 级	86.0	7.8	1.6	8.2	63.8	4.6	27.4	13.7	63.0	0.03	0.36	0.15
11	4-07-0276	糙米 rough rice	除去外壳的大米 GB/T 18810-2002 1 级	87.0	8.8	2.0	0.7	74.2	1.3	1.6	0.8	47.8	0.03	0.35	0.13
12	4-07-0275	碎米 broken rice	加工精米后的副产品 GB/T 5503-2009 1 级	88.0	10.4	2.2	1.1	72.7	1.6	0.8	0.6	51.6	0.06	0.35	0.12
13	4-07-0479	粟(谷子)millet grain	合格,带壳,成熟	86.5	9.7	2.3	6.8	65.0	2.7	15.2	13.3	63.2	0.12	0.30	0.09
14	4-04-0067	木薯干 cassava tuber flake	木薯干片,晒干 GB 10369—89 合格	87.0	2.5	0.7	2.5	79.4	1.9	8.4	6.4	71.6	0.27	0.09	0.03
15	4-04-0068	甘薯干 sweet potato tuber flake	甘薯干片,晒干 NY/T 121—1989 合格	87.0	4.0	0.8	2.8	76.4	3.0	8.1	4.1	64.5	0.19	0.02	—
16	4-08-0104	次粉 wheat middling and reddog	黑面,黄粉,下面 NY/T 211—1992 1 级	88.0	15.4	2.2	1.5	67.1	1.5	18.7	4.3	37.8	0.08	0.48	0.17

续附表 2-1

序号	中国饲料号 CFN	饲料名称 Feed Name	饲料描述 Description	干物质 DM	粗蛋白质 CP	粗脂肪 EE	粗纤维 CF	无氮浸出物 NFE	粗灰分 Ash	中性洗涤纤维 NDF	酸性洗涤纤维 ADF	淀粉 Starch	钙 Ca	总磷 P	有效磷 A-P
17	4-08-0105	次粉 wheat middling and reddog	黑面，黄粉，下面 NY/T 211—1992 2 级	87.0	13.6	2.1	2.8	66.7	1.8	31.9	10.5	36.7	0.08	0.48	0.17
18	4-08-0069	小麦麸 wheat bran	传统制粉工艺 GB 10368—1989 1 级	87.0	15.7	3.9	6.5	56.0	4.9	37.0	13.0	22.6	0.11	0.92	0.32
19	4-08-0070	小麦麸 wheat bran	传统制粉工艺 GB 10368—1989 2 级	87.0	14.3	4.0	6.8	57.1	4.8	41.3	11.9	19.8	0.10	0.93	0.33
20	4-08-0041	米糠 rice bran	新鲜，不脱脂 NY/T 2 级	90.0	14.5	15.5	6.8	45.6	7.6	20.3	11.6	27.4	0.05	2.37	0.35
21	4-10-0025	米糠饼 rice bran meal(exp.)	未脱脂，机榨 NY/T 1 级	90.0	15.0	9.2	7.6	49.3	8.9	28.3	11.9	30.9	0.14	1.73	0.25
22	4-10-0018	米糠粕 rice bran meal(sol.)	浸提或预压浸提 NY/T 1 级	87.0	15.1	2.0	7.5	53.6	8.8	23.3	10.9	25.0	0.15	1.82	0.25
23	5-09-0127	大豆 soybean	黄大豆，成熟 GB 1352—86 2 级	87.0	35.5	17.3	4.3	25.7	4.2	7.9	7.3	2.6	0.27	0.48	0.12
24	5-09-0128	全脂大豆 full-fat soybean	微粒化 GB/T 20411-2006	88.0	35.5	18.7	4.6	25.2	4.0	11.0	6.4	6.7	0.32	0.40	0.10
25	5-10-0241	大豆饼 soybean meal(exp.)	机榨 GB 10379—1989 2 级	89.0	41.8	5.8	4.8	30.7	5.9	18.1	15.5	3.6	0.31	0.50	0.13
26	5-10-0103	去皮大豆粕 soybean meal(sol.)	去皮，浸提或预压浸提 NY/T 1 级	89.0	47.9	1.5	3.3	29.7	4.9	8.8	5.3	1.8	0.34	0.65	0.24
27	5-10-0102	大豆粕 soybean meal(sol.)	浸提或预压浸提 GB/T 19541-2017	89.0	44.2	1.9	5.9	28.3	6.1	13.6	9.6	3.5	0.33	0.62	0.16
28	5-10-0118	棉籽饼 cottonseed meal(exp.)	机榨 NY/T 129—1989 2 级	88.0	36.3	7.4	12.5	26.1	5.7	32.1	22.9	3.0	0.21	0.83	0.21
29	5-10-0119	棉籽粕 cottonseed meal(sol.)	浸提 GB 21264—2007 1 级	90.0	47.0	0.5	10.2	26.3	6.0	22.5	15.3	1.5	0.25	1.10	0.28
30	5-10-0117	棉籽粕 cottonseed meal(sol.)	浸提 GB 21264—2007 2 级	90.0	43.5	0.5	10.5	28.9	6.6	28.4	19.4	1.8	0.28	1.04	0.26
31	5-10-0220	棉籽蛋白 cottonseed protein	脱酚，低温一次浸出，分步萃取	92.0	51.1	1.0	6.9	27.3	5.7	20.0	13.7	0.9	0.29	0.89	0.22
32	5-10-0183	菜籽饼 rapeseed meal(exp.)	机榨 NY/T 1799—2009 2 级	88.0	35.7	7.4	11.4	26.3	7.2	33.3	26.0	3.8	0.59	0.96	0.20
33	5-10-0121	菜籽粕 rapeseed meal(sol.)	浸提 GB/T 23736-2009 2 级	88.0	38.6	1.4	11.8	28.9	7.3	20.7	16.8	6.1	0.65	1.02	0.25
34	5-10-0116	花生仁饼 peanut meal (exp.)	机榨 NY/T 132—2019 2 级	88.0	44.7	7.2	5.9	25.1	5.1	14.0	8.7	6.6	0.25	0.53	0.16
35	5-10-0115	花生仁粕 peanut meal(sol.)	浸提 GB 10382—1989 2 级	88.0	47.8	1.4	6.2	27.2	5.4	15.5	11.7	6.7	0.27	0.56	0.17
36	1-10-0031	向日葵仁饼 sunflower meal(exp.)	壳仁比 35:65 NY/T 128—1989 3 级	88.0	29.0	2.9	20.4	31.0	4.7	41.4	29.6	2.0	0.24	0.87	0.22

续附表 2-1

序号	中国饲料号 CFN	饲料名称 Feed Name	饲料描述 Description	干物质 DM	粗蛋白质 CP	粗脂肪 EE	粗纤维 CF	无氮浸出物 NFE	粗灰分 Ash	中性洗涤纤维 NDF	酸性洗涤纤维 ADF	淀粉 Starch	钙 Ca	总磷 P	有效磷 A-P
37	5-10-0242	向日葵仁粕 sunflower meal(sol.)	壳仁比 16:84 GB 10377—89 T 2 级	88.0	36.5	1.0	10.5	34.4	5.6	14.9	13.6	6.2	0.27	1.13	0.29
38	5-10-0243	向日葵仁粕 sunflower meal(sol.)	壳仁比 24:76 GB 10377—89 T 2 级	88.0	33.6	1.0	14.8	38.8	5.3	32.8	23.5	4.4	0.26	1.03	0.26
39	5-10-0119	亚麻仁饼 linseed meal(exp.)	机榨 NY/T 216—1992 2 级	88.0	32.2	7.8	7.8	34.0	6.2	29.7	27.1	11.4	0.39	0.88	0.22
40	5-10-0120	亚麻仁粕 linseed meal(sol.)	浸提或预压浸提 NY/T 216—1992 2 级	88.0	34.8	1.8	8.2	36.6	6.6	21.6	14.4	13.0	0.42	0.95	0.24
41	5-10-0246	芝麻饼 sesame meal(exp.)	机榨,CP 40%	92.0	39.2	10.3	7.2	24.9	10.4	18.0	13.2	1.8	2.24	1.19	0.31
42	5-11-0001	玉米蛋白粉 corn gluten meal	去胚芽、淀粉后的面筋部分 NY/T 685—20031 级	90.1	63.5	5.4	1.0	19.2	1.0	8.7	4.6	17.2	0.07	0.44	0.16
43	5-11-0002	玉米蛋白粉 corn gluten meal	同上,中等蛋白质产品,CP 50% NY/T 685—2003 2 级	88.0	56.3	4.7	1.3	23.4	2.3	8.2	5.1	16.1	0.04	0.44	0.15
44	5-11-0008	玉米蛋白粉 corn gluten meal	同上,中等蛋白质产品,CP 40% NY/T 685—2003 3 级	89.9	44.3	6.0	1.6	37.1	0.9	29.1	8.2	20.6	0.12	0.50	0.31
45	5-11-0003	玉米蛋白饲料 corn gluten feed	玉米去胚芽、淀粉后的含皮残渣	88.0	18.3	7.5	7.8	47.0	5.4	33.6	10.5	21.5	0.15	0.70	0.17
46	4-10-0026	玉米胚芽饼 corn germ meal(exp.)	玉米湿磨后的胚芽,机榨	90.0	16.7	9.6	6.3	50.8	6.6	28.5	7.4	13.5	0.04	0.50	0.15
47	4-10-0244	玉米胚芽粕 corn germ meal(sol.)	玉米湿磨后的胚芽,浸提	90.0	20.8	2.0	6.5	54.8	5.9	38.2	10.7	14.2	0.06	0.50	0.15
48	5-11-0007	DDGS(distiller dried grains with solubles)	玉米酒精糟及可溶物,脱水	89.2	27.5	10.1	6.6	39.9	5.1	38.3	12.5	4.2	0.06	0.71	0.48
49	5-11-0009	蚕豆粉浆蛋白粉 broad bean gluten meal	蚕豆去皮制粉丝后的浆液,脱水	88.0	66.3	4.7	4.1	10.3	2.6	13.7	9.7	—		0.59	0.18
50	5-11-0004	麦芽根 barley malt sprouts	大麦芽副产品,干燥	89.7	28.3	1.4	12.5	41.4	6.1	40.0	15.1	7.2	0.22	0.73	0.18
51	5-13-0044	鱼粉(CP 67%) fish meal	进口 GB/T 19164-2003,特级	92.4	67.0	8.4	0.2	0.4	16.4				4.56	2.88	2.88
52	5-13-0046	鱼粉(CP 60.2%) fish meal	沿海产的海鱼粉,脱脂,12 样平均值	90.0	60.2	4.9	0.5	11.6	12.8				4.04	2.90	2.90
53	5-13-0077	鱼粉(CP 53.5%) fish meal	沿海产的海鱼粉,脱脂,11 样平均值	90.0	53.5	10.0	0.8	4.9	20.8				5.88	3.20	3.20
54	5-13-0036	血粉 blood meal	鲜猪血喷雾干燥,国产	88.0	82.8	0.4		1.6	3.2				0.29	0.31	0.29
55	5-13-0037	羽毛粉 feather meal	纯净羽毛,水解,国产	88.0	77.9	2.2	0.7	1.4	5.8				0.20	0.68	0.61
56	5-13-0038	皮革粉 leather meal	废牛皮,水解,国产	88.0	74.7	0.8	1.6		10.9				4.40	0.15	0.13

续附表 2-1

序号	中国饲料号 CFN	饲料名称 Feed Name	饲料描述 Description	干物质 DM	粗蛋白质 CP	粗脂肪 EE	粗纤维 CF	无氮浸出物 NFE	粗灰分 Ash	中性洗涤纤维 NDF	酸性洗涤纤维 ADF	淀粉 Starch	钙 Ca	总磷 P	有效磷 A-P
57	5-13-0047	肉骨粉 meat and bone meal	屠宰下脚，带骨干燥粉碎	93.0	50.0	8.5	2.8		31.7				9.20	4.70	4.37
58	5-13-0048	肉粉 meat meal	脱脂，国产	94.0	54.0	12.0	1.4	4.3	22.3				7.69	3.88	3.61
59	1-05-0074	苜蓿草粉(CP 19%)alfalfa meal	一茬盛花期烘干 NY/T 140—2002 1 级	87.0	19.1	2.3	22.7	35.3	7.6	36.7	25.0	6.1	1.40	0.51	0.51
60	1-05-0075	苜蓿草粉(CP 17%)alfalfa meal	一茬盛花期烘干 NY/T 140—2002 2 级	87.0	17.2	2.6	25.6	33.3	8.3	39.0	28.6	3.4	1.52	0.22	0.22
61	1-05-0076	苜蓿草粉(CP 14%～15%)alfalfa meal	NY/T 140—2002 3 级	87.0	14.3	2.1	29.8	33.8	10.1	36.8	29.0	3.5	1.34	0.19	0.19
62	5-11-0005	啤酒糟 brewers dried grain	大麦酿造副产品	88.0	24.3	5.3	13.4	40.8	4.2	39.4	24.6	11.5	0.32	0.42	0.14
63	7-15-0001	啤酒酵母 brewers dried yeast	啤酒酵母菌粉 QB/T 1940—94	91.7	52.4	0.4	0.6	33.6	4.7	6.1	1.8	1.0	0.16	1.02	0.46
64	4-13-0075	乳清粉 whey, dehydrated	乳清，脱水，乳糖含量 73%	97.2	11.5	0.8	0.1	76.8	8.0				0.62	0.69	0.52
65	5-01-0162	酪蛋白 casein	脱水，来源于牛奶	91.7	89.0	0.2		0.4	2.1				0.20	0.68	0.67
66	5-14-0503	明胶 gelatin	食用	90.0	88.6	0.5		0.6	0.3				0.49		
67	4-06-0076	牛奶乳糖 milk lactose	进口，含乳糖 80%以上	96.0	3.5	0.5		82.0	10.0				0.52	0.62	0.62
68	4-06-0077	乳糖 lactose	食用	96.0	0.3			95.7							
69	4-06-0078	葡萄糖 glucose	食用	90.0	0.3			89.7							
70	4-06-0079	蔗糖 sucrose	食用	99.0				98.5	0.5				0.04		
71	4-02-0889	玉米淀粉 corn starch	食用	99.0	0.3	0.2		98.5				98.0		0.03	0.01
72	4-17-0001	牛脂 beef tallow		99.0		98.0*		0.5	0.5						
73	4-17-0002	猪油 lard		99.0		98.0*		0.5	0.5						
74	4-17-0003	家禽脂肪 poultry fat		99.0		98.0*		0.5	0.5						
75	4-17-0004	鱼油 fish oil		99.0		98.0*		0.5	0.5						
76	4-17-0005	菜籽油 rapeseed oil		99.0		98.0*		0.5	0.5						
77	4-17-0006	椰子油 coconut oil		99.0		98.0*		0.5	0.5						
78	4-07-0007	玉米油 corn oil		99.0		98.0*		0.5	0.5						
79	4-17-0008	棉籽油 cottonseed oil		99.0		98.0*		0.5	0.5						
80	4-17-0009	棕榈油 palm oil		99.0		98.0*		0.5	0.5						
81	4-17-0010	花生油 peanuts oil		99.0		98.0*		0.5	0.5						
82	4-17-0011	芝麻油 sesame oil		99.0		98.0*		0.5	0.5						
83	4-17-0012	大豆油 soybean oil	粗制	99.0		98.0*		0.5	0.5						
84	4-17-0013	葵花油 sunflower oil		99.0		98.0*		0.5	0.5						

注：① * 代表典型值(下同)；②“ * ”空的数据项代表为“0”(下同)；③从表所示所有数据，无特别说明者，均表示为饲喂状态的含量数据。

附表 2-2 饲料中有效能值

序号	中国饲料号 CFN	饲料名称 Feed Name	干物质 DM(%)	粗蛋白质 CP(%)	猪消化能 DE		猪代谢能 ME		猪净能 NE		鸡代谢能 AME		肉牛维持净能 NEm		肉牛增重净能 NEg		奶牛产奶净能 NEl		羊消化能 DE	
					Mcal/kg	MJ/kg	Mcal/kg	MJ/kg	Mcal/kg	MJ/kg	Mcal/kg	MJ/kg	Mcal/kg	MJ/kg	Mcal/kg	MJ/kg	Mcal/kg	MJ/kg	Mcal/kg	MJ/kg
1	4-07-0278	玉米	86.0	9.4	3.44	14.39	3.24	13.57	2.66	11.14	3.18	13.31	2.20	9.19	1.68	7.02	1.83	7.66	3.40	14.23
2	4-07-0288	玉米	86.0	8.5	3.45	14.43	3.25	13.60	2.67	11.17	3.25	13.60	2.24	9.39	1.72	7.21	1.84	7.70	3.41	14.27
3	4-07-0279	玉米	86.0	8.7	3.41	14.27	3.21	13.43	2.64	11.04	3.24	13.56	2.21	9.25	1.69	7.09	1.84	7.70	3.41	14.27
4	4-07-0280	玉米	86.0	8.0	3.42	14.33	3.34	13.98	2.66	11.14	3.22	13.47	2.19	9.16	1.67	7.00	1.83	7.66	3.38	14.14
5	4-07-0272	高粱	86.0	9.0	3.15	13.18	2.97	12.43	2.44	10.20	2.94	12.30	1.86	7.80	1.30	5.44	1.59	6.65	3.12	13.05
6	4-07-0270	小麦	88.0	13.4	3.39	14.18	3.16	13.22	2.54	10.64	3.04	12.72	2.09	8.73	1.55	6.46	1.75	7.32	3.40	14.23
7	4-07-0274	大麦(裸)	87.0	13.0	3.24	13.56	3.03	12.68	2.43	10.17	2.68	11.21	1.99	8.31	1.43	5.99	1.68	7.03	3.21	13.43
8	4-07-0277	大麦(皮)	87.0	11.0	3.02	12.64	2.83	11.84	2.27	9.48	2.70	11.30	1.90	7.95	1.35	5.64	1.62	6.78	3.16	13.22
9	4-07-0281	黑麦	88.0	11.0	3.31	13.85	3.10	12.97	2.50	10.46	2.69	11.25	1.98	8.27	1.42	5.95	1.68	7.03	3.39	14.18
10	4-07-0273	稻谷	86.0	7.8	2.69	11.25	2.54	10.63	1.91	7.99	2.63	11.00	1.80	7.54	1.28	5.33	1.53	6.40	3.02	12.64
11	4-07-0276	糙米	87.0	8.8	3.44	14.39	3.24	13.57	2.68	11.21	3.36	14.06	2.22	9.28	1.71	7.16	1.84	7.70	3.41	14.27
12	4-07-0275	碎米	88.0	10.4	3.60	15.06	3.38	14.14	2.64	11.05	3.40	14.23	2.40	10.05	1.92	8.03	1.97	8.24	3.43	14.35
13	4-07-0479	粟(谷子)	86.5	9.7	3.09	12.93	2.91	12.18	2.32	9.71	2.84	11.88	1.97	8.25	1.43	6.00	1.67	6.99	3.00	12.55
14	4-04-0067	木薯干	87.0	2.5	3.13	13.10	2.97	12.43	2.51	10.50	2.96	12.38	1.67	6.99	1.12	4.70	1.43	5.98	2.99	12.51
15	4-04-0068	甘薯干	87.0	4.0	2.82	11.80	2.68	11.21	2.26	9.46	2.34	9.79	1.85	7.76	1.33	5.57	1.57	6.57	3.27	13.68
16	4-08-0104	次粉	88.0	15.4	3.27	13.68	3.04	12.72	2.27	9.50	3.05	12.76	2.41	10.10	1.92	8.02	1.99	8.32	3.32	13.89
17	4-08-0105	次粉	87.0	13.6	3.21	13.43	2.99	12.51	2.23	9.33	2.99	12.51	2.37	9.92	1.88	7.87	1.95	8.16	3.25	13.60
18	4-08-0069	小麦麸	87.0	15.7	2.24	9.37	2.08	8.70	1.52	6.36	1.36	5.69	1.67	7.01	1.09	4.55	1.46	6.11	2.91	12.18
19	4-08-0070	小麦麸	87.0	14.3	2.23	9.33	2.07	8.66	1.52	6.36	1.35	5.65	1.66	6.95	1.07	4.50	1.45	6.08	2.89	12.10
20	4-08-0041	米糠	87.0	12.8	3.02	12.64	2.82	11.80	2.22	9.29	2.68	11.21	2.05	8.58	1.40	5.85	1.78	7.45	3.29	13.77
21	4-10-0025	米糠饼	88.0	14.7	2.99	12.51	2.78	11.63	2.12	8.87	2.43	10.17	1.72	7.20	1.11	4.65	1.50	6.28	2.85	11.92
22	4-10-0018	米糠粕	87.0	15.1	2.76	11.55	2.57	10.75	1.96	8.20	1.98	8.28	1.45	6.06	0.90	3.75	1.26	5.27	2.39	10.00
23	5-09-0127	大豆	87.0	35.5	3.97	16.61	3.53	14.77	2.72	11.38	3.24	13.56	2.16	9.03	1.42	5.93	1.90	7.95	3.91	16.36
24	5-09-0128	全脂大豆	88.0	35.5	4.24	17.74	3.77	15.77	2.76	11.55	3.48	14.55	2.20	9.19	1.44	6.01	1.94	8.12	3.99	16.99
25	5-10-0241	大豆饼	89.0	41.8	3.44	14.39	3.01	12.59	2.01	8.41	2.52	10.54	2.02	8.44	1.36	5.67	1.75	7.32	3.37	14.10
26	5-10-0103	去皮大豆粕	89.0	47.9	3.60	15.06	3.11	13.01	2.09	8.74	2.53	10.58	2.07	8.68	1.45	6.06	1.78	7.45	3.42	14.31
27	5-10-0102	大豆粕	89.0	44.2	3.37	14.26	2.97	12.43	2.02	8.45	2.39	10.00	2.08	8.71	1.48	6.20	1.78	7.45	3.41	14.27
28	5-10-0118	棉籽饼	88.0	36.3	2.37	9.92	2.10	8.79	1.33	5.56	2.16	9.04	1.79	7.51	1.13	4.72	1.58	6.61	3.16	13.22

续附表 2-2

序号	中国饲料号 CFN	饲料名称 Feed Name	干物质 DM(%)	粗蛋白质 CP(%)	猪消化能 DE		猪代谢能 ME		猪净能 NE		鸡代谢能 AME		肉牛维持净能 NEm		肉牛增重净能 NEg		奶牛产奶净能 NEl		羊消化能 DE	
					Mcal/kg	MJ/kg	Mcal/kg	MJ/kg	Mcal/kg	MJ/kg	Mcal/kg	MJ/kg	Mcal/kg	MJ/kg	Mcal/kg	MJ/kg	Mcal/kg	MJ/kg	Mcal/kg	MJ/kg
29	5-10-0119	棉籽粕	90.0	47.0	2.25	9.41	1.95	8.28	1.37	5.73	1.86	7.78	1.78	7.44	1.13	4.73	1.56	6.53	3.12	13.05
30	5-10-0117	棉籽粕	90.0	43.5	2.31	9.68	2.01	8.43	1.41	5.90	2.03	8.49	1.76	7.35	1.12	4.69	1.54	6.44	2.98	12.47
31	5-10-0220	棉籽蛋白	92.0	51.1	2.45	10.25	2.13	8.91	1.49	6.23	2.16	9.04	1.87	7.82	1.20	5.02	1.82	7.61	3.16	13.22
32	5-10-0183	菜籽饼	88.0	35.7	2.88	12.05	2.56	10.71	1.78	7.45	1.95	8.16	1.59	6.64	0.93	3.90	1.42	5.94	3.14	13.14
33	5-10-0121	菜籽粕	88.0	38.6	2.53	10.59	2.23	9.33	1.47	6.15	1.77	7.41	1.57	6.56	0.95	3.98	1.39	5.82	2.88	12.05
34	5-10-0116	花生仁饼	88.0	44.7	3.08	12.89	2.68	11.21	1.88	7.87	2.78	11.63	2.37	9.91	1.73	7.22	2.02	8.45	3.44	14.39
35	5-10-0115	花生仁粕	88.0	47.8	2.97	12.43	2.56	10.71	1.67	6.99	2.60	10.88	2.10	8.80	1.48	6.20	1.80	7.53	3.24	13.56
36	5-10-0031	向日葵仁饼	88.0	29.0	1.89	7.91	1.70	7.11	1.00	4.18	1.59	6.65	1.43	5.99	0.82	3.41	1.28	5.36	2.10	8.79
37	5-10-0242	向日葵仁粕	88.0	36.5	2.78	11.63	2.46	10.29	1.33	5.56	2.32	9.71	1.75	7.33	1.14	4.76	1.53	6.40	2.54	10.63
38	5-10-0243	向日葵仁粕	88.0	33.6	2.49	10.42	2.22	9.29	1.19	4.98	2.03	8.49	1.58	6.60	0.93	3.90	1.41	5.90	2.04	8.54
39	5-10-0119	亚麻仁饼	88.0	32.2	2.90	12.13	2.60	10.88	1.74	7.28	2.34	9.79	1.90	7.96	1.25	5.23	1.66	6.95	3.20	13.39
40	5-10-0120	亚麻仁粕	88.0	34.8	2.37	9.92	2.11	8.83	1.40	5.86	1.90	7.95	1.78	7.44	1.17	4.89	1.54	6.44	2.99	12.51
41	5-10-0246	芝麻饼	92.0	39.2	3.20	13.39	2.82	11.80	1.89	7.91	2.14	8.95	1.92	8.02	1.23	5.13	1.69	7.07	3.51	14.69
42	5-11-0001	玉米蛋白粉	90.1	63.5	3.60	15.06	3.00	12.55	2.16	9.04	3.88	16.23	2.32	9.71	1.58	6.61	2.02	8.45	4.39	18.37
43	5-11-0002	玉米蛋白粉	88.0	56.3	3.73	15.61	3.19	13.35	2.24	9.37	3.41	14.27	2.14	8.96	1.40	5.85	1.89	7.91	3.56	14.90
44	5-11-0008	玉米蛋白粉	89.9	44.3	3.59	15.02	3.13	13.10	2.15	9.00	3.18	13.31	1.93	8.08	1.26	5.26	1.74	7.28	3.28	13.73
45	5-11-0003	玉米蛋白饲料	88.0	19.3	2.48	10.38	2.28	9.54	1.69	7.07	2.02	8.45	2.00	8.36	1.36	5.69	1.70	7.11	3.20	13.39
46	4-10-0026	玉米胚芽饼	90.0	16.7	3.51	14.69	3.25	13.60	2.21	9.25	2.24	9.37	2.06	8.62	1.40	5.86	1.75	7.32	3.29	13.77
47	4-10-0244	玉米胚芽粕	90.0	20.8	3.28	13.72	3.01	12.59	2.07	8.66	2.07	8.66	1.87	7.83	1.27	5.33	1.60	6.69	3.01	12.60
48	5-11-0007	玉米 DDGS	89.2	27.5	3.43	14.35	3.10	12.97	2.25	9.41	2.20	9.20	1.86	7.78	1.57	6.58	2.14	8.97	3.50	14.64
49	5-11-0009	蚕豆粉浆蛋白粉	88.0	66.3	3.23	13.51	2.69	11.25	1.87	7.82	3.47	14.52	2.16	9.03	1.47	6.16	1.92	8.03	3.61	15.11
50	5-11-0004	麦芽根	89.7	28.3	2.31	9.67	2.09	8.74	1.25	5.23	1.41	5.90	1.60	6.69	1.02	4.29	1.43	5.98	2.73	11.42
51	5-13-0044	鱼粉(CP 67%)	92.4	67.0	3.22	13.47	2.67	11.16	1.93	8.08	3.10	12.97	1.72	7.20	1.10	4.60	2.33	9.75	3.09	12.93
52	5-13-0046	鱼粉(CP 60.2%)	90.0	60.2	3.00	12.55	2.52	10.54	1.80	7.53	2.82	11.80	1.86	7.77	1.19	4.98	1.63	6.82	3.07	12.85
53	5-13-0077	鱼粉(CP 53.5%)	90.0	53.5	3.09	12.93	2.63	11.00	1.85	7.74	2.90	12.13	1.85	7.72	1.21	5.05	1.61	6.74	3.14	13.14
54	5-13-0036	血粉	88.0	82.8	2.73	11.42	2.16	9.04	1.42	5.94	2.46	10.29	1.45	6.08	0.75	3.13	1.34	5.61	2.40	10.04
55	5-13-0037	羽毛粉	88.0	77.9	2.77	11.59	2.22	9.29	1.43	5.98	2.73	11.42	1.46	6.10	0.76	3.19	1.34	5.61	2.54	10.63
56	5-13-0038	皮革粉	88.0	74.7	2.75	11.51	2.23	9.33	1.32	5.52	1.48	6.19	0.67	2.81	0.37	1.55	0.74	3.10	2.64	11.05
57	5-13-0047	肉骨粉	93.0	50.0	2.83	11.84	2.43	10.17	1.61	6.74	2.38	9.96	1.65	6.91	1.08	4.53	1.43	5.98	2.77	11.59

续附表 2-2

序号	中国饲料号 CFN	饲料名称 Feed Name	干物质 DM(%)	粗蛋白质 CP(%)	猪消化能 DE		猪代谢能 ME		猪净能 NE		鸡代谢能 AME		肉牛维持净能 NEm		肉牛增重净能 NEg		奶牛产奶净能 NEl		羊消化能 DE	
					Mcal/kg	MJ/kg	Mcal/kg	MJ/kg	Mcal/kg	MJ/kg	Mcal/kg	MJ/kg	Mcal/kg	MJ/kg	Mcal/kg	MJ/kg	Mcal/kg	MJ/kg	Mcal/kg	MJ/kg
58	5-13-0048	肉粉	94.0	54.0	2.70	11.30	2.30	9.62	1.54	6.44	2.20	9.20	1.66	6.95	1.05	4.39	1.34	5.61	2.52	10.55
59	1-05-0074	苜蓿草粉（CP 19%）	87.0	19.1	1.66	6.95	1.53	6.40	0.81	3.39	0.97	4.06	1.29	5.40	0.73	3.04	1.15	4.81	2.36	9.87
60	1-05-0075	苜蓿草粉（CP 17%）	87.0	17.2	1.46	6.11	1.35	5.65	0.70	2.93	0.87	3.64	1.29	5.38	0.73	3.05	1.14	4.77	2.29	9.58
61	1-05-0076	苜蓿草粉（CP 14%～15%）	87.0	14.3	1.49	6.23	1.39	5.82	0.69	2.89	0.84	3.51	1.11	4.66	0.57	2.40	1.00	4.18	1.87	7.83
62	5-11-0005	啤酒糟	88.0	24.3	2.25	9.41	2.05	8.58	1.24	5.19	2.37	9.92	1.56	6.55	0.93	3.90	1.39	5.82	2.58	10.80
63	7-15-0001	啤酒酵母	91.7	52.4	3.54	14.81	3.02	12.64	1.95	8.16	2.52	10.54	1.90	7.93	1.22	5.10	1.67	6.99	3.21	13.43
64	4-13-0075	乳清粉	91.7	11.5	3.49	14.60	3.42	14.31	2.70	11.29	2.73	11.42	2.05	8.56	1.53	6.39	1.72	7.20	3.43	14.35
65	5-01-0162	酪蛋白	97.2	88.9	4.13	17.28	3.53	14.77	2.09	8.74	4.13	17.28	3.14	13.14	2.36	9.88	2.31	9.67	4.28	17.90
66	5-14-0503	明胶	90.0	88.6	2.80	11.72	2.19	9.16	1.43	5.98	2.36	9.87	1.80	7.53	1.36	5.70	1.56	6.53	3.36	14.06
67	4-06-0076	牛奶乳糖	96.0	3.5	3.37	14.10	3.21	13.43	2.79	11.67	2.69	11.25	2.32	9.72	1.85	7.76	1.91	7.99	3.48	14.56
68	4-06-0077	乳糖	96.0	0.3	3.53	14.77	3.39	14.18	2.93	12.26	2.70	11.30	2.31	9.67	1.84	7.70	2.06	8.62	3.92	16.41
69	4-06-0078	葡萄糖	90.0	0.3	3.36	14.06	3.22	13.47	2.79	11.67	3.08	12.89	2.66	11.13	2.13	8.92	1.76	7.36	3.28	13.73
70	4-06-0079	蔗糖	99.0		3.80	15.90	3.65	15.27	3.15	13.18	3.90	16.32	3.37	14.10	2.69	11.26	2.06	8.62	4.02	16.82
71	4-02-0889	玉米淀粉	99.0	0.3	4.00	16.74	3.84	16.07	3.28	13.72	3.16	13.22	2.73	11.43	2.20	9.12	1.87	7.82	3.50	14.65
72	4-17-0001	牛油	99.0		8.00	33.47	7.68	32.13	7.19	30.08	7.78	32.55	4.76	19.90	3.52	14.73	4.23	17.70	7.62	31.86
73	4-17-0002	猪油	99.0		8.29	34.69	7.96	33.30	7.39	30.92	9.11	38.11	5.60	23.43	4.15	17.37	4.86	20.34	8.51	35.60
74	4-17-0003	家禽脂肪	99.0		8.52	35.65	8.18	34.23	7.55	31.59	9.36	39.16	5.47	22.89	4.10	17.00	4.96	20.76	8.68	36.30
75	4-17-0004	鱼油	99.0		8.44	35.31	8.10	33.89	7.50	31.38	8.45	35.35	9.55	39.92	5.26	21.20	4.64	19.40	8.36	34.95
76	4-17-0005	菜籽油	99.0		8.76	36.65	8.41	35.19	7.72	32.32	9.21	38.53	10.14	42.30	5.68	23.77	5.01	20.97	8.92	37.33
77	4-17-0006	玉米油	99.0		8.75	36.61	8.40	35.15	7.71	32.29	9.66	40.42	10.44	43.64	5.75	24.10	5.26	22.01	9.42	39.42
78	4-17-0007	椰子油	99.0		8.40	35.11	8.06	33.69	7.47	31.27	8.81	36.83	9.78	40.92	5.58	23.35	4.79	20.05	8.63	36.11
79	4-17-0008	棉籽油	99.0		8.60	35.98	8.26	34.43	7.61	31.86	9.05	37.87	10.20	42.68	5.72	23.94	4.92	20.06	8.91	37.25
80	4-17-0009	棕榈油	99.0		8.01	33.51	7.69	32.17	7.20	30.30	5.80	24.27	6.56	27.45	3.94	16.50	3.16	13.23	5.76	24.10
81	4-17-0010	花生油	99.0		8.73	36.53	8.38	35.06	7.70	32.24	9.36	39.16	10.50	43.89	5.57	23.31	5.09	21.30	9.17	38.33
82	4-17-0011	芝麻油	99.0		8.75	36.61	8.40	35.15	7.72	32.30	8.48	35.48	9.60	40.14	5.20	21.76	4.61	19.29	8.35	34.91
83	4-17-0012	大豆油	99.0		8.75	36.61	8.40	35.15	7.72	32.23	8.37	35.02	9.38	39.21	5.44	22.76	4.55	19.04	8.29	34.69
84	4-17-0013	葵花油	99.0		8.76	36.65	8.41	35.19	7.73	32.32	9.66	40.42	10.44	43.64	5.43	22.72	5.26	22.01	9.47	39.63

附表 2-3 饲料中氨基酸含量

%

序号	中国饲料号 CFN	饲料名称 Feed Name	干物质 DM	粗蛋白质 CP	精氨酸 Arg	组氨酸 His	异亮氨酸 Ile	亮氨酸 Leu	赖氨酸 Lys	蛋氨酸 Met	胱氨酸 Cys	苯丙氨酸 Phe	酪氨酸 Tyr	苏氨酸 Thr	色氨酸 Trp	缬氨酸 Val
1	4-07-0278	玉米 corn grain	86.0	9.4	0.38	0.23	0.26	1.03	0.26	0.19	0.22	0.43	0.34	0.31	0.08	0.40
2	4-07-0288	玉米 corn grain	86.0	8.5	0.50	0.29	0.27	0.74	0.36	0.15	0.18	0.37	0.28	0.30	0.08	0.46
3	4-07-0279	玉米 corn grain	86.0	8.7	0.39	0.21	0.25	0.93	0.24	0.18	0.20	0.41	0.33	0.30	0.07	0.38
4	4-07-0280	玉米 corn grain	86.0	8.0	0.37	0.23	0.27	0.96	0.24	0.17	0.17	0.37	0.31	0.29	0.06	0.35
5	4-07-0272	高粱 sorghum grain	88.0	8.7	0.33	0.20	0.34	1.08	0.21	0.15	0.15	0.41		0.28	0.09	0.42
6	4-07-0270	小麦 wheat grain	88.0	13.4	0.62	0.30	0.46	0.89	0.35	0.21	0.30	0.61	0.37	0.38	0.15	0.56
7	4-07-0274	大麦(裸)naked barley grain	87.0	13.0	0.64	0.16	0.43	0.87	0.44	0.14	0.25	0.68	0.40	0.43	0.16	0.63
8	4-07-0277	大麦(皮)barley grain	87.0	11.0	0.65	0.24	0.52	0.91	0.42	0.18	0.18	0.59	0.35	0.41	0.12	0.64
9	4-07-0281	黑麦 rye	88.0	9.5	0.48	0.22	0.30	0.58	0.35	0.15	0.21	0.42	0.26	0.31	0.10	0.43
10	4-07-0273	稻谷 paddy	86.0	7.8	0.57	0.15	0.32	0.58	0.29	0.19	0.16	0.40	0.37	0.25	0.10	0.47
11	4-07-0276	糙米 rough rice	87.0	8.8	0.65	0.17	0.30	0.61	0.32	0.20	0.14	0.35	0.31	0.28	0.12	0.49
12	4-07-0275	碎米 broken rice	88.0	10.4	0.78	0.27	0.39	0.74	0.42	0.22	0.17	0.49	0.39	0.38	0.12	0.57
13	4-07-0479	粟(谷子)millet grain	86.5	9.7	0.30	0.20	0.36	1.15	0.15	0.25	0.20	0.49	0.26	0.35	0.17	0.42
14	4-04-0067	木薯干 cassava tuber flake	87.0	2.5	0.40	0.05	0.11	0.15	0.13	0.05	0.04	0.10	0.04	0.10	0.03	0.13
15	4-04-0068	甘薯干 sweet potato tuber flake	87.0	4.0	0.16	0.08	0.17	0.26	0.16	0.06	0.08	0.19	0.13	0.18	0.05	0.27
16	4-08-0104	次粉 wheat middling and reddog	88.0	15.4	0.86	0.41	0.55	1.06	0.59	0.23	0.37	0.66	0.46	0.50	0.21	0.72
17	4-08-0105	次粉 wheat middling and reddog	87.0	13.6	0.85	0.33	0.48	0.98	0.52	0.16	0.33	0.63	0.45	0.50	0.18	0.68
18	4-08-0069	小麦麸 wheat bran	87.0	15.7	1.00	0.41	0.51	0.96	0.63	0.23	0.32	0.62	0.43	0.50	0.25	0.71
19	4-08-0070	小麦麸 wheat bran	87.0	14.3	0.88	0.37	0.46	0.88	0.56	0.22	0.31	0.57	0.34	0.45	0.18	0.65
20	4-08-0041	米糠 rice bran	87.0	14.5	1.20	0.44	0.71	1.13	0.84	0.28	0.21	0.71	0.56	0.54	0.16	0.91
21	4-10-0025	米糠饼 rice bran meal(exp.)	88.0	15.0	1.19	0.43	0.72	1.06	0.66	0.26	0.30	0.76	0.51	0.53	0.15	0.99
22	4-10-0018	米糠粕 rice bran meal(sol.)	87.0	15.1	1.28	0.46	0.78	1.30	0.72	0.28	0.32	0.82	0.55	0.57	0.17	1.07
23	5-09-0127	大豆 soybeans	87.0	35.5	2.57	0.59	1.28	2.72	2.20	0.56	0.70	1.42	0.64	1.41	0.45	1.50
24	5-09-0128	全脂大豆 full-fat soybeans	88.0	35.5	2.62	0.95	1.63	2.64	2.20	0.53	0.57	1.77	1.25	1.43	0.45	1.69
25	5-10-0241	大豆饼 soybean meal(exp.)	89.0	41.8	2.53	1.10	1.57	2.75	2.43	0.60	0.62	1.79	1.53	1.44	0.64	1.70
26	5-10-0103	去皮大豆粕 soybean meal(sol.)	89.0	47.9	3.43	1.22	2.10	3.57	2.99	0.68	0.73	2.33	1.57	1.85	0.65	2.26
27	5-10-0102	大豆粕 soybean meal(sol.)	89.0	44.2	3.38	1.17	1.99	3.35	2.68	0.59	0.65	2.21	1.47	1.71	0.57	2.09
28	5-10-0118	棉籽饼 cottonseed meal(exp.)	88.0	36.3	3.94	0.90	1.16	2.07	1.40	0.41	0.70	1.88	0.95	1.14	0.39	1.51
29	5-10-0119	棉籽粕 cottonseed meal(sol.)	88.0	47.0	5.44	1.28	1.41	2.60	2.13	0.65	0.75	2.47	1.46	1.43	0.57	1.98
30	5-10-0117	棉籽粕 cottonseed meal(sol.)	90.0	43.5	4.65	1.19	1.29	2.47	1.97	0.58	0.68	2.28	1.05	1.25	0.51	1.91
31	5-10-0220	棉籽蛋白 cottonseed protein	92.0	51.1	6.08	1.58	1.72	3.13	2.26	0.86	1.04	2.94	1.42	1.60		2.48
32	5-10-0183	菜籽饼 rapeseed meal(exp.)	88.0	35.7	1.82	0.83	1.24	2.26	1.33	0.60	0.82	1.35	0.92	1.40	0.42	1.62
33	5-10-0121	菜籽粕 rapeseed meal(sol.)	88.0	38.6	1.83	0.86	1.29	2.34	1.30	0.63	0.87	1.45	0.97	1.49	0.43	1.74

续附表 2-3

序号	中国饲料号 CFN	饲料名称 Feed Name	干物质 DM	粗蛋白质 CP	精氨酸 Arg	组氨酸 His	异亮氨酸 Ile	亮氨酸 Leu	赖氨酸 Lys	蛋氨酸 Met	胱氨酸 Cys	苯丙氨酸 Phe	酪氨酸 Tyr	苏氨酸 Thr	色氨酸 Trp	缬氨酸 Val
34	5-10-0116	花生仁饼 peanut meal(exp.)	88.0	44.7	4.60	0.83	1.18	2.36	1.32	0.39	0.38	1.81	1.31	1.05	0.42	1.28
35	5-10-0115	花生仁粕 peanut meal(sol.)	88.0	47.8	4.88	0.88	1.25	2.50	1.40	0.41	0.40	1.92	1.39	1.11	0.45	1.36
36	5-10-0031	向日葵仁饼 sunflower meal(exp.)	88.0	29.0	2.44	0.62	1.19	1.76	0.96	0.59	0.43	1.21	0.77	0.98	0.28	1.35
37	5-10-0242	向日葵仁粕 sunflower meal(sol.)	88.0	36.5	3.17	0.81	1.51	2.25	1.22	0.72	0.62	1.56	0.99	1.25	0.47	1.72
38	5-10-0243	向日葵仁粕 sunflower meal(sol.)	88.0	33.6	2.89	0.74	1.39	2.07	1.13	0.69	0.50	1.43	0.91	1.14	0.37	1.58
39	5-10-0119	亚麻仁饼 linseed meal(exp.)	88.0	32.2	2.35	0.51	1.15	1.62	0.73	0.46	0.48	1.32	0.50	1.00	0.48	1.44
40	5-10-0120	亚麻仁粕 linseed meal(sol.)	88.0	34.8	3.59	0.64	1.33	1.85	1.16	0.55	0.55	1.51	0.93	1.10	0.70	1.51
41	5-10-0246	芝麻饼 sesame meal(exp.)	92.0	39.2	2.38	0.81	1.42	2.52	0.82	0.82	0.75	1.68	1.02	1.29	0.49	1.84
42	5-11-0001	玉米蛋白粉 corn gluten meal	90.1	63.5	2.01	1.23	2.92	10.50	1.10	1.60	0.99	3.94	3.19	2.11	0.36	2.94
43	5-11-0002	玉米蛋白粉 corn gluten meal	88.0	56.3	1.73	1.17	2.21	8.91	0.92	1.38	1.00	3.38	3.04	1.88	0.28	2.58
44	5-11-0008	玉米蛋白粉 corn gluten meal	89.9	44.3	1.31	0.78	1.63	7.08	0.71	1.04	0.65	2.61	2.03	1.38	-	1.84
45	5-11-0003	玉米蛋白饲料 corn gluten feed	88.0	18.3	0.74	0.54	0.54	1.57	0.55	0.30	0.39	0.62	0.50	0.66	0.08	0.87
46	4-10-0026	玉米胚芽饼 corn germ meal(exp.)	90.0	16.7	1.16	0.45	0.53	1.25	0.70	0.31	0.47	0.64	0.54	0.64	0.16	0.91
47	4-10-0244	玉米胚芽粕 corn germ meal(sol.)	90.0	20.8	1.51	0.62	0.77	1.54	0.75	0.21	0.28	0.93	0.66	0.68	0.18	1.66
48	5-11-0007	玉米 DDGS	89.2	27.5	1.12	0.75	0.97	3.13	0.71	0.57	0.54	1.28	1.09	0.99	0.20	1.32
49	5-11-0009	蚕豆粉浆蛋白粉 broad bean gluten meal	88.0	66.3	5.96	1.66	2.90	5.88	4.44	0.60	0.57	3.34	2.21	2.31	-	3.20
50	5-11-0004	麦芽根 barley malt sprouts	89.7	28.3	1.22	0.54	1.08	1.58	1.30	0.37	0.26	0.85	0.67	0.96	0.42	1.44
51	5-13-0044	鱼粉(CP 67%)fish meal	92.4	67.0	3.93	2.01	2.61	4.94	4.97	1.86	0.60	2.61	1.97	2.74	0.77	3.11
52	5-13-0046	鱼粉(CP 60.2%)fish meal	90.0	60.2	3.57	1.71	2.68	4.80	4.72	1.64	0.52	2.35	1.96	2.57	0.70	3.17
53	5-13-0077	鱼粉(CP 53.5%)fish meal	90.0	53.5	3.24	1.29	2.30	4.30	3.87	1.39	0.49	2.22	1.70	2.51	0.60	2.77
54	5-13-0036	血粉 blood meal	88.0	82.8	2.99	4.40	0.75	8.38	6.67	0.74	0.98	5.23	2.55	2.86	1.11	6.08
55	5-13-0037	羽毛粉 feather meal	88.0	77.9	5.30	0.58	4.21	6.78	1.65	0.59	2.93	3.57	1.79	3.51	0.40	6.05
56	5-13-0038	皮革粉 leather meal	88.0	74.7	4.45	0.40	1.06	2.53	2.18	0.80	0.16	1.56	0.63	0.71	0.50	1.91
57	5-13-0047	肉骨粉 meat and bone meal	93.0	50.0	3.35	0.96	1.70	3.20	2.60	0.67	0.33	1.70	1.26	1.63	0.26	2.25
58	5-13-0048	肉粉 meat meal	94.0	54.0	3.60	1.14	1.60	3.84	3.07	0.80	0.60	2.17	1.40	1.97	0.35	2.66
59	1-05-0074	苜蓿草粉(CP 19%) alfalfa meal	87.0	19.1	0.78	0.39	0.68	1.20	0.82	0.21	0.22	0.82	0.58	0.74	0.43	0.91
60	1-05-0075	苜蓿草粉(CP 17%) alfalfa meal	87.0	17.2	0.74	0.32	0.66	1.10	0.81	0.20	0.16	0.81	0.54	0.69	0.37	0.85
61	1-05-0076	苜蓿草粉(CP 14%～15%) alfalfa meal	87.0	14.3	0.61	0.19	0.58	1.00	0.60	0.18	0.15	0.59	0.38	0.45	0.24	0.58
62	5-11-0005	啤酒糟 brewers dried grain	88.0	24.3	0.98	0.51	1.18	1.08	0.72	0.52	0.35	2.35	1.17	0.81	0.28	1.66
63	7-15-0001	啤酒酵母 brewers dried yeast	91.7	52.4	2.67	1.11	2.85	4.76	3.38	0.83	0.50	4.07	0.12	2.33	0.21	3.40
64	4-13-0075	乳清粉 whey, dehydrated	97.2	11.5	0.26	0.21	0.64	1.11	0.88	0.17	0.26	0.35	0.27	0.71	0.20	0.61
65	5-01-0162	酪蛋白 casein	91.7	88.9	3.13	2.57	4.49	8.24	6.87	2.52	0.45	4.49	4.87	3.77	1.33	5.81
66	5-14-0503	明胶 gelatin	90.0	88.6	6.60	0.66	1.42	2.91	3.62	0.76	0.12	1.74	0.43	1.82	0.05	2.26
67	4-06-0076	牛奶乳糖 milk lactose	96.0	3.5	0.25	0.09	0.09	0.16	0.14	0.03	0.04	0.09	0.02	0.09	0.09	0.09

附表 2-4 矿物质及维生素含量

序号	中国饲料号 CFN	饲料名称 Feed Name	钠 Na (%)	氯 Cl (%)	镁 Mg (%)	钾 K (%)	铁 Fe (mg/kg)	铜 Cu (mg/kg)	锰 Mn (mg/kg)	锌 Zn (mg/kg)	硒 Se (mg/kg)	胡萝卜素 (mg/kg)	维生素 E (mg/kg)	维生素 B_1 (mg/kg)	维生素 B_2 (mg/kg)	泛酸 (mg/kg)	烟酸 (mg/kg)	生物素 (mg/kg)	叶酸 (mg/kg)	胆碱 (mg/kg)	维生素 B_6 (mg/kg)	维生素 B_{12} (μg/kg)	亚油酸 (%)
1	4-07-0278	玉米 corn grain	0.01	0.04	0.11	0.29	36	3.4	5.8	21.1	0.04	2.0	22.0	3.5	1.1	5.0	24.0	0.06	0.15	620	10.00		2.20
2	4-07-0272	高粱 sorghum grain	0.03	0.09	0.15	0.34	87	7.6	17.1	20.1	0.05		7.0	3.0	1.3	12.4	41.0	0.26	0.20	668	5.20		1.13
3	4-07-0270	小麦 wheat grain	0.06	0.07	0.11	0.50	88	7.9	45.9	29.7	0.05	0.4	13.0	4.6	1.3	11.9	51.0	0.11	0.36	1 040	3.70		0.59
4	4-07-0274	大麦(裸)naked barley grain	0.04		0.11	0.60	100	7.0	18.0	30.0	0.16		48.0	4.1	1.4		87.0				19.30		
5	4-07-0277	大麦(皮)barley grain	0.02	0.15	0.14	0.56	87	5.6	17.5	23.6	0.06	4.1	20.0	4.5	1.8	8.0	55.0	0.15	0.07	990	4.00		0.83
6	4-07-0281	黑麦 rye	0.02	0.04	0.12	0.42	117	7.0	53.0	35.0	0.40		15.0	3.6	1.5	8.0	16.0	0.06	0.60	440	2.60		0.76
7	4-07-0273	稻谷 paddy	0.04	0.07	0.07	0.34	40	3.5	20.0	8.0	0.04		16.0	3.1	1.2	3.7	34.0	0.08	0.45	900	28.00		0.28
8	4-07-0276	糙米 rough rice	0.04	0.06	0.14	0.34	78	3.3	21.0	10.0	0.07		13.5	2.8	1.1	11.0	30.0	0.08	0.40	1 014	0.04		
9	4-07-0275	碎米 broken rice	0.07	0.08	0.11	0.13	62	8.8	47.5	36.4	0.06		14.0	1.4	0.7	8.0	30.0	0.08	0.20	800	28.00		
10	4-07-0479	粟(谷子)millet grain	0.04	0.14	0.16	0.43	270	24.5	22.5	15.9	0.08	1.2	36.3	6.6	1.6	7.4	53.0		15.00	790			0.84
11	4-04-0067	木薯干 cassava tuber flake	0.03		0.11	0.78	150	4.2	6.0	14.0	0.04			1.7	0.8	1.0	3.0				1.00		0.10
12	4-04-0068	甘薯干 sweet potato tuber flake	0.16		0.08	0.36	107	6.1	10.0	9.0	0.07												
13	4-08-0104	次粉 wheat middling and reddog	0.60	0.04	0.41	0.60	140	11.6	94.2	73.0	0.07	3.0	20.0	16.5	1.8	15.6	72.0	0.33	0.76	1 187	9.00		1.74
14	4-08-0105	次粉 wheat middling and reddog	0.60	0.04	0.41	0.60	140	11.6	94.2	73.0	0.07	3.0	20.0	16.5	1.8	15.6	72.0	0.33	0.76	1 187	9.00		1.74
15	4-08-0069	小麦麸 wheat bran	0.07	0.07	0.52	1.19	170	13.8	104.3	96.5	0.07	1.0	14.0	8.0	4.6	31.0		0.36	0.63	980	7.00		1.70
16	4-08-0070	小麦麸 wheat bran	0.07	0.07	0.47	1.19	157	16.5	80.6	104.7	0.05	1.0	14.0	8.0	4.6	31.0	186.0	0.36	0.63	980	7.00		1.70
17	4-08-0041	米糠 rice bran	0.07	0.07	0.90	1.73	304	7.1	175.9	50.3	0.09		60.0	22.5	2.5	23.0	293.0	0.42	2.20	1 135	14.00		3.57
18	4-10-0025	米糠饼 rice bran meal (exp.)	0.08		1.26	1.80	400	8.7	211.6	56.4	0.09		11.0	24.0	2.9	94.9	689.0	0.70	0.88	1 700	54.00	40.00	
19	4-10-0018	米糠粕 rice bran meal (sol.)	0.09	0.10		1.80	432	9.4	228.4	60.9	0.10												
20	5-09-0127	大豆 soybeans	0.02	0.03	0.28	1.70	111	18.1	21.5	40.7	0.06		40.0	12.3	2.9	17.4	24.0	0.42	2.00	3 200	12.00	0.00	8.00
21	5-09-0128	全脂大豆 full-fat soybeans	0.02	0.03	0.28	1.70	111	18.1	21.5	40.7	0.06		40.0	12.3	2.9	17.4	24.0	0.42	4.00	3 200	12.00	0.00	8.00
22	5-10-0241	大豆饼 soybean meal (exp.)	0.02	0.02	0.25	1.77	187	19.8	32.0	43.4	0.04		6.6	1.7	4.4	13.8	37.0	0.32	0.45	2 673	10.00	0.00	
23	5-10-0103	去皮大豆粕 soybean meal(sol.)	0.03	0.05	0.28	2.05	185	24.0	38.2	46.4	0.10	0.2	3.1	4.6	3.0	16.4	30.7	0.33	0.81	2 858	6.10	0.00	0.51

续附表 2-4

序号	中国饲料号 CFN	饲料名称 Feed Name	钠 Na (%)	氯 Cl (%)	镁 Mg (%)	钾 K (%)	铁 Fe (mg/kg)	铜 Cu (mg/kg)	锰 Mn (mg/kg)	锌 Zn (mg/kg)	硒 Se (mg/kg)	胡萝卜素 (mg/kg)	维生素 E (mg/kg)	维生素 B_1 (mg/kg)	维生素 B_2 (mg/kg)	泛酸 (mg/kg)	烟酸 (mg/kg)	生物素 (mg/kg)	叶酸 (mg/kg)	胆碱 (mg/kg)	维生素 B_6 (mg/kg)	维生素 B_{12} (μg/kg)	亚油酸 (%)
24	5-10-0102	大豆粕 soybean meal (sol.)	0.03	0.05	0.28	1.72	185	24.0	28.0	46.4	0.06	0.2	3.1	4.6	3.0	16.4	30.7	0.33	0.81	2 858	6.10	0.00	0.51
25	5-10-0118	棉籽饼 cottonseed meal (exp.)	0.04	0.14	0.52	1.20	266	11.6	17.8	44.9	0.11	0.2	16.0	6.4	5.1	10.0	38.0	0.53	1.65	2 753	5.30	0.00	2.47
26	5-10-0119	棉籽粕 cottonseed meal (sol.)	0.04	0.04	0.40	1.16	263	14.0	18.7	55.5	0.15	0.2	15.0	7.0	5.5	12.0	40.0	0.30	2.51	2 933	5.10	0.00	1.51
27	5-10-0117	棉籽粕 cottonseed meal (sol.)	0.04	0.04	0.40	1.16	263	14.0	18.7	55.5	0.15	0.2	15.0	7.0	5.5	12.0	40.0	0.30	2.51	2 933	5.10	0.00	1.51
28	5-10-0183	菜籽饼 rapeseed meal (exp.)	0.02			1.34	687	7.2	78.1	59.2	0.29												
29	5-10-0121	菜籽粕 rapeseed meal (sol.)	0.09	0.11	0.51	1.40	653	7.1	82.2	67.5	0.16		54.0	5.2	3.7	9.5	160.0	0.98	0.95	6 700	7.20	0.00	0.42
30	5-10-0116	花生仁饼 peanut meal (exp.)	0.04	0.03	0.33	1.14	347	23.7	36.7	52.5	0.06		3.0	7.1	5.2	47.0	166.0	0.33	0.40	1 655	10.00	0.00	1.43
31	5-10-0115	花生仁粕 peanut meal (sol.)	0.07	0.03	0.31	1.23	368	25.1	38.9	55.7	0.06		3.0	5.7	11.0	53.0	173.0	0.39	0.39	1 854	10.00	0.00	0.24
32	1-10-0031	向日葵仁饼 sunflower meal(exp.)	0.02	0.01	0.75	1.17	424	45.6	41.5	62.1	0.09		0.9		18.0	4.0	86.0	1.40	0.40	800			
33	5-10-0242	向日葵仁粕 sunflower meal(sol.)	0.20	0.01	0.75	1.00	226	32.8	34.5	82.7	0.06		0.7	4.6	2.3	39.0	22.0	1.70	1.60	3 260	17.20		
34	5-10-0243	向日葵仁粕 sunflower meal(sol.)	0.20	0.10	0.68	1.23	310	35.0	35.0	80.0	0.08			3.0	3.0	29.9	14.0	1.40	1.14	3 100	11.10		0.98
35	5-10-0119	亚麻仁饼 linseed meal (exp.)	0.09	0.04	0.58	1.25	204	27.0	40.3	36.0	0.18		7.7	2.6	4.1	16.5	37.4	0.36	2.90	1 672	6.10		1.07
36	5-10-0120	亚麻仁粕 linseed meal (sol.)	0.14	0.05	0.56	1.38	219	25.5	43.3	38.7	0.18	0.2	5.8	7.5	3.2	14.7	33.0	0.41	0.34	1 512	6.00	200.00	0.36
37	5-10-0246	芝麻饼 sesame meal (exp.)	0.04	0.05	0.50	1.39	1 780	50.4	32.0	2.4	0.21	0.2	0.3	2.8	3.6	6.0	30.0	2.40	—	1 536	12.50	0.00	1.90
38	5-11-0001	玉米蛋白粉 corn gluten meal	0.01	0.05	0.08	0.30	230	1.9	5.9	19.2	0.02	44.0	25.5	0.3	2.2	3.0	55.0	0.15	0.20	330	6.90	50.00	1.17
39	5-11-0002	玉米蛋白粉 corn gluten meal	0.02			0.35	332	10.0	78.0	49.0													
40	5-11-0008	玉米蛋白粉 corn gluten meal	0.02	0.08	0.05	0.40	400	28.0	7.0		1.00	16.0	19.9	0.2	1.5	9.6	54.5	0.15	0.22	330			
41	5-11-0003	玉米蛋白饲料 corn gluten feed	0.12	0.22	0.42	1.30	282	10.7	77.1	59.2	0.23	8.0	14.8	2.0	2.4	17.8	75.5	0.22	0.28	1 700	13.00	250.00	1.43
42	4-10-0026	玉米胚芽饼 corn germ meal(exp.)	0.01	0.12	0.10	0.30	99	12.8	19.0	108.1		2.0	87.0		3.7	3.3	42.0			1 936			1.47

续附表 2-4

序号	中国饲料号 CFN	饲料名称 Feed Name	钠 Na (%)	氯 Cl (%)	镁 Mg (%)	钾 K (%)	铁 Fe (mg/kg)	铜 Cu (mg/kg)	锰 Mn (mg/kg)	锌 Zn (mg/kg)	硒 Se (mg/kg)	胡萝卜素 (mg/kg)	维生素 E (mg/kg)	维生素 B_1 (mg/kg)	维生素 B_2 (mg/kg)	泛酸 (mg/kg)	烟酸 (mg/kg)	生物素 (mg/kg)	叶酸 (mg/kg)	胆碱 (mg/kg)	维生素 B_6 (mg/kg)	维生素 B_{12} (μg/kg)	亚油酸 (%)
43	4-10-0244	玉米胚芽粕 corn germ meal	0.01		0.16	0.69	214	7.7	23.3	126.6	0.33	2.0	80.8	1.1	4.0	4.4	37.7	0.22	0.20	2 000			1.47
44	5-11-0007	DDGS distiller dried grainswith solubles	0.24	0.17	0.91	0.28	98	5.4	15.2	52.3		3.5	40.0	3.5	8.6	11.0	75.0	0.30	0.88	2 637	2.28	10.00	2.15
45	5-11-0009	蚕豆粉浆蛋白粉 broad bean gluten meal	0.01			0.06		22.0	16.0														
46	5-11-0004	麦芽根 barley malt sprouts	0.06	0.59	0.16	2.18	198	5.3	67.8	42.4	0.60		4.2	0.7	1.5	8.6	43.3		0.20	1 548			0.46
47	5-13-0044	鱼粉(CP 67%)fish meal	1.04	0.71	0.23	0.74	337	8.4	11.0	102.0	2.70		5.0	2.8	5.8	9.3	82.0	1.30	0.90	5 600	2.30	210.00	0.20
48	5-13-0046	鱼粉(CP 60.2%)fish meal	0.97	0.61	0.16	1.10	80	8.0	10.0	80.0	1.50		7.0	0.5	4.9	9.0	55.0	0.20	0.30	3 056	4.00	104.00	0.12
49	5-13-0077	鱼粉(CP 53.5%)fish meal	1.15	0.61	0.16	0.94	292	8.0	9.7	88.0	1.94		5.6	0.4	8.8	8.8	65.0			3 000		143.00	
50	5-13-0036	血粉 blood meal	0.31	0.27	0.16	0.90	2 100	8.0	2.3	14.0	0.70		1.0	0.4	1.6	1.2	23.0	0.09	0.11	800	4.40	50.00	0.10
51	5-13-0037	羽毛粉 feather meal	0.31	0.26	0.20	0.18	73	6.8	8.8	53.8	0.80		7.3	0.1	2.0	10.0	27.0	0.04	0.20	880	3.00	71.00	0.83
52	5-13-0038	皮革粉 leather meal					131	11.1	25.2	89.8													
53	5-13-0047	肉骨粉 meat and bone meal	0.73	0.75	1.13	1.40	500	1.5	12.3	90.0	0.25		0.8	0.2	5.2	4.4	59.4	0.14	0.60	2 000	4.60	100.00	0.72
54	5-13-0048	肉粉 meat meal	0.80	0.97	0.35	0.57	440	10.0	10.0	94.0	0.37		1.2	0.6	4.7	5.0	57.0	0.08	0.50	2 077	2.40	80.00	0.80
55	1-05-0074	苜蓿草粉(CP 19%) alfalfa meal	0.09	0.38	0.30	2.08	372	9.1	30.7	17.1	0.46	94.6	144.0	5.8	15.5	34.0	40.0	0.35	4.36	1 419	8.00		0.44
56	1-05-0075	苜蓿草粉(CP 17%) alfalfa meal	0.17	0.46	0.36	2.40	361	9.7	30.7	21.0	0.46	94.6	125.0	3.4	13.6	29.0	38.0	0.30	4.20	1 401	6.50		0.35
57	1-05-0076	苜蓿草粉(CP 14%~15%)alfalfa meal	0.11	0.46	0.36	2.22	437	9.1	33.2	22.6	0.48	63.0	98.0	3.0	10.6	20.8	41.8	0.25	1.54	1 548			
58	5-11-0005	啤酒糟 brewers dried grain	0.25	0.12	0.19	0.08	274	20.1	35.6	104.0	0.41	0.2	27.0	0.6	1.5	8.6	43.0	0.24	0.24	1 723	0.70		2.94
59	7-15-0001	啤酒酵母 brewers dried yeast	0.10	0.12	0.23	1.70	248	61.0	22.3	86.7	1.00		2.2	91.8	37.0	109.0	448.0	0.63	9.90	3 984	42.80	999.90	0.04
60	4-13-0075	乳清粉 whey, dehydrated	0.94	1.40	0.13	1.96	57	6.6	3.0	9.9	0.12		0.3	4.0	4.1	47.0	10.0	0.27	0.85	1 820	4.00	23.00	0.01
61	5-01-0162	酪蛋白 casein	0.01	0.04	0.01	0.01	14	4.0	4.0	30.0	0.16			0.4	1.5	2.7	1.0	0.04	0.51	205	0.40		
62	5-14-0503	明胶 gelatin			0.05																		
63	4-06-0076	牛奶乳糖 milk lactose			0.15	2.40																	